国家骨干高职院校工学结合创新成果系列教材

建筑工程项目管理

主　编　吴美琼　徐　林

副主编　彭　聪　白景旺　梁腾龙　李　杏

主　审　凌卫宁　古　朴　黄华宏

中国水利水电出版社

www.waterpub.com.cn

内　容　提　要

本教材共分为7个项目，内容包括：建筑工程项目的组织与管理、建筑工程项目质量控制、建筑工程项目施工进度管理、建筑工程项目施工成本管理、建筑工程项目合同管理、建筑工程项目信息管理、建筑工程项目职业健康安全与环境管理。每个项目前面均明确了专业能力、方法能力、社会能力，项目后有小结和训练题，便于学生学习和巩固所学知识。

本教材既可作为职业技术院校的教学用书，也可作为自学考试、岗位技术培训的教材，还可作为水利水电工程类、土木建筑类管理人员的阅读参考用书。

图书在版编目（CIP）数据

建筑工程项目管理 / 吴美琼，徐林主编. -- 北京 : 中国水利水电出版社，2015.1
国家骨干高职院校工学结合创新成果系列教材
ISBN 978-7-5170-2951-9

Ⅰ. ①建… Ⅱ. ①吴… ②徐… Ⅲ. ①建筑工程－工程项目管理－高等职业教育－教材 Ⅳ. ①TU71

中国版本图书馆CIP数据核字(2015)第029762号

书　　名	国家骨干高职院校工学结合创新成果系列教材 **建筑工程项目管理**
作　　者	主　编　吴美琼　徐林 副主编　彭聪　白景旺　梁腾龙　李杏 主　审　凌卫宁　古朴　黄华宏
出版发行	中国水利水电出版社 （北京市海淀区玉渊潭南路1号D座　100038） 网址：www.waterpub.com.cn E-mail：sales@waterpub.com.cn 电话：(010) 68367658（发行部）
经　　售	北京科水图书销售中心（零售） 电话：(010) 88383994、63202643、68545874 全国各地新华书店和相关出版物销售网点
排　　版	中国水利水电出版社微机排版中心
印　　刷	三河市鑫金马印装有限公司
规　　格	184mm×260mm　16开本　12.75印张　302千字
版　　次	2015年1月第1版　2015年1月第1次印刷
印　　数	0001—3000册
定　　价	**29.00**元

国家骨干高职院校工学结合创新成果系列教材

编　委　会

前言

“建筑工程项目管理”是建筑工程管理专业的一门专业核心课程，是依据建筑工程管理专业人才培养方案设计的。学习本门课程的基础课程是“工程制图”“建筑力学与结构”“建筑材料与检测技术”“地基与基础”“建筑构造”“工程测量”“建筑施工技术”“工程经济”“建筑法规”“工程计量与计价”等。本课程重点研究建筑工程项目管理方面的知识，并充分吸收近年来建筑工程项目管理方面的新方法、新成果，培养学生从事建筑工程项目管理及相关工作的基本能力。

本教材针对职业技术院校的教学特点，力求与水利水电建筑行业的发展水平相适应，力争体现新的国家标准和技术规范；注重以实用为主，内容翔实，文字叙述简练，图示直观明了，方便讲授，学生容易掌握。

《建筑工程项目管理》重点介绍建筑工程项目管理中的项目成本控制、进度控制、质量控制、安全控制、合同管理、信息管理以及沟通管理等知识。本教材在编写中，注意与相关学科基本理论和知识的联系，突出实用性，注重培养解决工程实践问题的能力，力求做到特色鲜明、结构合理。

本教材由广西水利电力职业技术学院吴美琼、徐林担任主编，彭聪、白景旺、梁腾龙、李杏担任副主编，广西水利电力职业技术学院凌卫宁教授、深圳宝鹰建设集团副总裁、高级工程师古朴以及广西桂禹咨询有限公司董事长、高级工程师黄华宏担任主审。参加编写的单位和人员为：广西水利电力职业技术学院吴美琼编写绪论、项目一，白景旺编写项目二，徐林编写项目三、项目四，梁腾龙编写项目五，彭聪编写项目六、项目七。

由于成书时间紧，书中难免存在疏漏和不足之处，诚挚希望广大读者在使用这套教材的过程中提出批评和建议，以便能在下一轮教材修编时予以更正和完善。

编者

2014年6月

目　录

绪　论

【专业能力】 能够掌握项目管理基本概念、基本原理。

【方法能力】 能够根据项目管理基本原理解决实际问题。

【社会能力】 能灵活处理建筑工程施工过程中出现的各种问题，具备协调能力、良好的职业道德修养，能遵守职业道德规范。

项目介绍：

选择一项在建或已建工程项目，到实地观摩和实习，了解项目建设的整个过程，完成下列工作：①完成一项类似项目的可行性研究报告的框架；②模拟完成该项目的施工准备工作，包括开工手续的办理、施工前应具备的现场条件、施工单位的资质审定。

项目要求：

熟悉工程项目建设的全过程，并初步编制前期阶段的建设文件，结合其他专业课的知识，具备工程建设各环节的操作和管理能力。

一　建筑工程项目管理基本概念

（一）项目的含义及特征

1. 项目的含义

项目是指在一定的约束条件下（主要是限定资源、限定时间），具有特定目标的一次性任务，可以是建设一项工程，如建造一栋大楼、一家酒店、一座工厂、一座电站，也可以是完成某项科研课题，或研制一种设备，甚至是撰写一篇论文，这些都是一个项目，都有一定的时间、质量要求，也都是一次性的任务。

2. 项目的特征

（1）项目实施的一次性。这是项目最基本、最主要的特征。没有完全相同的两个项目，有些项目从表面上看比较类似、地理位置比较接近或建设时间相同，但从任务本身的性质与最终成果上分析，都有自己的特征。只有认识到项目不可重复的一次性特点，才能有针对性地根据项目的特殊性进行管理。

（2）项目有明确的目标。项目的目标有成果性目标和约束性目标：成果性目标是指项目的功能要求，即设计规定的产品规格、品种、生产能力等目标；约束性目标是指限制条件，如工程质量、工期、投资目标、效益指标等。

（3）项目作为管理对象的整体性。一个项目是一个整体，在按其需要配置生产要素时，必须追求较高的费用效益，做到数量、质量、结构的总体优化。

(4) 项目与环境之间的相互制约性。项目总是在一定的环境下立项、实施、交付使用，受到环境的制约；项目在其寿命全过程中又对环境造成正负两方面的影响，从而对周围的环境造成制约。

对任何项目进行项目定位，必须看是否具备了以上4个基本特征，缺一不可。重复的大批量的生产活动及其成果不能称作为“项目”。

(二) 建筑工程项目的含义及分类

工程项目是以“工程”为最终成果的项目是在项目中数量最多的一种，这里的工程不是一般广义的工作或劳动，而是指最终成果是一个“实体”的工作或劳动，即通过特定的工作劳动所建造的某种“工程实体”。工程项目根据其专业特点和实施阶段的不同，可分出不同的类别。建筑工程项目主要是从项目实施的全过程角度分析，而全过程建设项目又可称为建设项目。

1. 建筑工程项目的含义

建筑工程项目包括：工程建筑项目、单项工程、单位工程、分部工程、分项工程，如一座工厂、一个住宅小区等。

建设项目是指按一个总体规划或初步设计进行施工的一个或几个单项工程的总体。

单项工程有独立的设计文件，竣工后能够独立发挥生产能力或使用效益，由若干单位工程组成。如×××化工厂中的某一个车间，建成后就可以独立发挥其生产能力。在民用建设项目×××大学中的图书楼、教学楼等，都是能够发挥其使用功能的单项工程。

单位工程是指具有单独设计文件，可以独立组织施工，但竣工后不能独立发挥生产能力或使用效益的工程。一个工程项目，按照它的构成可分为建筑工程和安装工程等单位工程。单位工程可以进一步分解为分部工程，如基础工程、电气工程等，把分部工程更细致地分解为分项工程，如土方工程、钢筋工程等，但分部工程和分项工程均不具备项目的特征。

2. 建筑工程项目的分类

建筑工程项目按不同参与方的工作性质和组织特征划分为下列几种。

(1) 业主方的项目管理。业主方的项目管理是指投资方、开发商和咨询公司提供的代表业主方利益的项目管理服务。由于业主方是建筑工程项目生产过程的总集成者——人力资源、物质资源和知识的集成，业主方也是建筑工程项目生产过程的总组织者，因此对于一个建筑工程项目而言，虽然有代表不同利益的项目管理，但是，业主方的项目管理是管理的核心。

业主方项目管理服务于业主的利益，其项目管理的目标包括项目的投资目标、进度目标和质量目标。其中，投资目标指的是项目的总投资目标，是项目筹建到竣工投入使用为止发生的全部费用，包括建筑安装工程费、设备工器具购置费、工程建设其他费、预备费、建设期贷款利息、固定资产投资方向调节税。进度目标指的是项目动用的时间目标，也即项目交付使用的时间目标，如工厂建成可以投入生产、道路建成可以通车、办公楼可以启用、旅馆可以开业的时间目标等。项目的质量目标不仅涉及施工的质量，还包括设计质量、材料质量、设备质量和影响项目运行或运营的环境质量等，质量目标包括满足相应的技术规范和技术标准的规定，以及满足业主方相应的质量要求。

建筑工程项目的投资目标、进度目标、质量目标之间既有矛盾的一面，也有统一的一面，三大目标之间的关系是对立统一的关系。要加快进度往往需要增加投资，欲提高质量往往也需要增加投资，过度的缩短进度可能影响质量目标的实现，这反映了三大目标之间的对立关系；通过有效的管理，在不增加投资的前提下，也有可能缩短工期和提高工程质量，增加一些投资可能减少弥补未来质量缺陷而进行的追加投资，还可以赶进度，提前竣工，带来乐观收益等，反映了三大目标之间的统一关系。

建筑工程项目的寿命周期包括项目的决策阶段、实施阶段和使用阶段。项目的决策阶段包括编制项目的建议书和编制项目的可行性研究报告两个阶段；项目的实施阶段包括设计前的准备阶段、设计阶段、施工阶段、动用前的准备阶段和保修期，招投标工作分散在设计前的准备阶段、设计阶段和施工阶段中进行，所以可以不单独列为招投标阶段。

业主方的项目管理涉及项目实施阶段的全过程，即在设计前准备阶段、设计阶段、施工阶段、动用前准备阶段和保修期分别进行下列任务：①安全控制；②投资控制；③进度控制；④质量控制；⑤合同控制；⑥信息控制。

（2）设计方的项目管理。设计方的项目管理是指设计单位在建设项目的设计阶段对自己参与的设计工作进行自我管理的过程。

（3）施工方的项目管理。在建筑工程项目实施阶段，施工阶段所需的时间较长，建设资金投放量最大，所涉及的各类关系复杂繁多，对工程质量的影响至关重大，所以把施工方的项目管理的相关内容作详细介绍。

1）施工方的项目管理的目标和任务。施工项目管理工作主要在施工阶段进行，但它也涉及设计准备阶段、设计阶段、动用前准备阶段等。

2）大项目管理的程序。施工项目管理程序要经过投标签约阶段、施工准备阶段、施工阶段、验收交工与结算、结算和回访维修阶段。各阶段的管理目标、执行者及主要工作见表0－1。

表0－1　施工项目管理程序表

序号	管理阶段	管理目标	主要工作	执行者
1	投标签订合同阶段	中标签订工程承包合同	①按企业的经营战略，对工程项目作出是否投标及争取承包的决策； ②决定投标后，收集企业本身、相关单位、市场、现场及诸方面信息； ③编制《施工项目管理规划大纲》； ④编制既能使企业盈利又有竞争力的投标书，按规定参与投标活动； ⑤若中标，则与招标方谈判，依法签订承包合同	企业决策层、企业管理层
2	施工准备阶段	使工程具备开工和连续施工的基本条件	①企业正式委派资质合格的项目经理，组建项目经理部，并根据工程管理需要建立机构、配备管理人员、划分职责； ②企业法定代表人与项目经理签订《施工项目管理目标责任书》； ③编制《施工项目管理实施规划》； ④做好各项施工准备工作，达到开工要求； ⑤编写开工申请报告，待批开工	企业管理层、项目经理部

3）施工项目管理的内容。施工项目管理包括：①建立施工项目管理组织；②编制施工项目管理规划；③进行施工项目的目标控制；④对施工项目的生产要素进行管理；⑤施工项目合同管理；⑥施工项目信息管理；⑦施工项目现场管理；⑧组织协调。

4）施工项目管理与建设项目管理的主要区别。首先，管理主体不同；其次，任务不同；再次，内容不同；最后，管理范围不同。

（4）供货方的项目管理。

供货方的项目管理是指对材料和设备供应方的项目管理。

（5）建设项目总承包方的项目管理。

建设项目总承包方作为项目建设的一个参与方，其项目管理主要服务于项目的利益和建设项目总承包方本身的利益。

（三）建筑工程项目管理的要素

建筑工程项目管理的要素有下列五个方面。

（1）管理的客体是项目涉及的全部工作，这些工作构成项目的系统运动过程——项目周期。

（2）管理的主体是项目管理者。投资项目的管理者应该是投资者或经营者，他们对项目发展全过程进行管理。

（3）管理的目的是实现项目目标。管理是实现某种目的的手段，所以对项目管理而言，其目的是在有限的资源条件下，保证项目的时间、质量、成本达到最优化。

（4）管理的职能是计划、组织、指挥、协调和控制。项目管理的职能与管理的基本职能完全相同，若离开了管理的基本职能，管理的目标亦无法实现。

（5）管理的依据是项目的客观规律。

（四）建筑工程项目管理的内、外部环境

项目与项目管理所处的环境是多种因素构成的复杂环境，项目管理者必须对项目所处的环境有足够的认识，保证项目的顺利进行。

1. 政策、法律法规的影响

工程项目建设过程中每一个环节都必须严格遵守政策、法律法规的各项规定。政策，主要有国家和地方的经济建设、项目管理等方面的政策；与项目建设有关的法律主要有《中华人民共和国建筑法》《中华人民共和国招标投标法》《中华人民共和国合同法》《中华人民共和国城市规划法》《中华人民共和国城市房地产管理法》《中华人民共和国安全生产法》《中华人民共和国税法》《中华人民共和国保险法》等；与项目建设有关的法规主要有《建设工程质量管理条例》《房屋建筑工程质量保修办法》《工程建设重大事故报告和调查程序规定》《房屋建筑工程和市政基础工程竣工验收暂行规定》等。项目管理者不仅应熟练掌握项目建设技术知识，还应该具备法律、经济、管理类知识，尤其对项目建设有关的法律、法规知识要有一定的认识。

2. 社会经济及文化的影响

社会经济及文化的影响包括直接的影响和间接的影响。项目管理者应该有足够的信息量和分析能力，及时了解社会经济的动态，对管理目标可能发生的影响做好充分的预测，充分利用社会经济及文化因素的有利条件，防止不利因素可能导致的影响。

3. 标准和规则

标准是“对重复性事物和概念所做的统一规定。它以科学、技术和实践经验的综合成果为基础，经有关方面协商一致，由主管机构批准，以特定形式发布，作为共同遵守的准则和依据”。

规则是一个“规定产品、过程或服务特征的文件，包括适用的行政规定，其遵守具有强制性”。

项目管理过程中，标准和规则已经被熟知，这些标准和规则的影响可能未知，所以项目的风险分析中对这些未知因素应该给予足够的重视。

二　涉及建筑工程项目的各方

（一）政府

在工程项目建设过程中，政府从宏观角度对项目进行监督和管理，主要职责有：监督参与项目建设的各方，严格按照中央政府、地方政府制定的法律、法规及质量标准、安全规范进行工程建设。这种监督职能贯穿于工程项目建设的所有层次的过程中：项目的立项、项目实施阶段的监督、项目竣工验收的把关，大中型基础设施项目及公益事业项目的管理，以及重大项目的招投标等环节，政府部门均应进行指导和监督控制。

（二）业主

业主是工程项目的发起人，建设项目的管理主体，其主要职责包括：提出项目的设想，作出投资决策；筹措项目所需要的全部资金；选定监理企业；选定承建商；按合同规定支付工程费用；履行合同等。业主可能是法人，也可能是自然人。

（三）承包商

承包商通常是指承担工程施工及设备采购工作的团体、公司及他们的联合体。大型的工程承包公司在工程项目建设过程中可作为总承包商与业主签订总承包合同，承担整个工程项目的承建任务。总承包商即可以自行完成全部的工程施工，也可以把其中的某些部分分包给其他专业承包商。专业承包商往往在某些专业领域具有特长，能够在成本、工期、质量等方面体现出强于大型承包商的优势。

（四）监理单位

监理单位一般是指具有法人资格，取得监理单位资质证书，主要从事工程建设监理业务的监理公司、监理事务所等。监理单位是建筑市场三大主体（即业主、承建商、监理单位）之一，受业主的委托对承建单位进行监督和管理，科学控制项目的进度、质量、投资三大目标，协调各方的关系，系统分析和管理各类合同，广泛收集工程信息，“力求”实现项目目标。根据我国建设工程监理的相关规定，目前监理单位主要向业主提供专业化服务。监理单位向项目业主提供的服务范围，主要取决于监理委托合同的规定，可能是项目建设的全过程，也可能是某一个阶段。

监理单位根据其具备的资质条件，可划分为甲、乙、丙 3 个资质等级。甲级资质监理企业是由国家建设行政主管部门进行资质审批的监理企业，能够监理核定工程类别中的一等、二等、三等工程。乙级资质监理企业是由省、自治区、建设行政主管部门或国务院各部门建设行政主管部门批准的监理企业，能够监理核定工程类别中的二等、三等工程。丙级资质监理企业由省、自治区、建设行政主管部门或国务院各部门建设行政主管部门批准的监理企业，能够监理核定工程类别中的三等工程。

监理单位和项目业主之间是平等的、授权与被授权的合同关系；而与承建商之间的关系主要是平等的监理与被监理的关系，没有合同关系。

（五）金融机构

金融机构是指专门从事货币信用活动的中介组织。以银行为主体的金融机构的形成是市场经济发展的必然产物。我国的金融机构，按照其地位和功能大致可分为四大类：第一类是货币当局，也叫中央银行，即中国人民银行；第二类是银行，包括政策性银行、商业银行；第三类是非银行金融机构；第四类是在境内开办的外资、侨资、中外合资金融机构。

三　建筑工程项目的建设程序

（一）我国工程项目的建设程序

建设程序，是指建设项目从设想、选择、评估、决策、设计、施工到竣工验收、投入生产整个建设过程中，各项工作必须遵循的先后次序的法则。这个法则是人们在认识客观规律的基础上制定出来的，是建设项目科学决策和顺利进行的重要保证。按照建设项目内在联系和发展过程，建设程序分成若干阶段，这些发展阶段有严格的先后次序，不能任意颠倒。工程项目虽然千差万别，但它们都应遵循科学的建设程序，每一位建设工作者必须严格遵守工程项目建设的内在规律和组织制度。

在我国，按现行规定，大中型工程项目建设程序如下：

（1）项目建议书阶段。

（2）可行性研究阶段。

（3）设计工作阶段。

（4）建设准备阶段。

（5）编制年度建设投资计划。

（6）建设施工阶段。

（7）动用前准备。

（8）竣工验收、交付使用阶段。

（二）国外建筑工程项目的建设程序

国外工程项目的建设程序基本与我国的相似，大致可分为3个阶段，即项目计划阶段、执行阶段、生产阶段。

小　结

绪论介绍了建筑工程项目管理的基本概念、涉及建筑工程项目的各方以及工程项目的建设程序。通过学习，要求学生掌握项目的含义及特征、建设项目及分类、建筑工程项目

管理的含义，了解建筑工程项目管理的要素、任务、内外部环境、建筑工程项目的各方、工程项目的建设程序。

训　练　题

一、单项选择题

1.（　　）是项目最基本、最主要的特征。

A. 一次性　　B. 目标明确　　C. 整体性　　D. 制约性

2. 不属于项目的选项是（　　）。

A. 一座酒店的建设　　B. 科研课题　　C. 生产啤酒　　D. 写一篇论文

3.（　　）是属于建筑工程项目。

A. 具有一个独立设计文件，建成后独立发挥生产能力的项目

B. 具有一个总体规划，一个企业或一个事业单位的建设

C. 具有单独设计文件，可以独立组织施工，竣工后不能独立发挥生产能力的项目

D. 由若干分部工程或分项工程组成的项目

4. 建设项目按其（　　）不同，划分为基本建设项目和更新改造项目。

A. 用途　　B. 规模　　C. 性质　　D. 阶段

5. 企业为扩大生产能力而增建的生产车间，属于（　　）。

A. 新建项目　　B. 扩建项目　　C. 迁建项目　　D. 恢复项目

6. 施工项目的范围是由（　　）界定。

A. 建设法规　　B. 可行性研究　　C. 监理合同　　D. 工程承包合同

7. 施工项目的管理主体是（　　）。

A. 建设单位　　B. 设计单位　　C. 施工单位　　D. 监理单位

8. 计划、组织、指挥、协调、控制是项目管理的（　　）。

A. 基本作用　　B. 基本性质　　C. 基本职能　　D. 基本内容

9. 项目实施阶段的项目管理的主要任务是（　　）。

A. 确定项目的定义　　B. 通过管理使项目的目标得以实现

C. 确定项目的范围　　D. 通过经营使项目的目标得以实现

10. 监理单位所开展的项目管理属于（　　）项目管理。

A. 业主方　　B. 设计方　　C. 施工方　　D. 总承包方

11. 业主方项目管理主要在项目的（　　）阶段进行。

A. 设计　　B. 施工　　C. 招投标　　D. 实施

12. 各类项目管理中，（　　）项目管理是核心。

A. 业主方　　B. 设计方　　C. 施工方　　D. 供货方

13. 建设项目的投资、质量、进度目标之间的关系是（　　）。

A. 对立　　B. 统一　　C. 对立统一　　D. 无关系

14. 建设项目管理各项任务中，（　　）是最重要的任务。

A. 质量控制　　B. 进度控制　　C. 投资控制　　D. 安全管理

15. 供货方项目管理主要在项目（　　）阶段进行。

A. 决策　　B. 设计　　C. 施工　　D. 实施

16. 建设项目总承包方管理，主要在项目的（　　）阶段进行。

A. 决策　　B. 设计　　C. 施工　　D. 实施

17. 政府部门对工程项目建设过程中实施的管理形式主要是（　　）。

A. 服务　　B. 指导　　C. 控制　　D. 监督

18. 关于承包商的正确说法是（　　）。

A. 业主和承包商签订合同

B. 承包商选定监理单位

C. 总承包商必须自行完成全部的施工任务

D. 总承包商与业主签订合同

19. 建设工程监理的前提是（　　）。

A. 施工单位委托　　B. 建设单位委托　　C. 政府委托　　D. 设计单位委托

20. 建设程序，是指建设项目从设想、选择、评估、决策、设计、施工到竣工验收过程中，各项工作必须遵循的先后次序的（　　）。

A. 原则　　B. 法则　　C. 原理　　D. 规则

二、多项选择题

1. 项目的特征包括（　　）。

A. 一次性　　B. 重复性　　C. 目标明确　　D. 对象整体性

E. 环境制约性

2. 以下各类项目中（　　）属于更新改造项目。

A. 挖潜工程　　B. 节能工程　　C. 扩建工程　　D. 新建工程

E. 环境工程

3. 建设项目与一般项目不同的特点包括（　　）。

A. 建设周期长　　B. 受环境的制约性强

C. 整体性强　　D. 一次性　　E. 重复性

4. 业主方项目管理的主要目标包括（　　）。

A. 进度目标　　B. 质量目标　　C. 成本目标　　D. 投资目标

E. 合同目标

5. 建筑工程项目的寿命期包括（　　）。

A. 决策阶段　　B. 实施阶段　　C. 设计阶段　　D. 使用阶段

E. 策划阶段

6. 设计方项目管理的目标包括（　　）。

A. 设计成本　　B. 投资目标　　C. 质量目标　　D. 进度目标

E. 信息目标

7. 施工项目的生产要素包括（　　）。

A. 人　　B. 材料　　C. 技术　　D. 经验

E. 社会关系

8. 建筑工程项目管理的要素有（　　）。

A. 管理的客体　　B. 管理的主体　　C. 管理的目的　　D. 管理的职能
E. 管理的依据

9. 项目建设中业主的主要职责包括（　　）。
A. 作出投资决策　　B. 选定承建商　　C. 选定分包单位　　D. 支付工程费用
E. 实施监理

10. 监理单位和建设单位的关系有（　　）。
A. 监理单位和建设单位有平等关系
B. 监理单位和建设单位有授权与被授权关系
C. 监理单位和建设单位有隶属关系
D. 监理单位和建设单位有委托与被委托关系
E. 监理单位和建设单位没有法律关系

三、简答题

1. 建设项目和施工项目的区别有哪些?
2. 业主方项目管理的任务包括哪些?
3. 施工各阶段的项目管理的主要工作包括哪些?
4. 涉及工程项目的主要单位有哪些?
5. 工程项目建设程序包括哪些阶段?

项目一　建筑工程项目的组织与管理

【专业能力】 能够掌握建筑工程项目管理的组织理论和组织结构模式，了解项目经理和建造师的区别和联系。

【方法能力】 能够根据建筑工程项目管理的组织理论解决实际问题。

【社会能力】 能灵活处理建筑工程施工过程中出现的各种问题，具备协调能力良好的职业道德修养，能遵守职业道德规范。

项目介绍：

在施工项目管理过程中，组织机构的建立是一项重要的工作。通过实训要掌握组织机构建立的基本原则，在实践中正确选择组织形式，能够通过组织活动体验组织中每一个元素的作用。

项目要求：

根据我们实习时在施工现场收集的现场资料，根据你的判断，项目经理部采用的是什么组织结构模式，运行得如何？有什么优缺点？要求绘制组织结构图，说明项目经理在项目经理部中的作用，项目经理应该如何开展工作。

任务一　建筑工程项目管理组织

一、组织

“组织”包含两种含义。第一，作为一个实体，一个组织是为了实现某种既定目标而结合在一起的具有正式关系的一群人，这种关系是指正式的有意形成的职务或职位结构，这群人具有一定的专业技术、管理技能，处于明确的管理层次，具有相对稳定的职位。第二，组织是一个过程，设计、建立并维持一种科学的、合理的组织结构，是一系列不断变化与调整的组织行为的序列。

二、组织结构活动的基本原理

设计、建立和维持合理高效的组织结构，需要一流的智慧，同时也是风险的决策过程，但这不意味着无所遵循。尊重客观规律，有效整合组织的诸要素，做到人尽其才、物尽其用，以收到整体功能大于局部功能之和的系统效应，下列具体原理可作为指导。

1. 要素有用性原理

一个组织中基本要素是人、财、物、信息、时间等，这些要素都是有用的。只有具体

分析，发现各要素的特殊性，充分利用其优点或长处，才能更好地发挥每一要素的作用。

2. 动态相关性原理

组织内部要素之间存在着既互相联系又互相制约的关系。两个要素互相联合，其组织效应不等于两者的简单相加。一加一等于二，大于二，还是小于二？组织效应是组织内各要素一体化运动的结果。

3. 主观能动性原理

组织中最活跃、最重要的要素是人。人是有感情、有思想、有创造力的。一个精神饱满、积极工作的人，跟一个精神压抑、消极怠工的人，所做工作的效果有天壤之别。应当采取各种手段和方式，调动组织内所有人的积极性，使其主观能动性充分发挥出来。

4. 规律效应性原理

客观世界是不以人的意志而存在和运动着的。规律是客观事物内部的、本质的、必然的联系。人们只有在实践中摸索、认识和掌握客观规律，因势利导，顺势而为，尊重和按照客观规律开展组织活动，才能取得良好的组织效应。

三、建筑工程项目管理组织

建筑工程项目管理组织是建设工程项目的参与者、合作者按照一定的规则或规律构成的整体，是建筑工程项目的行为主体构成的协作系统。目前，我国建筑工程项目组织的参加者和合作者大致有下列几类。

（1）项目所有者：通常又被称为业主，他居于项目组织的最高层，对整个项目负责，他最关心的是项目整体经济效益，他在项目实施全过程的主要责任和任务，是进行项目宏观控制。

（2）项目管理者：项目管理者由业主选定，为他提供有效的独立的管理服务，负责项目实施中的具体事物性管理工作，他的主要责任是实现业主的投资意图，保护业主利益，达到项目的整体目标。

（3）项目专业承包商：包括设计单位、施工单位和供应商等，他们构成项目的实施层。

（4）政府机构：包括政府的土地、规划、建设、水、电、通信、环保、消防、公安等部门，他们的监督决定项目的成败，其中最重要的是建设部门的质量监督。

（5）项目驻地环境：包括驻地的自然环境和驻地居民。

四、建筑工程项目管理组织特点

建筑工程项目管理组织具有下列特点：

（1）项目管理组织的系统性。

（2）项目管理组织管理的主动性。

（3）项目管理组织的依次性。

（4）项目管理组织与企业管理组织之间有复杂关系。

五、建筑工程项目管理组织设置的原则

(1) 目的性原则。从“一切为了确保建筑工程项目目标实现”这一根本目的出发，因目标而设事，因事而设人、设机构、分层次，因事而定岗定责，因责而授权。

(2) 管理跨度原则。适当的管理跨度，加上适当的层次划分和适当的授权，是建立高效率组织的基本条件。

(3) 系统化管理原则。项目是由众多子系统组成的有机整体，这就要求项目管理组织也必须是完整的组织结构系统，否则就会出现组织和项目之间不匹配，不协调。

(4) 精简原则。在保证履行必要职能的前提下，应尽量简化机构。“不用多余的人”“一专多能”是建筑工程项目管理组织人员配备的原则，特别是要从严控制二、三线人员，以便提高效率，降低人工费用。

(5) 类型适应原则。建筑工程项目管理组织有多种类型，分别适应于规模、地域、工艺技术等各不相同的工程项目，应当在正确分析工程特点的基础上选择适当的类型，设置相应的项目管理组织。

六、建筑工程施工企业项目管理组织结构

组织结构可用组织结构图来描述，组织结构图也是一个重要的组织工具，反映一个组织系统中各组成部分（组成元素）之间的组织关系（指令关系）。在组织结构图中，矩形框表示工作部门，上级工作部门对其直接下属工作部门的指令关系用单向箭线表示。建筑工程施工企业承接到建筑工程项目任务后，要根据项目的特定条件和施工企业的具体情况，任命项目经理，组建项目管理机构。本项目不讨论在建设工程领域极少见的事业部组织结构，仅从施工企业组织与项目管理组织之间的关系阐明施工企业的项目管理的三种组织结构。

1. 线性组织结构

线性组织结构是出现最早、最简单的一种组织结构形式，也称“军队式组织”。

(1) 特点：组织中上下级呈现直线的权责关系，各级均有主管，主管在其所管辖范围内具有指挥权，组织中每个人只接受一个直接上级的指示。简而言之，具有明显的“一个上级”特征。

(2) 优点：结构简单，权责分明，次序井然，命令统一，反应迅速，联系简捷，工作效率较高。

(3) 缺点：分工欠合理，横向联系差，对主管的知识面及能力要求高。

线性组织结构形式如图 1-1 所示。A 可以对其直接的下属部门 B1、B2、B3 下达指令；B2 可以对其直接的下属部门 C21、C22、C23 下达指令；虽然 B1 和 B3 比 C21、C22、C23 高一个组织层次，但是 B1 和 B3 并不是 C21、C22、C23 的直接上级部门，它们不允许对 C21、C22、C23 下达指令。一般这种组织结构形式适用于工程建设项目的现场作业管理。

2. 职能组织结构

职能组织结构同线性组织结构恰好相反，它的各级直线主管都配有通晓所涉及业务的

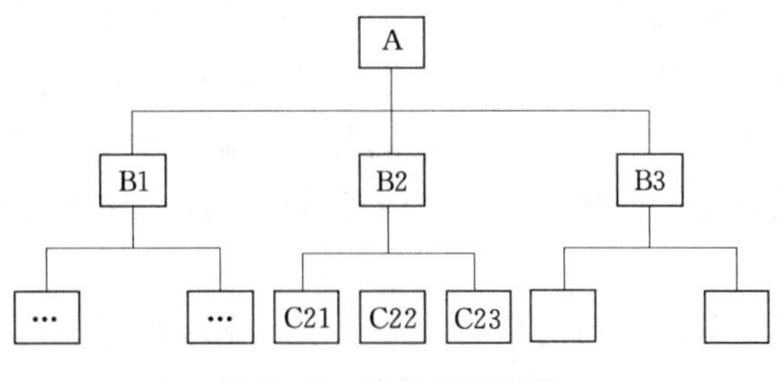

图 1-1　线性组织结构

各种专门人员，直接向下发号施令。即：组织内除直线主管外还相应地设立一些职能部门，分担某些职能管理的业务，这些职能部门有权向下级部门下达命令和指示。

（1）特点：下级部门除接受上级直线主管的领导外，还必须接受上级各职能部门的领导和指示。

（2）缺点：每一个职能人员都有直接指挥权，妨碍了组织必要的集中领导和统一指挥，形成了多头领导，导致基层无所适从，造成管理的混乱。

如图 1-2 所示，A 可以对 B1、B2、B3 下达指令；B1、B2、B3 可以对 C5、C6 下达指令，C5、C6 有多个指令源。

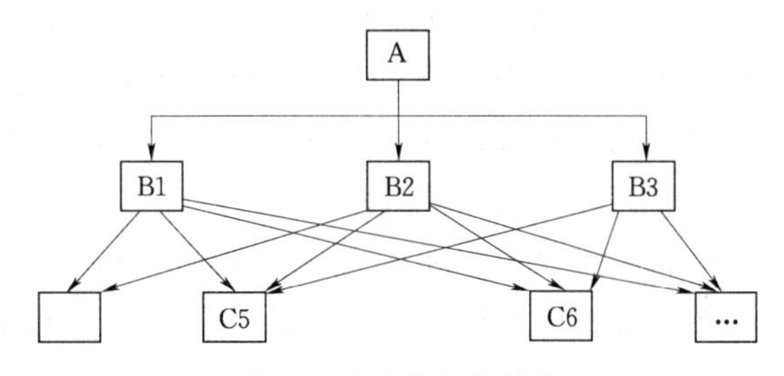

图 1-2　职能组织结构

3. 矩阵组织结构

矩阵型组织结构又称规划目标结构，如图 1-3 所示。

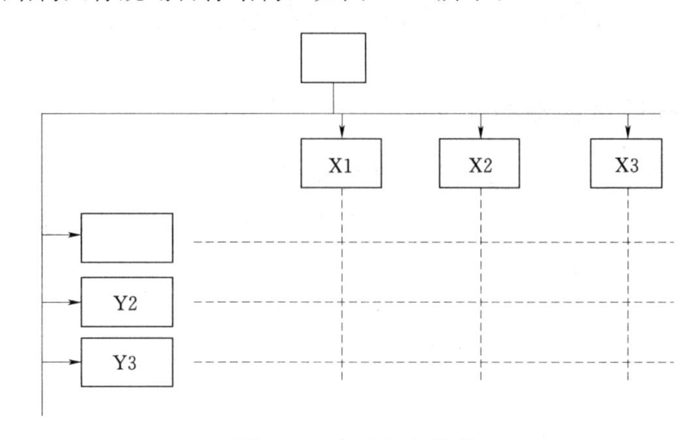

图 1-3　矩阵组织结构

（1）特点：既有按职能划分的纵向组织部门，又有按规划目标（产品、工程项目）划分的横向部门，两者结合，形成一个阵，所以借用数学术语称为“矩阵结构”。为了保证完成一定的管理目标，横向部门的项目小组（或经理部）里设负责人，在组织的最高层直接领导下进行工作，负责最终结果（最终产品或完成项目）的责任。为完成规划目标（产品、工程项目）所需的各类专业人员从各职能部门抽调，他们既接受本职能部门的领导，又接受项目小组（或经理部）的领导。一旦任务目标完成，该项目小组（或经理部）即告解散，人员仍回原职能部门工作。

（2）优点：加强了各职能部门的横向业务联系，克服职能部门相互脱节、各自为政的现象；专业人员和专用设备得到充分利用，能达到资源的最合理利用；有利于个人业务素质和综合能力的提高；具有较大的机动性和灵活性，能很好地适应动态管理和优化组合。

（3）缺点：人员受双重领导。当来自项目和来自职能部门两方面的领导意见不一致时，横向部门的人员就会感到无所适从，出了问题也难以查清责任。要达成一致的意见，往往需要召开许多次会议来协调，因而决策效率较低。

克服缺点的办法是：授予项目负责人以负责最终结果相对应的全部权力，保证项目负责人对项目的最有力控制；项目负责人与职能负责人共同制定项目管理的子目标，确定职能管理的重点。

矩阵型组织结构适用于下列两种情形：

（1）专门从事工程建设项目管理或承接工程建设项目建造的企业，同时承担若干项目的管理或实施，如工程咨询公司、监理公司、工程总承包企业、总承包商等。

（2）进行一个特大型项目的管理或建造。此项目可以分成若干相互独立、互不依赖的子项目，则相当于进行多个平行项目的管理或建造。

以上介绍的三种组织结构类型是对实际存在的组织结构形式一定程度的理论抽象，仅仅是一个基本框架，现实组织要比这些框架丰富得多。此外，实际的组织结构很少是纯粹的一种类型，而是多种类型的综合。随着社会生产力的发展和人们对管理客观规律认识的逐步深化，组织结构的类型也必将得到进一步的发展和完善。

任务二　建筑工程项目经理

一、建筑工程项目经理的含义

建筑工程项目经理是指受企业法定代表人委托和授权，直接负责项目施工的组织实施者，对建筑工程项目施工全过程全面负责的项目管理者。项目经理是建筑工程项目的责任主体，是企业法人代表在建筑工程项目上的委托代理人。

从组织理论上讲，项目管理的组织特征是严格的个人负责制，个人负责制的核心人物是项目经理，所以项目经理是决定项目成败的关键人物，项目经理是项目实施的最高领导者、组织者和责任者，在项目管理中起着决定性的作用。

由于工程项目是一种特殊而复杂的一次性活动，其管理涉及人力、技术、设备、资金、设计、施工、生产准备、竣工验收等多方面因素和多元化关系，为了更好地进行决策、规划、组织、指挥和协调，保证项目建设按照客观规律和科学程序进行，为了统一意志，提高效率，取得管理的成功，就必须设置项目经理，使之在管理保证体系中处于最高

管理者的地位。

在组织结构中，项目经理是协调各方面关系、使之相互紧密协作配合的桥梁和纽带，他对项目管理目标的实现承担着全部责任，即承担合同责任，履行合同义务，执行合同条款，处理合同纠纷。项目经理的工作受法律的约束和保护，在施工活动中占有举足轻重的地位。

二、建筑工程施工企业项目经理的工作性质

2003 年 2 月 27 日《国务院关于取消第二批行政审批项目和改变第一批行政审批项目管理方式的决定》（国发〔2003〕5 号）规定：“取消建筑施工企业项目经理资质核准，由注册建造师代替，并设立过渡期。”

建筑业企业项目经理资质管理制度向建造师执业资格制度过渡的时间定为五年，即从国发〔2003〕5 号文印发之日起至 2008 年 2 月 27 日止。过渡期内，凡持有项目经理资质证书或者建造师注册证书的人员，经其所在企业聘用后均可担任工程项目施工的项目经理。过渡期满后，大中型工程项目施工的项目经理必须由取得建造师注册证书的人员担任，但取得建造师注册证书的人员是否担任工程项目经理，由企业自主决定。

在全面落实建造师执业资格制度后仍然要坚持落实项目经理岗位责任制。项目经理岗位是保证工程项目建设质量、安全工期的重要岗位。

建筑施工企业项目经理，是指受企业法定代表人委托对工程项目施工过程全面负责的项目管理者，是施工企业法定代表人在工程项目上的代表人。

建造师是一种专业人士的名称，而项目经理是一种工作岗位的名称，应注意概念的区别，取得建造师执业资格的人员表示其知识和能力符合建造师执业的要求，但其在企业中的工作岗位则由企业视工作需要和安排而定。

在国际上，建造师的执业范围相当宽，可以在施工企业、政府管理部门、建设单位、工程咨询单位、设计单位、教学和科研单位等执业。

三、建筑工程施工企业项目经理的任务

项目经理在承担工程项目施工管理过程中应履行下列职责：

（1）贯彻执行国家和工程所在地政府的有关法律、法规和政策，执行企业的各项管理制度。

（2）严格财务制度，加强财务管理，正确处理国家、企业和个人的利益关系。

（3）执行项目承包合同中由项目经理负责履行的各项条款。

（4）对工程项目施工进行有效控制，执行有关技术规范和标准，积极推广应用新技术，确保工程质量和工期，实现安全、文明生产，提高经济效益。

项目经理在承担工程项目施工的管理过程中，应当按照建筑施工企业与建设单位签订的工程承包合同，与本企业法定代表人签订项目承包合同，并在企业法定代表人授权范围内，行使下列管理权利：

（1）组织项目管理班子。

（2）以企业法定代表人的身份处理与所承担的工程项目有关的外部关系，受托签署有

关合同。

(3) 指挥工程项目建设的生产经营活动，调配并管理进入工程项目的人力、资金、物资、机械设备等生产要素。

(4) 选择施工作业队伍。

(5) 进行合理的经济分配。

(6) 企业法定代表人授予的其他管理权利。

项目经理的任务包括项目的行政管理和项目管理两个方面，其项目管理的主要任务是：施工安全管理、施工成本控制、施工进度控制、施工质量控制、工程合同管理、工程信息管理、工程组织与协调等。

四、施工企业项目经理的责任

1. 项目管理目标责任书［参考《建设工程项目管理规范》(GB/T 50326—2006)］

项目管理目标责任书应在项目实施之前，由法定代表人或其授权人与项目经理协商制定。编制项目管理目标责任书应依据下列资料：

(1) 项目合同文件。

(2) 组织的管理制度。

(3) 项目管理规划大纲。

(4) 组织的经营方针和目标。

2. 项目经理的职责［参考《建设工程项目管理规范》(GB/T 50326—2006)］

项目经理应履行下列职责：

(1) 项目管理目标责任书规定的职责。

(2) 主持编制项目管理实施规划，并对项目目标进行系统管理。

(3) 对资源进行动态管理。

(4) 建立各种专业管理体系，并组织实施。

(5) 进行授权范围内的利益分配。

(6) 收集工程资料，准备结算资料，参与工程竣工验收。

(7) 接受审计，处理项目经理部解体的善后工作。

(8) 协助组织进行项目的检查、鉴定和评奖申报工作。

3. 项目经理的权限［参考《建设工程项目管理规范》(GB/T 50326—2006)］

项目经理应具有下列权限：

(1) 参与项目招标、投标和合同签订。

(2) 参与组建项目经理部。

(3) 主持项目经理部工作。

(4) 决定授权范围内的项目资金的投入和使用。

(5) 制定内部计酬办法。

(6) 参与选择并使用具有相应资质的分包人。

(7) 参与选择物资供应单位。

(8) 在授权范围内协调与项目有关的内、外部关系。

(9) 法定代表人授予的其他权力。

项目经理应承担施工安全和质量的责任，要加强对建筑业企业项目经理市场行为的监督管理，对发生重大工程质量案例事故或市场违法违规行为的项目经理，必须依法予以严肃处理。

项目经理对施工承担全面管理的责任：工程项目施工应建立以项目经理为首的生产经营管理系统，实行项目经理负责制。项目经理在工程项目施工中处于中心地位，对工程项目施工负有全面管理的责任。

五、注册建造师制度

2002年12月5日，人事部、建设部联合下发了《关于印发〈建造师执业资格制度暂行规定〉的通知》，明确规定在我国对从事建筑工程项目总承包及施工管理的专业技术人员实行注册建造师执业资格制度。

1. 建造师执业资格的取得

对于拟取得建造师执业资格的人员，应通过建造师执业资格的统一考试。按照规定，一级建造师执业资格的考试，实行全国统一考试大纲、统一命题、统一组织的考试制度，由人事部、建设部共同组织实施，原则上每年举行1次，二级建造师执业资格的考试，实行全国统一考试大纲，由各省、自治区、直辖市负责命题并组织实施，考试内容分为综合知识与能力和专业知识与能力两大部分，报考人员须满足有关规定的相应条件，对于考试合格的人员，将获得建造师执业资格证书。

2. 建造师的级别

按照规定，建造师分为一级建造师和二级建造师，这主要是从我国的国情和工程的特点出发，各地的经济发展和管理水平不同，大中小型工程项目对管理的要求差异也很大，为此，在施工管理中，一级注册建造师可以担任《建筑业企业资质等级标准》中规定的特级、一级企业资质项目施工的项目经理，二级注册建造师只能担任二级及二级以下企业资质项目施工的项目经理。这样规定，有利于保证一级注册建造师具有较高的专业素质和管理水平，以逐步取得国际认证；而设立二级注册建造师，则可以满足我国量大面广的工程项目施工管理的实际需求。

3. 建造师的执业范围

按照国际通行的做法，许多注册执业资格与岗位职务是实行一师多岗或多师一岗，而我国往往是实行一师一岗 ，这在一定程度上造成一些不应有的壁垒，不利于一些注册人员的发挥。建造师分一级建造师和二级建造师，一级建造师执业资格证书在全国范围内有效，二级建造师执业资格证书在其所发所在省、自治区、直辖市范围内有效。

4. 建造师的专业

不同类型、不同性质的建筑工程项目，有着各自的专业性和技术特点，对项目经理的专业要求也有很大不同，建造师实行分专业管理，就是为了适应各类工程项目对建造师专业技术的要求，也为了与现行建设管理体制相衔接，充分发挥各有关专业部门的作用，建造师共划分为14个专业：房屋建筑工程、公路工程、铁路工程、民航机场工程、港口与航道工程、水利水电工程、电力工程、矿山工程、冶炼工程、石油化工工程、市政公用与城市轨道工程、通信与广电工程、机电安装工程、装饰装修工程。

5. 建造师的注册

凡取得建造师执业资格证书并满足有关注册规定的人员，经注册管理机构注册后方可用建造师的名义执业，准予注册的申请人员，将分别获得一级建造师注册证书、二级建造师注册证书。已通过注册的建造师必须接受继续教育，不断提高业务水平，建造师注册有效期一般为3年，期满前3个月要办理再次注册手续。

小　结

本项目介绍了建筑工程项目管理组织的概念、基本模式及建筑工程项目经理。通过本项目的学习，要求学生掌握项目管理的组织理论和组织结构模式，了解项目经理和建造师的区别和联系。

训　练　题

一、单项选择题

1. 组织的实质含义是（　　）。

A. 组织行为　　B. 组织结构　　C. 管理行为　　D. 管理过程

2. “一加一可以等于二，也可以大于二，也可以小于二。”这是组织机构活动基本原理的（　　）。

A. 要素有用性原理　　B. 动态相关性原理

C. 主观能动性原理　　D. 规律效应性原理

3.（　　）的主要责任是实现业主的投资，保护投资利益。

A. 业主　　B. 项目管理者　　C. 专业承包商　　D. 政府机构

4. 项目管理组织与企业组织的最大区别是（　　）。

A. 系统性　　B. 主动性　　C. 一次性　　D. 弹性

5. 项目结束或其相应项目任务结束后，项目组织就会解散，这是项目组织的（　　）。

A. 系统性　　B. 一次性　　C. 弹性　　D. 可变性

6. 在一定的条件下，管理层次越多，管理跨度（　　）。

A. 越大　　B. 越小

C. 不变　　D. 开始越大，慢慢越小

7. “不用多余的人”“一专多能”是建筑工程项目管理组织人员配备的（　　）原则。

A. 系统化管理　　B. 精简　　C. 精干高效　　D. 适度

8. 适用于小型简单项目的组织结构是（　　）。

A. 线性组织结构　　B. 职能组织结构

C. 矩阵组织结构　　D. 事业部组织结构

9. 职能组织结构的缺点是（　　）。

A. 职责不明确　　B. 关系复杂

C. 有多个矛盾的指令源　　D. 多个工作部门

10. 适用于大中型项目的项目管理组织结构是（ ）。

A. 线性组织结构　B. 职能组织结构

C. 矩阵组织结构　D. 事业部组织结构

11. 线性组织结构的优点是（ ）。

A. 职责明确　B. 关系简单

C. 只有一个指令源　D. 组织运行困难

12. 矩阵组织结构适用于（ ）。

A. 大型复杂项目　B. 小型项目

C. 大中型项目　D. 中型项目

13. 组织结构模式反映一个组织系统中各子系统之间或元素之间的（ ）。

A. 指令关系　B. 指导关系

C. 命令关系　D. 平行关系

14. 解决了以实现企业目标为宗旨的长期稳定的企业组织专业分工与具有较强综合性和临时性的一次性项目组织的矛盾的组织模式是（ ）。

A. 线性组织结构　B. 职能组织结构

C. 矩阵组织结构　D. 事业部组织结构

15. 下列有关项目经理在施工管理过程中管理权力错误的是（ ）。

A. 组织管理班子　B. 受托签署合同

C. 选择施工作业队伍　D. 严格财务制度

16. 项目经理在项目管理方面的主要任务是施工成本控制、施工进度控制、施工质量控制和（ ）等。

A. 施工安全管理和施工文明施工　B. 工程合同管理和工程目标管理

C. 施工安全管理和施工项目管理　D. 施工安全管理和工程合同管理

17. 建设工程施工企业项目经理具备的基本素质错误的是（ ）。

A. 领导素养　B. 复合型管理人才

C. 身体素质　D. 精神高亢

18. 项目经理的选用应遵循（ ）。

A. 考虑候选人的能力、敏感性和领导才能

B. 考虑候选人的身体素质、敏感性和应付压力的能力

C. 考虑候选人的能力、敏感性和应付压力的能力

D. 考虑候选人的身体素质、敏感性和领导才能

19. 有利于选拔人才的项目经理选用方式是（ ）。

A. 由企业高层领导任命　B. 由企业和用户协商选择

C. 群众推荐任命　D. 竞争上岗的方式

20. 下列属于动态关系的是（ ）。

A. 组织结构模式　B. 组织分工

C. 工作流程组织　D. WBS

二、多项选择题

1. 下列关于组织包含的两层含义中正确的是（　　）。
   A. 各生产要素相结合的形式
   B. 各生产要素相结合的制度
   C. 各生产要素相结合的样态
   D. 通过一定权力体系或影响力达到目标
   E. 对生产要素进行合理配置
2. 组织结构中的基本要素包括（　　）。
   A. 人力　B. 物力　C. 信息　D. 时间
   E. 地点
3. 组织结构活动基本原理有（　　）。
   A. 要素有用性原理　B. 动态相关性原理
   C. 主观能动性原理　D. 有效合理性原理
   E. 规律效应性原理
4. 建筑工程项目管理组织的特点是（　　）。
   A. 系统性　B. 主动性　C. 一次性　D. 规律性
   E. 有效性
5. 项目管理组织设置原则正确的是（　　）。
   A. 目标性原则　B. 管理层次原则
   C. 系统化管理原则　D. 精简原则
   E. 类型适用原则
6.（　　）是建设工程施工企业项目组织模式。
   A. 线性组织结构　B. 职能组织结构
   C. 矩阵组织结构　D. 事业部组织结构
   E. 直线职能组织结构
7. 下列（　　）是职能组织结构的特点。
   A. 职责单一　B. 职责不明确　C. 关系简单　D. 便于协调
   E. 有多个指令源
8. 相对静态的组织关系是（　　）。
   A. 工作流程组织　B. 组织结构模式　C. 组织分工　D. 组织任务表
   E. 组织结构图
9. 基本的组织工具有（　　）。
   A. 组织分工　B. 组织结构图　C. 任务分工表　D. 组织结构模式
   E. 工作流程图
10. 项目经理承担工程项目施工管理中，履行职责正确的是（　　）。
    A. 贯彻执行企业的管理制度
    B. 正确处理国家、企业与个人的利益关系
    C. 履行承包合同的各项条款

D. 对施工项目进行有效控制

E. 选择施工作业队伍

三、简答题

1. 建筑工程项目管理组织与一般组织的区别有哪些？
2. 建筑工程施工企业项目管理组织结构有哪些？
3. 建筑工程项目管理组织设置的原则是什么？
4. 简述注册建造师与项目经理的关系。
5. 建筑工程施工企业项目经理有哪些职责？

项目二　建筑工程项目质量控制

【专业能力】　能够熟悉国家建筑行政主管部门的监督管理职能，掌握建筑工程质量管理的基本理论、基本原则及建筑工程质量控制应遵循的程序。理解如何运用动态控制原理进行建筑工程质量控制。

【方法能力】　能够运用动态控制原理进行质量控制；能够组织进行项目质量管理计划的制定；能够组织建立有关预防质量缺陷和纠正的措施；能够总结项目质量管理工作，并能够提出进一步的改进要求。

【社会能力】　能灵活处理建筑工程施工过程中出现的各种问题，具备协调能力良好的职业道德修养，能遵守职业道德规范。

任务一　建筑工程项目质量管理的基础知识

任务介绍：

某工程项目业主已分别与施工单位、监理单位签订了施工承包合同和委托监理合同。业主、施工方和监理方已经各司其职建立组织机构，进驻现场，并有条不紊地做好施工准备工作。

问题：

1. 工程项目部有哪些人员进驻？

2. 工程项目部办公室及其周围要布置哪些宣传图牌？

3. 为什么一定要布置宣传图牌？其中有哪些图牌涉及质量管理？其具体内容是什么？

任务要求：

1. 理解并掌握工程项目部五牌一图的具体内容和作用；掌握工程项目质量控制各个岗位职责与要求。

2. 通过工程项目部布置的宣传图牌，了解施工企业文化，理解质量方针、质量目标等基本概念和基本理论，掌握该工程质量控制组织机构的组成，理解建筑工程质量控制各环节的工作程序、工作方法。

一、建筑工程质量管理的基本概念

（一）质量和质量管理

1. 质量

根据国家标准《质量管理体系基础和术语》（GB/T 19000—2008/ISO 9000：2005）

的定义，质量是指一组固有特性满足要求的程度。就工程质量而言，其固有特性通常包括使用功能、寿命以及可靠性、安全性、经济性等特性，这些特性满足要求的程度越高，质量就越好。

2. 质量方针

质量方针是由组织的最高管理者正式发布的、该组织的总的质量宗旨和方向，体现了企业的经营目标和顾客的期望及需求，是企业质量行为的准则。质量方针的内涵是：它是企业总的质量宗旨和方向；它是以质量管理八项原则为基础；它是对顾客或法律法规或企业内部发展需要所作出的承诺；它是对持续改进质量管理体系的有效性作出的承诺。

3. 质量目标

质量目标是质量方针所追求的目标。它是由企业的最高管理者主持和制定，并形成指导性文件，指导相关职能部门和基层组织建立各自相应的质量目标。它是对质量方针的展开，依据质量方针制定。它既要高于现有水平，又应该是经过努力可以达到的。它既要满足企业内部追求，又要不断满足市场、顾客的要求。

4. 质量体系

质量体系是指为实施质量管理所需的组织结构、程序、过程和资源。组织结构是一个组织为行使其职能而按某种方式建立的职责、权限及其相互关系，通常以组织结构图予以规定，如图2-1、图2-2所示。资源包括人员、设备、设施、资金、技术和方法等。

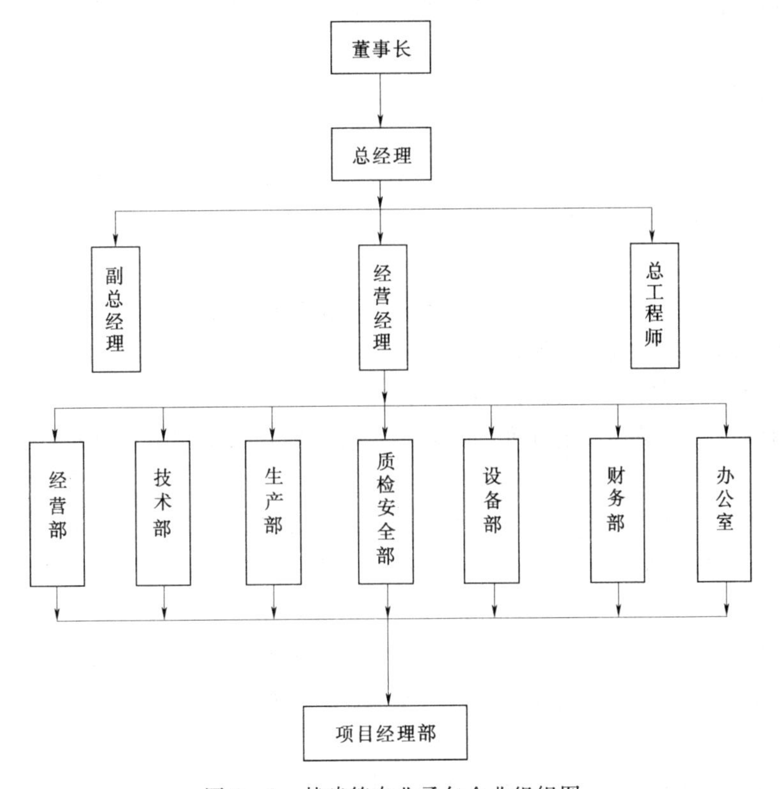

图2-1　某建筑专业承包企业组织图

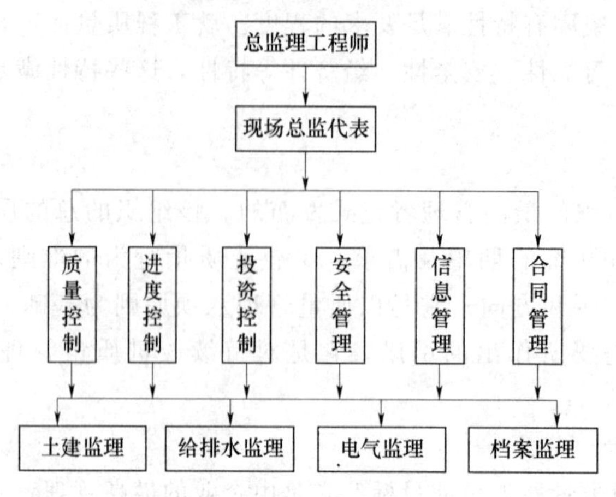

图 2-2 某监理单位组织图

5. 质量管理

质量管理是在质量方面指挥和控制组织的协调的活动。这些活动通常包括制定质量方针和质量目标，以及质量策划、质量控制、质量保证和质量改进等一系列工作。组织必须通过建立质量管理体系实施质量管理：其中，质量方针是组织最高管理者的质量宗旨、经营理念和价值观的反映；在质量方针的指导下，制定组织的质量手册、程序性管理文件和质量记录；进而落实组织制度，合理配置各种资源，明确各级管理人员在质量活动中的责任分工与权限界定等，形成组织质量管理体系的运行机制，保证整个体系的有效运行，从而实现质量目标。

（二）质量控制

1. 质量控制的定义

根据国家标准《质量管理体系基础和术语》（GB/T 19000—2008/ISO 9000：2005）的定义，质量控制是质量管理的一部分，是致力于满足质量要求的一系列相关活动。这些活动主要包括：

（1）设定标准：即规定要求，确定需要控制的区间、范围、区域。

（2）测量结果：测量满足所设定标准的程度。

（3）评价：即评价控制的能力和效果。

（4）纠偏：对不满足设定标准的偏差，及时纠偏，保持控制能力的稳定性。

2. 建筑工程项目的质量总目标

由于建筑工程项目的质量要求是由业主（或投资者、项目法人）提出的，即建筑工程项目的质量总目标，是业主的建设意图通过项目策划，包括项目的定义及建设规模、系统构成、使用功能和价值、规格档次标准等的定位策划和目标决策来确定的。因此，建筑工程项目质量控制，在工程勘察设计、招标采购、施工安装、竣工验收等各个阶段，项目参与各方均应围绕着致力于满足业主要求的质量总目标而努力。

3. 质量控制活动

质量控制活动涵盖作业技术活动和管理活动。产品或服务质量的产生，归根结底是由作业过程直接形成的。因此，作业技术方法的正确选择和作业技术能力的充分发挥，是质

量控制的致力点；而组织或人员具备相关的作业技术能力，只是生产出合格的产品或服务质量的前提。在社会化大生产的条件下，只有通过科学的管理，对作业技术活动过程进行科学的组织和协调，才能使作业技术能力得到充分发挥，实现预期的质量目标。

4. 质量控制的含义

质量控制是质量管理的一部分而不是全部。质量控制是在明确的质量目标和具体条件下，通过行动方案和资源配置的计划、实施、检查和监督，进行质量目标的事前预控、事中控制和事后纠偏控制，实现预期质量目标的系统过程。

二、建筑工程质量管理的基本理论与基本原则

（一）全面质量管理（TQC）的思想

TQC（Total Quality Control）即全面质量管理，是20世纪中期在欧美国家和日本广泛应用的质量管理理念和方法。我国从20世纪80年代开始引进和推广全面质量管理方法。这种方法的基本原理就是强调在企业或组织最高管理者的质量方针指引下，实行全面、全过程和全员参与的质量管理。

TQC的主要特点是以顾客满意为宗旨，领导参与质量方针和目标的制定，提倡预防为主、科学管理、用数据说话等。在当今世界标准化组织颁布的ISO 9000：2005质量管理体系标准中，处处都体现了这些重要特点和思想。建筑工程项目的质量管理，同样应贯彻“三全”管理的思想和方法。

1. 全面质量管理

建筑工程项目的全面质量管理，是指建筑工程项目参与各方所进行的工程项目质量管理的总称，其中包括工程（产品）质量和工作质量的全面管理。工作质量是产品质量的保证，工作质量直接影响产品质量的形成。业主、监理单位、勘察单位、设计单位、施工总承包单位、施工分包单位、材料设备供应商等，任何一方、任何环节的怠慢疏忽或质量责任不到位都会造成对建设工程质量的不利影响。

2. 全过程质量管理

全过程质量管理，是指根据工程质量的形成规律，从源头抓起，全过程推进。GB/T 19000—2008强调质量管理的“过程方法”管理原则，要求应用“过程方法”进行全过程质量控制。要控制的主要过程有：项目策划与决策过程；勘察设计过程；施工采购过程；施工组织与准备过程；检测设备控制与计量过程；施工生产的检验试验过程；工程质量的评定过程；工程竣工验收与交付过程；工程回访维修服务过程等。

3. 全员参与质量管理

按照全面质量管理的思想，组织内部的每个部门和工作岗位都承担着相应的质量职能，组织的最高管理者确定了质量方针和目标，就应组织和动员全体员工参与到实施质量方针的系统活动中去，发挥自己的角色作用。开展全员参与质量管理的重要手段就是运用目标管理方法，将组织的质量总目标逐级进行分解，使之形成自上而下的质量目标分解体系和自下而上的质量目标保证体系，发挥组织系统内部每个工作岗位、部门或团队在实现质量总目标过程中的作用。

(二) 质量管理的 PDCA 循环

在长期的生产实践和理论研究中形成的 PDCA 循环，是建立质量体系和进行质量管理的基本方法。PDCA 循环如图 2-3 所示。从某种意义上说，管理就是确定任务目标，并通过 PDCA 循环来实现预期目标。每一循环都围绕着实现预期的目标，进行计划、实施、检查和处置活动，随着对存在问题的解决和改进，在一次一次的滚动循环中逐步上升，不断增强质量能力，不断提高质量水平。每一个循环的四大职能活动相互联系，共同构成了质量管理的系统过程。

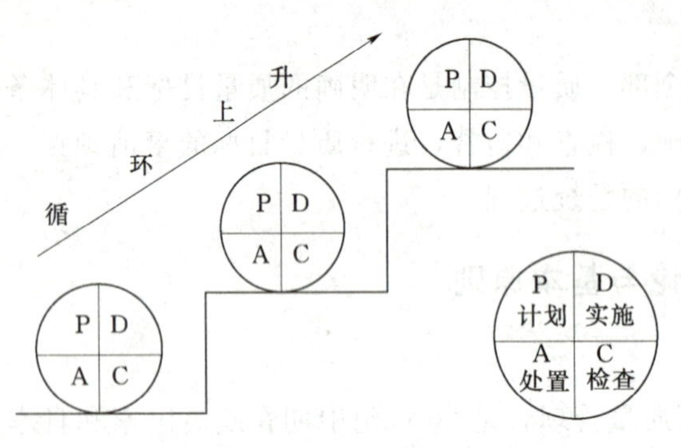

图 2-3　PDCA 循环示意图

1. 计划 P (Plan)

计划由目标和实现目标的手段组成，所以说计划是一条“目标—手段”链。质量管理的计划职能，包括确定质量目标和制定实现质量目标的行动方案两方面。实践表明，质量计划的严谨周密、经济合理和切实可行，是保证工作质量、产品质量和服务质量的前提条件。

建筑工程项目的质量计划，是由项目参与各方根据其在项目实施中所承担的任务、责任范围和质量目标，分别制定质量计划而形成的质量计划体系。其中，建设单位的工程项目质量计划，包括确定和论证项目总体的质量目标，提出项目质量管理的组织、制度、工作程序、方法和要求。项目其他各参与方，则根据工程合同规定的质量标准和责任，在明确各自质量目标的基础上，制定实施相应范围质量管理的行动方案，包括技术方法、业务流程、资源配置、检验试验要求、质量记录方式、不合格处理、管理措施等具体内容和做法的质量管理文件，同时亦须对其实现预期目标的可行性、有效性、经济合理性进行分析论证，并按照规定的程序与权限，经过审批后执行。

2. 实施 D (Do)

实施职能在于将质量的目标值，通过生产要素的投入、作业技术活动和产出过程，转换为质量的实际值。为保证工程质量的产出或形成过程能够达到预期的结果，在各项质量活动实施前，要根据质量管理计划进行行动方案的部署和交底；交底的目的在于使具体的作业者和管理者明确计划的意图和要求，掌握质量标准及其实现的程序与方法。在质量活动的实施过程中，则要求严格执行计划的行动方案，规范行为，把质量管理计划的各项规定和安排落实到具体的资源配置和作业技术活动中去。

3. 检查 C (Check)

指对计划实施过程进行各种检查，包括作业者的自检、互检和专职管理者专检。各类检查也都包含两大方面：一是检查是否严格执行了计划的行动方案，实际条件是否发生了变化，不执行计划的原因；二是检查计划执行的结果，即产出的质量是否达到标准的要求，对此进行确认和评价。

4. 处置 A (Action)

对于质量检查所发现的质量问题或质量不合格，及时进行原因分析，采取必要的措施

予以纠正，保持工程质量形成过程的受控状态。处置分为纠偏和预防改进两个方面。前者是采取有效措施，解决当前的质量偏差、问题或事故；后者是将目前质量状况信息反馈到管理部门，反思问题症结或计划时的不周，确定改进目标和措施，为今后类似质量问题的预防提供借鉴。

（三）质量管理八项原则

质量管理八项原则是ISO 9000族标准的编制基础，是世界各国质量管理成功经验的科学总结，其中不少内容与我国全面质量管理的经验吻合。它的贯彻执行能促进企业管理水平的提高，提高顾客对其产品或服务的满意程度，帮助企业达到持续成功的目的。质量管理八项原则的具体内容如下。

1. 以顾客为关注焦点

组织（从事一定范围生产经营活动的企业）依存于其顾客。组织应理解顾客当前的和未来的需求，满足顾客要求并争取超越顾客的期望。

2. 领导作用

领导者确立本组织统一的宗旨和方向，并营造和保持使员工充分参与实现组织目标的内部环境。因此领导在企业的质量管理中起着决定性的作用。只有领导重视，各项质量活动才能有效开展。

3. 全员参与

各级人员都是组织之本，只有全员充分参加，才能使他们的才干为组织带来收益。产品质量是产品形成过程中全体人员共同努力的结果，其中也包含着为他们提供支持的管理、检查、行政人员的贡献。企业领导应对员工进行质量意识等各方面的教育，激发他们的积极性和责任感，为其能力、知识、经验的提高提供机会，发挥创造精神，鼓励持续改进，给予必要的物质和精神奖励，使全员积极参与，为达到让顾客满意的目标而奋斗。

4. 过程方法

将活动和相关的资源作为过程进行管理，可以更高效地得到期望的结果。任何使用资源的生产活动和将输入转化为输出的一组相关联的活动都可视为过程。ISO 9000族标准是建立在过程控制的基础上。一般在过程的输入端、过程的不同位置及输出端都存在着可以进行测量、检查的机会和控制点，对这些控制点实行测量、检测和管理，便能控制过程的有效实施。

5. 管理的系统方法

将相互关联的过程作为系统加以识别、理解和管理，有助于组织提高实现其目标的有效性和效率。不同企业应根据自己的特点，建立资源管理、过程实现、测量分析改进等方面的关联关系，并加以控制，即采用过程网络的方法建立质量管理体系，实施系统管理。建立实施质量管理体系的工作内容一般包括：①确定顾客期望；②建立质量目标和方针；③确定实现目标的过程和职责；④确定必须提供的资源；⑤规定测量过程有效性的方法；⑥实施测量确定过程的有效性；⑦确定防止不合格并清除产生原因的措施；⑧建立和应用持续改进质量管理体系的过程。

6. 持续改进

持续改进总体业绩是组织的一个永恒目标，其作用在于增强企业满足质量要求的能力，包括产品质量、过程及体系的有效性和效率的提高。持续改进是增强和满足质量要求能力的循环活动，是使企业的质量管理走上良性循环轨道的必由之路。

7. 基于事实的决策方法

有效的决策应建立在数据和信息分析的基础上，数据和信息分析是事实的高度提炼。以事实为依据作出决策，可防止决策失误。为此企业领导应重视数据信息的收集、汇总和分析，以便为决策提供依据。

8. 与供方互利的关系

组织与供方是相互依存的，建立双方的互利关系可以增强双方创造价值的能力。供方提供的产品是企业提供产品的一个组成部分。处理好与供方的关系，是企业能否持续稳定提供顾客满意产品的重要问题。因此，对供方不能只讲控制，不讲合作互利，特别是关键供方，更要建立互利关系，这对企业与供方双方都有利。

（四）质量管理八项原则的作用

质量管理八项原则是国际标准化组织在总结优秀质量管理实践经验的基础上用精练的语言表达的最基本、最通用的质量管理的一般规律，它可以成为企业文化的一个重要组成部分，以指导企业有较长时期内通过关注顾客及其相关方面的需求和期望而达到改进总体业绩的目的。具体作用表现在下列几个方面。

（1）指导企业采用先进、科学的管理方式。

（2）指出企业获得成功的途径。

（3）帮助企业获得持久成功。

（4）以质量管理八项原则为指导思想，构筑改进业绩的框架。

（5）指导企业管理者建立、实施和改进本企业的质量管理体系。

（6）指导企业按照 GB/T 19000 族标准编制质量管理体系文件。

三、企业质量管理体系的建立和运行

（一）企业质量管理体系的建立

企业质量管理体系的建立，是在确定市场及顾客需求的前提下，按照质量管理八项原则制定企业的质量方针、质量目标、质量手册、程序文件及质量记录等体系文件，并将质量目标分解落实到相关层次、相关岗位的职能和职责中，形成企业质量管理体系的执行系统。

企业质量管理体系的建立还包含组织企业不同层次的员工进行培训，使体系的工作内容和执行要求为员工所了解，为形成全员参与的企业质量管理体系的运行创造条件。

企业质量管理体系的建立需识别并提供实现质量目标和持续改进所需的资源，包括人员、基础设施、环境、信息等。

（二）企业质量管理体系的运行

企业质量管理体系的运行是在生产及服务的全过程，按质量管理体系文件所制定的程序、标准、工作要求及目标分解的岗位职责进行运作。

在企业质量管理体系运行的过程中，按各类体系文件的要求，监视、测量和分析过程的有效性和效率，做好文件规定的质量记录，持续收集、记录并分析过程的数据和信息，

全面反映产品质量和过程符合要求，并具有可追溯的效能。

按文件规定的办法进行质量管理评审和考核。对过程运行的评审考核工作，应针对发现的主要问题，采取必要的改进措施，使这些过程达到所策划的结果并实现对过程的持续改进。

落实质量管理体系的内部审核程序，有组织有计划开展内部质量审核活动。其主要目的是：①评价质量管理程序的执行情况及适用性；②揭露过程中存在的问题，为质量改进提供依据；③检查质量体系运行的信息；④向外部审核单位提供体系有效的证据。

为确保系统内部审核的效果，企业领导应发挥决策领导作用，制定审核政策和计划，组织内审人员队伍，落实内审条件，并对审核发现的问题采取纠正措施和提供人、财、物等方面的支持。

四、企业质量管理体系的认证与监督

（一）企业质量管理体系认证的意义

质量认证制度是由公正的第三方认证机构对企业的产品及质量体系作出正确可靠的评价，从而使社会对企业的产品建立信心。第三方质量认证制度自20世纪80年代以来已得到世界各国的普遍重视，它对供方、需方、社会和国家的利益都具有重要意义，主要有下列几点。

（1）提高供方企业的质量信誉。

（2）促进企业完善质量体系。

（3）增强国际市场竞争能力。

（4）减少社会重复检验和检查费用。

（5）有利于保护消费者利益。

（6）有利于法规的实施。

（二）企业质量管理体系认证的程序

1. 申请和受理

具有法人资格，并已按GB/T 19000—2008系统标准或其他国际公认的质量体系规范建立了文件化的质量管理体系，并在生产经营全过程贯彻执行的企业可提出申请。申请单位须按要求填写申请书。认证机构经审查符合要求后接受申请，如不符合要求则不接受申请，接受或不接受均予发出书面通知书。

2. 审核

认证机构派出审核组对申请方质量管理体系进行检查和评定，包括文件审查、现场审核，并提出审核报告。

3. 审批与注册发证

认证机构对审核组提出的审核报告进行全面审查，符合标准者批准并予以注册，发给认证证书（内容包括证书号、注册企业名称地址、认证和质量管理体系覆盖产品的范围、评价依据及质量保证模式标准及说明、发证机构、签发人和签发日期）。

（三）获准认证后的维持与监督管理

企业质量管理体系获准认证的有效期为3年。获准认证后，企业应通过经常性的内部审核，维持质量管理体系的有效性，并接受认证机构对企业质量管理体系实施监督管理。获准认证后的质量管理体系，维持与监督管理内容如下。

1. 企业通报

认证合格的企业质量管理体系在运行中出现较大变化时，需向认证机构通报。认证机构接到通报后，视情况采取必要的监督检查措施。

2. 监督检查

认证机构对认证合格单位质量管理体系维持情况进行监督性现场检查，包括定期和不定期的监督检查。定期检查通常是每年1次，不定期检查视需要临时安排。

3. 认证注销

注销是企业的自愿行为。在企业质量管理体系发生变化或证书有效期届满未提出重新申请等情况下，认证持证者提出注销的，认证机构予以注销，收回该体系认证证书。

4. 认证暂停

认证暂停是认证机构对获证企业质量管理体系发生不符合认证要求情况时采取的警告措施。认证暂停期间，企业不得使用质量管理体系认证证书做宣传。企业在规定期间采取纠正措施满足规定条件后，认证机构撤销认证暂停；否则将撤销认证注册，收回合格证书。

5. 认证撤销

当获证企业发生质量管理体系存在严重不符合规定，或在认证暂停的规定期限未予整改，或发生其他构成撤销体系认证资格情况时，认证机构作出撤销认证的决定。企业不服可提出申诉。撤销认证的企业一年后可重新提出认证申请。

6. 复评

认证合格有效期满前，如企业愿继续延长，可向认证机构提出复评申请。

7. 重新换证

在认证证书有效期内，出现体系认证标准变更、体系认证范围变更、体系认证证书持有者变更，可按规定重新换证。

任务二　建筑工程项目质量影响因素及参建各方质量控制目标和责任

任务介绍：

某一新建办公楼，建筑面积5万m^2，通过招投标手续，确定了由某建筑公司进行施工，并及时签订了施工合同。双方签订施工合同后，该建筑公司又进行了劳务招标，最终确定某劳务公司为中标单位，并与其签订了劳务分包合同，在合同中明确了双方的权利和义务。该工程由本市某监理单位实施监理任务。该建筑公司为了承揽该项施工任务，采取了低报价策略而获得中标，在施工中，为了降低成本，施工单位采用了一个小砖厂且价格便宜的砖，在砖进场前未向管理单位申报。在施工过程中，屋面带挂板大挑檐悬挑部分根部突然断裂。建设单位未按规定办理工程质量监督手续。经事故调查、原因分析，发现造成该质量事故的主要原因是施工队伍素质差，致使受力钢筋反向，构件厚度控制不严而导

致事故发生。

问题：

1. 该建筑公司对砖的选择和进场的做法是否正确？如果不正确，施工单位应如何做？

2. 施工单位的现场质量检查的内容有哪些？

3. 施工单位为了降低成本，对材料的选择应如何去做才能保证其质量？

4. 对该起质量事故该市监理公司是否应承担责任？原因是什么？

任务要求：

通过本案例解答以上问题，举一反三，理解并掌握建筑工程质量各种影响因素。明确建筑工程参建各方质量控制职责，能够运用有效机制运行工程项目质量控制体系。

一、项目质量的形成过程和影响因素分析

由于建筑产品的多样性和单件性生产的组织方式，决定了各个具体建筑工程项目的质量特性和目标的差异，但他们的质量形成过程和影响因素却有共同的规律。

（一）建筑工程项目质量的基本特性

建筑工程项目从本质上说是一项拟建或在建的建筑产品，它和一般产品具有同样的质量内涵，即一组固有特性满足需要的程度。这些特性是指产品的适用性、可靠性、安全性、经济性以及环境的适宜性等。由于建筑产品一般是采用单件性规划、设计和施工的生产组织方式，因此，其具体的质量特性指标是在各建筑工程项目的策划、决策和设计工程中进行定义的。建筑工程项目质量的基本特性可以概括为下列 4 点。

1. 反映使用功能的质量特性

建筑工程项目的功能性质量，主要表现为反映建筑工程使用功能需求的一系列特性指标，如房屋建筑的平面空间布局、通风采光性能；工业建筑工程项目的生产能力和工艺流程；道路交通工程的路面等级、通行能力等。按照现代质量管理理念，功能性质量必须以顾客关注为焦点，满足顾客的需求或期望。

2. 反映安全可靠的质量特性

建筑产品不仅要满足使用功能和用途的要求，而且在正常的使用条件下应能达到安全可靠的标准，如建筑结构安全自身安全可靠、使用过程防腐蚀、防坠、防火、防盗、防辐射，以及设备系统运行与使用安全等。可靠性质量必须在满足功能性质量需求的基础上，结合技术标准、规范（特别是强制性条文）的要求进行确定与实施。

3. 反映文化艺术的质量特性

建筑产品具有深刻的社会文化背景，历来人们都把建筑产品视同艺术品。其个性的艺术效果，包括建筑造型、立面外观、文化内涵、时代表征以及装修装饰、色彩视觉等，不仅使用者关注，而且社会也关注；不仅现在关注，而且未来的人们也会关注和评价。建筑工程项目艺术文化特性的质量来自于设计者的设计理念、创意和创新，以及施工者对设计意图的领会与精益施工。

4. 反映建筑环境的质量特性

作为项目管理对象（或管理单元）的建筑工程项目，可能是独立的单项工程或单位工

程甚至某一主要分部工程；也可能是一个由群体建筑或线型工程组成的建设项目，如新、改、扩建的工业厂区，大学城或校区，交通枢纽，航运港区，高速公路，油气管线等。建筑环境质量包括项目用地范围内的规划布局、交通组织、绿化景观、节能环保，还要追求其与周边环境的协调性或适宜性。

（二）建筑工程质量的形成过程

建筑工程项目质量的形成过程，贯穿于整个建设项目的决策过程和各个子项目的设计与施工过程，体现在建筑工程项目质量的从目标决策、目标细化到目标实现的系统过程。

1. 质量需求的识别过程

在建筑项目决策阶段，主要工作包括建筑项目发展策划、可行性研究、建设方案论证和投资决策。这一过程的质量管理职能在于识别建设意图和需求，对建筑项目的性质、规模、使用功能、系统构成和建设标准要求等进行策划、分析、论证，为整个建筑工程项目的质量总目标以及项目内各个子项目的质量目标提出明确要求。

必须指出，由于建筑产品采取定制式的承发包生产，因此，其质量目标的决策是建设单位（业主）或项目法人的质量管理职能，尽管建筑项目的前期工作，业主可以采用社会化、专业化的方式，委托咨询机构、设计单位或建筑工程总承包企业进行，但这一切并不改变业主或项目法人的决策性质。业主的需求和法律法规的要求，是决定建筑工程项目质量目标的主要依据。

2. 质量目标的定义过程

建筑工程项目质量目标的具体定义过程，首先是在建设工程设计阶段。设计是一种高智力的创造性活动。建筑工程项目的设计任务，因其产品对象具有单件性，总体上符合目标设计与标准设计相结合的特征。在总体规划设计与单体方案设计阶段，相当于目标产品的开发设计；总体规划和方案设计经过可行性研究和技术经济论证后，进入工程的标准设计：在这整个过程中实现对建筑工程项目质量目标的明确定义。由此可见，建筑工程项目设计的任务就在于按照业主的建设意图、决策要点、相关法规和标准、规范的强制性条文要求，将建筑工程项目的质量目标具体化。通过建设工程的方案设计、扩大初步设计、技术设计和施工图设计等环节，对建筑工程项目各细部的质量特性指标进行明确定义，即确定质量目标值，为建筑工程项目的施工安装作业活动及质量控制提供依据。另一方面，承包方也会为了创品牌工程或根据业主的创优要求及具体情况来确定工程项目的质量目标，策划精品工程的质量控制。

3. 质量目标的实现过程

建筑工程项目质量目标实现的最重要和最关键的过程是在施工阶段，包括施工准备过程和施工作业技术活动过程。其任务是按照质量策划的要求，制定企业或工程项目内控标准，实施目标管理、过程监控、阶段考核、持续改进的方法，严格按设计图纸施工；正确合理地配备施工生产要素，把特定的劳动对象转化成符合质量标准的建设工程产品。

综上所述，建筑工程项目质量的形成过程，贯穿于建筑工程项目的决策过程和实施过程，这些过程的各个重要环节构成了工程建设的基本程序，它是工程建设客观规律的体现。无论哪个国家和地区，也无论其发达程度如何，只要讲求科学，都必须遵循这样的客观规律。尽管在信息技术高度发展的今天，流程可以再造、可以优化，但不能改变流程所

反映的事物本身的内在规律。建筑工程项目质量的形成过程，在某种意义上说，也就是在履行建设程序的过程中，对建筑工程项目实体注入一组固有的质量特性，以满足人们的预期需求。在这个过程中，业主方的项目管理，担负着对整个建筑工程项目质量总目标的策划、决策和实施监控的任务；而建筑工程项目各参与方，则直接承担着相关建筑工程项目质量目标的控制职能和相应的质量责任。

（三）建筑工程项目质量的影响因素

建筑工程项目质量的影响因素，主要是指在建筑工程项目质量目标策划、决策和实现过程中影响质量形成的各种客观因素和主观因素，包括人的因素、材料因素、机械设备因素、技术因素、管理因素、环境因素和社会因素等。

1. 人的因素

人的因素对建筑工程项目质量形成的影响，取决于两个方面：一是指直接履行建筑工程项目质量职能的决策者、管理者和作业者个人的质量意识及质量活动能力；二是指承担建筑工程项目策划、决策或实施的建设单位、勘察设计单位、咨询服务机构、工程承包企业等实体组织的质量管理体系及其管理能力。前者是个体的人，后者是群体的人。我国实行建筑业企业经营资质管理制度、市场准入制度、执业资格注册制度、作业及管理人员持证上岗制度等，从本质上说，都是对从事建设工程活动的人的素质和能力进行必要的控制。此外，《中华人民共和国建筑法》和《中华人民共和国建设工程质量管理条例》还对建设工程的质量责任制度作出明确规定，如规定按资质等级承包工程任务，不得越级、不得挂靠、不得转包，严禁无证设计、无证施工等，从根本上说也是为了防止因人的资质或资格失控而导致质量活动能力和质量管理能力失控。

2. 材料因素

工程材料一般包括原材料、成品、半成品、构配件等。工程材料是工程施工的物质条件，材料质量是工程质量的基础，材料质量不符合要求，工程质量也就不可能符合标准。所以加强材料的质量控制，是提高工程质量的重要保证。影响材料质量的因素主要是材料的成分、物理性能、化学性能等。

3. 机械设备因素

工程所用机械设备的质量优劣直接影响工程使用功能质量。施工机械设备的类型是否符合工程施工特点，性能是否先进、稳定，操作是否方便、安全等都会影响工程项目质量。施工阶段必须综合考虑施工现场条件、建筑结构形式、施工工艺和方法、建筑技术经济等合理选择机械的类型和性能参数，合理使用机械设备，正确地操作。操作人员必须认真执行各项规章制度，严格遵守操作规程，并加强对施工机械的维修、保养、管理。

4. 技术因素

影响建筑工程项目质量的技术因素涉及的内容十分广泛，包括直接的工程技术和辅助的生产技术，前者如工程勘察技术、设计技术、施工技术、材料技术等，后者如工程检测检验技术、试验技术等。建设工程技术的先进性程度，从总体上说取决于国家一定时期的经济发展和科技水平，取决于建筑业及相关行业的技术进步。对于具体的建筑工程项目，主要是通过技术工作的组织与管理，优化技术方案，发挥技术因素对建筑工程项目质量的保证作用。

5. 管理因素

影响建筑工程项目质量的管理因素，主要是决策因素和组织因素。其中，决策因素首先是业主方的建筑工程项目决策；其次是建筑工程项目实施过程中，实施主体的各项技术决策和管理决策。实践证明，没有经过资源论证、市场需求预测，盲目建设，重复建设，建成后不能投入生产或使用，所形成的合格而无用途的建筑产品，从根本上是社会资源的极大浪费，不具备质量的适用性特征。同样，盲目追求高标准，缺乏质量经济性考虑的决策，也将对工程质量的形成产生不利的影响。

管理因素中的组织因素，包括建筑工程项目实施的管理组织和任务组织。管理组织指建筑工程项目管理的组织架构、管理制度及其运行机制，三者的有机联系构成了一定的组织管理模式，其各项管理职能的运行情况，直接影响着建筑工程项目质量目标的实现。任务组织是指对建筑工程项目实施的任务及其目标进行分解、发包、委托，以及对实施任务所进行的计划、指挥、协调、检查和监督等一系列工作过程。从建筑工程项目质量控制的角度看，建筑工程项目管理组织系统是否健全、实施任务的组织方式是否科学合理，无疑将对质量目标控制产生重要的影响。

6. 环境因素

一个建设项目的决策、立项和实施，受到经济、政治、社会、技术等多方面因素的影响。这些因素就是建设项目可行性研究、风险识别与管理所必须考虑的环境因素。对于建筑工程项目质量控制而言，直接影响建筑工程项目质量的环境因素，一般是指建筑工程项目所在地点的水文、地质和气象等自然环境；施工现场的通风、照明、安全卫生防护设施等劳动作业环境；以及由多单位、多专业交叉协同施工的管理关系、组织协调方式、质量控制系统等构成的管理环境。对这些环境条件的认识与把握，是保证建筑工程项目质量的重要工作环节。

7. 社会因素

影响建筑工程项目质量的社会因素，表现在建设法律法规的健全程度及其执法力度；建筑工程项目法人或业主的理性化程度以及建设工程经营者的经营理念；建筑市场，包括建设工程交易市场和建筑生产要素市场的发育程度及交易行为的规范程度；政府的工程质量监督及行业管理成熟程度；建设咨询服务业的发展程度及其服务水准的高低；廉政建设及行风建设的状况等。

必须指出，作为建筑工程项目管理者，不仅要系统认识和思考以上各种因素对建筑工程项目质量形成的影响及其规律，而且要分清对于建筑工程项目质量控制来说，哪些是可控因素，哪些是不可控因素。不难理解，对于建筑工程项目管理者而言，人、技术、管理和环境因素，是可控因素；社会因素存在于建筑工程项目系统之外，一般情形下属于不可控因素，但可以通过自身的努力，尽可能做到趋利去弊。

二、项目质量控制体系的建立和运行

建筑工程项目的实施，涉及业主方、设计方、施工方、监理方、供应方等多方主体的活动，各方主体各自承担不同的质量责任和义务。为了有效地进行系统、全面的质量控制，必须由项目实施的总负责单位，负责建筑工程项目质量控制体系的建立和运行，实施

质量目标的控制。

（一）建筑工程项目质量控制体系的性质、特点和构成

1. 工程项目质量控制体系的性质

建筑工程项目质量控制体系既不是业主方也不是施工方的质量管理体系或质量保证体系，而是建筑工程项目目标控制的一个工作系统，具有下列性质。

（1）建筑工程项目质量控制体系是以工程项目为对象，由工程项目实施的总组织者负责建立的面向项目对象开展质量控制的工作体系。

（2）建筑工程项目质量控制体系是建筑工程项目管理组织的一个目标控制体系，它与项目投资控制、进度控制、职业健康安全与环境管理等目标控制体系共同依托于同一项目管理的组织机构。

（3）建筑工程项目质量控制体系根据工程项目管理的实际需要而建立，随着建筑工程项目的完成和项目管理组织的解体而消失，因此是一个一次性的质量控制工作体系，不同于企业的质量管理体系。

2. 工程项目质量控制体系的特点

如前所述，建筑工程项目质量控制系统是面向项目对象而建立的质量控制工作体系，它与建筑企业或其他组织机构按照 GB/T 19000—2008 族标准建立的质量管理体系相比较，有下列不同点。

（1）建立的目的不同。建筑工程项目质量控制体系只用于特定的建筑工程项目质量控制，而不是用于建筑企业或组织的质量管理，其建立的目的不同。

（2）服务的范围不同。建筑工程项目质量控制体系涉及建筑工程项目实施过程所有的质量责任主体，而不只是某一个承包企业或组织机构，其服务的范围不同。

（3）控制的目标不同。建筑工程项目质量控制体系的控制目标是建筑工程项目的质量目标，并非某一具体建筑企业或组织的质量管理目标，其控制的目标不同。

（4）作用的时效不同。建筑工程项目质量控制体系与建筑工程项目管理组织系统相融合，是一次性的质量工作体系，并非永久性的质量管理体系，其作用的时效不同。

（5）评价的方式不同。建筑工程项目质量控制体系的有效性一般由建筑工程项目管理的总组织者进行自我评价与诊断，不需进行第三方认证，其评价的方式不同。

3. 工程项目质量控制体系的结构

建筑工程项目质量控制体系，一般形成多层次、多单元的结构形态，这是由其实施任务的委托方式和合同结构所决定的。

（1）多层次结构。多层次结构是对应于建筑工程项目工程系统纵向垂直分解的单项、单位工程项目的质量控制体系。在大中型工程项目尤其是群体工程项目中，第一层次的质量控制体系应由建设单位的工程项目管理机构负责建立；在委托代建、委托项目管理或实行交钥匙式工程总承包的情况下，应由相应的代建方项目管理机构、受托项目管理机构或工程总承包企业项目管理机构负责建立。第二层次的质量控制体系，通常是指分别由建筑工程项目的设计总负责单位、施工总承包单位等建立的相应管理范围内的质量控制体系。第三层次及其以下，是承担工程设计、施工安装、材料设备供应等各承包单位的现场质量自控体系，或称各自的施工质量保证体系。系统纵向层次机构的合理性是建筑工程项目质量目标、控制责任和措施分解落实的重要保证。

(2) 多单元结构。多单元结构是指在建筑工程项目质量控制总体系下，第二层次的质量控制体系及其以下的质量自控或保证体系可能有多个。这是项目质量目标、责任和措施分解的必然结果。

（二）建筑工程项目质量控制体系的建立

建筑工程项目质量控制体系的建立过程，实际上就是建筑工程项目质量总目标的确定和分解过程，也是建筑工程项目各参与方之间质量管理关系和控制责任的确立过程。

为了保证质量控制体系的科学性和有效性，必须明确体系建立的原则、内容、程序和主体。

1. 建立的原则

实践经验表明，建筑工程项目质量控制体系的建立，遵循下列原则对于质量目标的规划、分解和有效实施控制是非常重要的。

(1) 分层次规划原则。建筑工程项目质量控制体系的分层次规划，是指建筑工程项目管理的总组织者（建设单位或代建制项目管理企业）和承担项目实施任务的各参与单位，分别进行不同层次和范围的建筑工程项目质量控制体系规划。

(2) 目标分解原则。建筑工程项目质量控制系统总目标的分解，是根据控制系统内工程项目的分解结构，将工程项目的建设标准和质量总体目标分解到各个责任主体，明示于合同条件中，由各责任主体制定出相应的质量计划，确定其具体的控制方式和控制措施。

(3) 质量责任制原则。建筑工程项目质量控制体系的建立，应按照《中华人民共和国建筑法》和《中华人民共和国建设工程质量管理条例》有关建设工程质量责任的规定，界定各参与单位的质量责任范围和控制要求。

(4) 系统有效性原则。建筑工程项目质量控制体系，应从实际出发，结合项目特点、合同结构和项目管理组织系统的构成情况，建立项目各参与方共同遵循的质量管理制度和控制措施，并形成有效的运行机制。

2. 建立的程序

工程项目质量控制体系的建立过程，一般可按下列环节依次展开工作。

(1) 确立系统质量控制网络。首先明确系统各层面的建设工程质量控制负责人。一般应包括承担项目实施任务的项目经理（或工程负责人）、总工程师，项目监理机构的总监理工程师、专业监理工程师等，以形成明确的项目质量控制责任者的关系网络架构。

(2) 制定质量控制制度。包括质量控制例会制度、协调制度、报告审批制度、质量验收制度和质量信息管理制度等。形成建筑工程项目质量控制体系的管理文件或手册，作为承担建筑工程项目实施任务各方主体共同遵循的管理依据。

(3) 分析质量控制界面。建筑工程项目质量控制体系的质量责任界面，包括静态界面和动态界面。一般说静态界面根据法律法规、合同条件、组织内部职能分工来确定。动态界面主要是指项目实施过程中设计单位之间、施工单位之间、设计与施工单位之间的衔接配合关系及其责任划分，必须通过分析研究，确定管理原则与协调方式。

(4) 编制质量控制计划。建筑工程项目管理总组织者，负责主持编制建筑工程项目总质量计划，并根据质量控制体系的要求，部署各质量责任主体编制与其承担任务范围相符

合的质量计划，并按规定程序完成质量计划的审批，作为其实施自身工程质量控制的依据。

3. 建立质量控制体系的责任主体

根据建筑工程项目质量控制体系的性质、特点和结构，一般情况下，建筑工程项目质量控制体系应由建设单位或工程项目总承包企业的工程项目管理机构负责建立；在分阶段依次对勘察、设计、施工、安装等任务进行分别招标发包的情况下，该体系通常应由建设单位或其委托的工程项目管理企业负责建立，并由各承包企业根据项目质量控制体系的要求，建立隶属于总的项目质量控制体系的设计项目、施工项目、采购供应项目等分质量保证体系（可称相应的质量控制子系统），以具体实施其质量责任范围内的质量管理和目标控制。

（三）建筑工程项目质量控制体系的运行

建筑工程项目质量控制体系的建立，为建筑工程项目的质量控制提供了组织制度方面的保证。建筑工程项目质量控制体系的运行，实质上就是系统功能的发挥过程，也是质量活动职能和效果的控制过程。然而，质量控制体系要有效运行，还有赖于系统内部的运行环境和运行机制的完善。

1. 运行环境

建筑工程项目质量控制体系的运行环境，主要是指下列几方面为系统运行提供支持的管理关系、组织制度和资源配置的条件。

（1）建设工程的合同结构。建筑工程合同是联系建筑工程项目各参与方的纽带，只有在建筑工程项目合同结构合理，质量标准和责任条款明确，并严格进行履约管理的条件下，质量控制体系的运行才能成为各方的自觉行动。

（2）质量管理的资源配置。质量管理的资源配置，包括专职的工程技术人员和质量管理人员的配置；实施技术管理和质量管理所必需的设备、设施、器具、软件等物质资源的配置。人员和资源的合理配置是质量控制体系得以运行的基础条件。

（3）质量管理的组织制度。建筑工程项目质量控制体系内部的各项管理制度和程序性文件的建立，为质量控制系统各个环节的运行，提供必要的行动指南、行为准则和评价基准的依据，是系统有序运行的基本保证。

2. 运行机制

建筑工程项目质量控制体系的运行机制，是由一系列质量管理制度安排所形成的内在能力。运行机制是质量控制体系的生命，机制缺陷是造成系统运行无序、失效和失控的重要原因。因此，在系统内部的管理制度设计时，必须予以高度重视，防止重要管理制度的缺失、制度本身的缺陷、制度之间的矛盾等现象出现，才能为系统的运行注入动力机制、约束机制、反馈机制和持续改进机制。

（1）动力机制。动力机制是建筑工程项目质量控制体系运行的核心机制，它来源于公正、公开、公平的竞争机制和利益机制的制度设计或安排。这是因为建筑工程项目的实施过程是由多主体参与的价值增值链，只有保持合理的供方及分供方等各方关系，才能形成合力，是建筑工程项目成功的重要保证。

（2）约束机制。没有约束机制的控制体系是无法使工程质量处于受控状态的。约束机制取决于各主体内部的自我约束能力和外部的监控效力。约束能力表现为组织及个人的经营理念、质量意识、职业道德及技术能力的发挥；监控效力取决于建筑工程项目实施主体外部对质量工作的推动和检查监督。两者相辅相成，构成了质量控制过程的制衡关系。

（3）反馈机制。运行状态和结果的信息反馈，是对质量控制系统的能力和运行效果进行评价，并为及时作出处置提供决策依据。因此，必须有相关的制度安排，保证质量信息反馈的及时和准确，坚持质量管理者深入生产第一线，掌握第一手资料，才能形成有效的质量信息反馈机制。

（4）持续改进机制。在建筑工程项目实施的各个阶段，不同的层面、不同的范围和不同的主体之间，应用PDCA循环原理，即计划、实施、检查和处置不断循环的方式展开质量控制，同时注重抓好控制点的设置，加强重点控制和例外控制，并不断寻求改进机会、研究改进措施，才能保证建筑工程项目质量控制系统的不断完善和持续改进，不断提高质量控制能力和控制水平。

任务三　建筑工程项目施工阶段的质量控制方法

任务介绍：

某监理单位与业主签订了某钢筋混凝土结构商住楼工程项目施工阶段的监理合同，专业监理工程师例行在现场巡视检查、旁站实施监理工作。在监理过程中，发现以下一些问题。

1. 某层钢筋混凝土墙体，由于绑扎钢筋困难，无法施工，施工单位未通报监理工程师就把墙体钢筋门洞移动了位置。

2. 某层一钢筋混凝土柱，钢筋绑扎已检查、核对，模板经过预检验收，浇筑混凝土过程中及时发现模板胀模。

3. 某层钢筋混凝土墙体，钢筋绑扎后未经检查验收，即擅自合模封闭，正准备浇筑混凝土。

4. 某段供气地下管道工程，管道铺设完毕后，施工单位通知监理工程师进行检查，但在合同规定时间内，监理工程师未能到现场检查，又未通知施工单位延期检查。施工单位即行将管沟回填覆盖了将近一半。监理工程师发现后认为该隐蔽工程未经检查认可即行覆盖，质量无保证。

5. 施工单位把地下室内防水工程分包给一专业防水施工单位施工，该分包单位未经资质验证认可即进场施工，并已进行了200m^2的防水工程。

6. 某层钢筋骨架正在进行焊接中，监理工程师检查发现有2人未经技术资质审查认可。

7. 某楼层一户住房房间钢门框经检查符合设计要求，日后检查发现门销已经焊接，门窗已经安装，门扇反向，经检查施工符合设计图纸要求。

问题：

以上各项问题监理工程师应如何分别处理？

任务要求：

通过以上案例的分析和解决问题的过程，要求了解和明确参建各方在施工阶段的质量目标和质量控制职责，掌握建筑工程项目施工阶段质量控制的目标、依据与基本环节，掌握施工质量计划的编制，掌握施工生产要素控制，掌握施工准备工作和施工作业过程的质量控制方法。

建筑工程项目的施工质量控制，有两个方面的含义：一是指建筑工程项目施工单位的施工质量控制，包括总承包及分包单位综合的和专业的施工质量控制；二是指广义的施工阶段建筑工程项目质量控制，即除了施工单位的施工质量控制外，还包括业主、设计单位、监理单位以及政府质量监督机构，在施工阶段对建筑工程项目施工质量所实施的监督管理和控制职能。因此，从建筑工程项目管理的角度，应全面理解施工质量控制的内涵，掌握建筑工程项目施工阶段质量控制的目标、依据与基本环节，以及施工质量计划的编制，施工生产要素、施工准备工作和施工作业过程的质量控制方法。

一、施工质量控制的目标、依据与基本环节

（一）施工阶段质量控制的目标

工程施工是实现工程设计意图形成工程实体的阶段，是最终形成工程产品质量和项目使用价值的重要阶段。建筑工程项目施工阶段的质量控制是整个工程项目质量控制的关键环节，是从对投入原材料的质量控制开始，直到完成工程竣工验收和交工后服务的系统过程，分施工准备、施工、竣工验收和回访服务 4 个阶段。

建筑工程项目施工质量控制的总目标，是实现由建筑工程项目决策、设计文件和施工合同所决定的预期使用功能和质量标准。建设单位、设计单位、施工单位、供货单位和监理单位等，在施工阶段质量控制的地位和任务、目标不同，从建筑工程项目管理的角度来看，都是致力于实现建筑工程项目的质量总目标。

1. 建设单位的控制目标

建设单位在施工阶段，通过对施工全过程、全面的质量监督管理，保证整个施工过程及其成果达到项目决策所确定的质量标准。

2. 设计单位的控制目标

设计单位在施工阶段，通过对关键部位和重要分部分项工程施工质量验收签证、设计变更控制及纠正施工中所发现的设计问题，采纳变更设计的合理化建议等，保证竣工项目的各项施工成果与设计文件（包括变更文件）所规定的质量标准相一致。

3. 施工单位的控制目标

施工单位包括施工总承包和分包单位，作为建筑工程产品的生产者，应根据施工合同的任务范围和质量要求，通过全过程、全面的施工质量自控，保证最终交付满足施工合同及设计文件所规定质量标准（含建设工程质量创优要求）的建筑工程产品。《中华人民共和国建设工程质量管理条例》规定，施工单位对建设工程的施工质量负责；分包单位应当按照分包合同的约定对其分包工程的质量向总承包单位负责，总承包单位与分包单位对分

包工程的质量承担连带责任。

4. 供货单位的控制目标

建筑材料、设备、构配件等供应厂商，应按照采购供货合同约定的质量标准提供货物及其合格证明，包括检验试验单据、产品规格和使用说明书，以及其他必要的数据和资料，并对其产品质量负责。

5. 监理单位的控制目标

建筑工程监理单位在施工阶段，通过审核施工单位的施工质量文件、报告报表，采取现场旁站、巡视、平行检测等形式进行施工过程质量监理；并应用施工指令和结算支付控制等手段，监控施工承包单位的质量活动行为，协调施工关系，正确履行对工程施工质量的监督责任，以保证工程质量达到施工合同和设计文件所规定的质量标准。《中华人民共和国建筑法》规定，建设工程监理人员认为工程施工不符合工程设计要求、施工技术标准和合同约定的，有权要求建筑施工企业改正。

施工质量的自控和监控是相辅相成的系统过程。自控主体的质量意识和能力是关键，是施工质量的决定因素；各监控主体所进行的施工质量监控是对自控行为的推动和约束。因此，自控主体必须正确处理自控和监控的关系，在致力于施工质量自控的同时，还必须接受来自业主、监理等方面对其质量行为和结果所进行的监督管理，包括质量检查、评价和验收。自控主体不能因为监控主体的存在和监控职能的实施而减轻或免除其质量责任。

（二）施工质量控制的依据

1. 共同性依据

指适用于施工阶段且与质量管理有关的、通用的、具有普遍指导意义和必须遵守的基本条件。主要包括：工程建设合同、设计文件、设计交底及图纸会审记录、设计修改和技术变更、国家和政府有关部门颁布的与质量管理有关的法律和法规性文件，如《中华人民共和国建筑法》《中华人民共和国招标投标法》和《中华人民共和国建设工程质量管理条例》等。

2. 专门技术法规性依据

指针对不同的行业、不同质量控制对象制定的专门技术法规文件。包括规范、规程、标准、规定等，如：工程建设项目质量检验评定标准，有关建筑材料、半成品和构配件的质量方面的专门技术法规性文件，有关材料验收、包装和标志等方面的技术标准和规定，施工工艺质量等方面的技术法规性文件，有关新工艺、新技术、新材料、新设备的质量规定和鉴定意见等。

（三）施工质量控制的基本环节

施工质量控制应贯彻全面、全过程质量管理的思想，运用动态控制原理，进行质量的事前控制、事中控制和事后控制。

1. 事前质量控制

事前质量控制是在正式施工前进行的事前主动质量控制，通过编制施工质量计划，明确质量目标，制定施工方案，设置质量管理点，落实质量责任，分析可能导致质量目标偏离的各种影响因素，针对这些影响因素制定有效的预防措施，防患于未然。

事前质量预控必须充分发挥组织的技术和管理方面的整体优势，把长期形成的先进技术、管理方法和经验智慧，创造性地应用于工程项目。

事前质量预控要求针对质量控制对象的控制目标、活动条件、影响因素进行周密分析，找出薄弱环节，制定有效的控制措施和对策。

2. 事中质量控制

事中质量控制指在施工质量形成过程中，对影响施工质量的各种因素进行全面的动态控制。事中质量控制也称作业活动过程质量控制，包括质量活动主体的自我控制和他人监控的控制方式。自我控制是第一位的，即作业者在作业过程中对自己质量活动行为的约束和技术能力的发挥，以完成符合预定质量目标的作业任务；他人监控是指作业者的质量活动过程和结果，接受来自企业内部管理者和企业外部有关方面的检查检验，如工程监理机构、政府质量监督部门等的监控。

事中质量控制的目标是确保工序质量合格，杜绝质量事故发生；控制的关键是坚持质量标准；控制的重点是工序质量、工作质量和质量控制点的控制。

3. 事后质量控制

事后质量控制也称为事后质量把关，以使不合格的工序或最终产品（包括单位工程或整个工程项目）不流入下道工序、不进入市场。事后控制包括对质量活动结果的评价、认定；对工序质量偏差的纠正；对不合格产品进行整改和处理。控制的重点是发现施工质量方面的缺陷，并通过分析提出施工质量改进的措施，保持质量处于受控状态。

以上三大环节不是互相孤立和截然分开的，它们共同构成有机的系统过程，实质上也就是质量管理 PDCA 循环的具体化，在每一次滚动循环中不断提高，达到质量管理和质量控制的持续改进。

二、施工质量计划的内容与编制方法

按照 GB/T 19000—2008 质量管理体系标准，质量计划是质量管理体系文件的组成内容。在合同环境下，质量计划是企业向顾客表明质量管理方针、目标及其具体实现的方法、手段和措施的文件，体现企业对质量责任的承诺和实施的具体步骤。

（一）施工质量计划的形式和内容

质量计划是质量管理体系标准中的一个质量术语和职能，在建筑施工企业的质量管理体系中，以施工项目为对象的质量计划称为施工质量计划。

1. 施工质量计划的形式

目前，我国除了已经建立质量管理体系的施工企业直接采用施工质量计划的形式外，通常还采用在工程项目施工组织设计或施工项目管理实施规划中包含质量计划内容的形式，因此，现行的施工质量计划有下列 3 种形式。

（1）工程项目施工质量计划。

（2）工程项目施工组织设计（含施工质量计划）。

（3）施工项目管理实施规划（含施工质量计划）。

施工组织设计或施工项目管理实施规划之所以能发挥施工质量计划的作用，这是因为根据建筑生产的技术经济特点，每个工程项目都需要进行施工生产过程的组织与计划，包括施工质量、进度、成本、安全等目标的设定，实现目标的计划和控制措施的安排等。因此，施工质量计划所要求的内容，理所当然地被包含于施工组织设计或项目管理实施规划中，而且能够充分体现施工项目管理目标（质量、工期、成本、安全）的关联性、制约性和整体性，这也和全面质量管理的思想方法相一致。

2. 施工质量计划的基本内容

在已经建立质量管理体系的情况下，质量计划的内容必须全面体现和落实企业质量管理体系文件的要求（也可引用质量体系文件中的相关条文），编制程序、内容和编制依据符合有关规定，同时结合本工程的特点，在质量计划中编写专项管理要求。施工质量计划的基本内容一般应包括：

（1）工程特点及施工条件（合同条件、法规条件和现场条件等）分析。

（2）质量总目标及其分解目标。

（3）质量管理组织机构和职责，人员及资源配置计划。

（4）确定施工工艺与操作方法的技术方案和施工组织方案。

（5）施工材料、设备等物资的质量管理及控制措施。

（6）施工质量检验、检测、试验工作的计划安排及其实施方法与接收准则。

（7）施工质量控制点及其跟踪控制的方式与要求。

（8）质量记录的要求等。

（二）施工质量计划的编制与审批

建筑工程项目施工任务的组织，无论业主方采用平行发包还是总分包方式，都将涉及多方参与主体的质量责任。也就是说建筑产品的直接生产过程是在协同方式下进行的，因此，在工程项目质量控制系统中，要按照谁实施、谁负责的原则，明确施工质量控制的主体构成及其各自的控制范围。

1. 施工质量计划的编制主体

施工质量计划应由自控主体即施工承包企业进行编制。在平行发包方式下，各承包单位应分别编制施工质量计划；在总分包模式下，施工总承包单位应编制总承包工程范围的施工质量计划；各分包单位编制相应分包范围的施工质量计划，作为施工总承包方质量计划的深化和组成部分。施工总承包方有责任对各分包方施工质量计划的编制进行指导和审核，并承担相应施工质量的连带责任。

2. 施工质量计划涵盖的范围

施工质量计划涵盖的范围，按整个工程项目质量控制的要求，应与建筑安装工程施工任务的实施范围相一致，以此保证整个项目建筑安装工程的施工质量总体受控；对具体施工任务承包单位而言，施工质量计划涵盖的范围，应能满足其履行工程承包合同质量责任的要求。建筑工程项目的施工质量计划，应在施工程序、控制组织、控制措施、控制方式等方面，形成一个有机的质量计划系统，确保实现项目质量总目标和各分解目标的控制能力。

3. 施工质量计划的审批

施工单位的项目施工质量计划或施工组织设计文件编成后，应按照工程施工管理程序进行审批，包括施工企业内部的审批和项目监理机构的审查。

（1）企业内部的审批。施工单位的项目施工质量计划或施工组织设计的编制与内部审批，应根据企业质量管理程序性文件规定的权限和流程进行。通常是由项目经理部主持编制，报企业组织管理层批准。

施工质量计划或施工组织设计文件的内部审批过程，是施工企业自主技术决策和管理决策的过程，也是发挥企业职能部门与施工项目管理团队的智慧和经验的过程。

（2）监理工程师的审查。实施工程监理的施工项目，按照我国建设工程监理规范的规定，施工承包单位必须填写《施工组织设计（方案）报审表》并附施工组织设计（方案），报送项目监理机构审查。规范规定项目监理机构“在工程开工前，总监理工程师应组织专业监理工程师审查承包单位报送的施工组织设计（方案）报审表，提出意见，并经总监理工程师审核、签认后报建设单位”。

（3）审批关系的处理原则。正确执行施工质量计划的审批程序，是正确理解工程质量目标和要求，保证施工部署、技术工艺方案和组织管理措施的合理性、先进性和经济性的重要环节，也是进行施工质量事前预控的重要方法。因此，在执行审批程序时，必须正确处理施工企业内部审批和监理工程师审批的关系，其基本原则如下：

1）充分发挥质量自控主体和监控主体的共同作用，在坚持项目质量标准和质量控制能力的前提下，正确处理承包人利益和项目利益的关系；施工企业内部的审批首先应从履行工程承包合同的角度，审查实现合同质量目标的合理性和可行性，以项目质量计划向发包方提供可信任的依据。

2）施工质量计划在审批过程中，对监理工程师审查所提出的建议、希望、要求等意见是否采纳以及采纳的程度，应由负责质量计划编制的施工单位自主决策，在满足合同和相关法规要求的情况下，确定质量计划的调整、修改和优化，并对相应执行结果承担责任。

3）经过按规定程序审查批准的施工质量计划，在实施过程中如因条件变化需要对某些重要决定进行修改时，其修改内容仍应按照相应程序经过审批后执行。

（三）施工质量控制点的设置与管理

施工质量控制点的设置是施工质量计划的重要组成内容。施工质量控制点是施工质量控制的重点对象。

1. 质量控制点的设置

质量控制点应选择那些技术要求高、施工难度大、对工程质量影响大或是发生质量问题时危害大的对象进行设置。一般选择下列部位或环节作为质量控制点：

（1）对工程质量形成过程产生直接影响的关键部位、工序、环节及隐蔽工程。

（2）施工过程中的薄弱环节，或者质量不稳定的工序、部位或对象。

（3）对下道工序有较大影响的上道工序。

（4）采用新技术、新工艺、新材料的部位或环节。

（5）施工质量无把握的、施工条件困难的或技术难度大的工序或环节。

（6）用户反馈指出的和过去有过返工的不良工序。

一般建筑工程质量控制点的设置可参见表 2-1。

表 2-1　　质量控制点的设置

分项工程	质量控制点
工程测量定位	标准轴线桩、水平桩、龙门板、定位轴线、标高
地基、基础（含设备基础）	基坑（槽）尺寸、标高，土质、地基承载力，基础垫层标高，基础位段、尺寸、标高，预埋件、预留洞孔的位置、标高，规格、数量，基础杯口弹线
砌体	砌体轴线，皮数杆，砂浆配合比，预留洞孔、预埋件的位置、数量，砌块排列
模板	位置、标高、尺寸，预留洞孔位置、尺寸，预埋件的位置，模板的承载力、刚度和稳定性，模板内部清理及润湿情况
钢筋混凝土	水泥品种、强度等级，砂石质量，混凝土配合比，外加剂比例，混凝土振捣，钢筋品种、规格、尺寸、搭接长度，钢筋焊接，机械连接，预留洞、孔及预埋件规格、位置、尺寸、数量，预制构件吊装或出厂（脱模）强度，吊装位置、标商、支承长度、焊缝长度
吊装	吊装设备的超重能力、吊具、索具、地锚
钢结构	翻样图、放大样
焊接	焊接条件、焊接工艺
装修	视具体情况而定

2. 质量控制点的重点控制对象

质量控制点的选择要准确，还要根据对重要质量特性进行重点控制的要求，选择质量控制点的重点部位、重点工序和重点质量因素作为质量控制对象，进行重点预控和监控，从而有效地控制和保证施工质量。质量控制点的重点控制对象主要包括下列几个方面。

（1）人的行为。某些操作或工序，应以人为重点的控制对象，如高空、高温、水下、易燃易爆、重型构件吊装作业以及操作要求高的工序和技术难度大的工序等，都应从人的生理、心理、技术能力等方面进行控制。

（2）材料的质量与性能。这是直接影响工程质量的重要因素，在工程中应作为控制的重点。如钢结构工程中使用的高强度螺栓、某些特殊焊接使用的焊条，都应重点控制其材质与性能；又如水泥的质量是直接影响混凝土工程质量的关键因素，施工中就应对进场的水泥质量进行重点控制，必须检查核对其出厂合格证，并按要求进行强度和安定性的复验等。

（3）施工方法与关键操作。某些直接影响工程质量的关键操作应作为控制的重点，如预应力钢筋的张拉工艺操作过程及张拉力的控制，是可靠地建立预应力值和保证预应力构件质量的关键过程。同时，那些易对工程质量产生重大影响的施工方法，也应列为控制的重点，如大模板施工中模板的稳定和组装问题、液压滑模施工时支承杆稳定问题、升板法施工中提升量的控制问题等。

（4）施工技术参数。如混凝土的外加剂掺量、水灰比，回填土的含水量，砌体的砂浆饱满度，防水混凝土的抗渗等级，建筑物沉降与基坑边坡稳定监测数据，大体积混凝土内外温差及混凝土冬期施工受冻临界强度等技术参数都是应重点控制的质量参数与指标。

（5）技术间歇。有些工序之间必须留有必要的技术间歇时间，如砌筑与抹灰之间，应

在墙体砌筑后留 6～10 天时间，让墙体充分沉陷、稳定、干燥，然后再抹灰，抹灰层干燥后，才能喷白、刷浆；混凝土浇筑与模板拆除之间，应保证混凝土有一定的硬化时间，达到规定拆模强度后方可拆除模板等。

(6) 施工顺序。对于某些工序之间必须严格控制先后的施工顺序，如对冷拉的钢筋应当先焊接后冷拉，否则会失去冷强；屋架的安装固定，应采取对角同时施焊方法，否则会由于焊接应力导致校正好的屋架发生倾斜。

(7) 易发生或常见的质量通病。如混凝土工程的蜂窝、麻面、空洞，墙、地面、屋面工程渗水、漏水、空鼓、起砂、裂缝等，都与工序操作有关，均应事先研究对策，提出预防措施。

(8) 新技术、新材料及新工艺的应用。由于缺乏经验，施工时应将其作为重点进行控制。

(9) 产品质量不稳定和不合格率较高的工序应列为重点，认真分析，严格控制。

(10) 特殊地基或特种结构。对于湿陷性黄土、膨胀土、红黏土等特殊土地基的处理，以及大跨度结构、高耸结构等技术难度较大的施工环节和重要部位，均应予以特别的重视。

3. 质量控制点的管理

设定了质量控制点，质量控制的目标及工作重点就更加明晰。首先，要做好施工质量控制点的事前质量预控工作，包括：明确质量控制的目标与控制参数；编制作业指导书和质量控制措施；确定质量检查检验方式及抽样的数量与方法；明确检查结果的判断标准及质量记录与信息反馈要求等。

其次，要向施工作业班组进行认真交底，使每一个控制点上的作业人员明白施工作业规程及质量检验评定标准，掌握施工操作要领；在施工过程中，相关技术管理和质量控制人员要在现场进行重点指导和检查验收。

同时，还要做好施工质量控制点的动态设置和动态跟踪管理。所谓动态设置，是指在工程开工前、设计交底和图纸会审时，可确定项目的一批质量控制点，随着工程的展开、施工条件的变化，随时或定期进行控制点的调整和更新。动态跟踪是应用动态控制原理，落实专人负责跟踪和记录控制点质量控制的状态和效果，并及时向项目管理组织的高层管理者反馈质量控制信息，保持施工质量控制点的受控状态。

对于危险性较大的分部分项工程或特殊施工过程，除按一般过程质量控制的规定执行外，还应由专业技术人员编制专项施工方案或作业指导书，经项目技术负责人审批及监理工程师签字后执行。超过一定规模的危险性较大的分部分项工程，还要组织专家对专项方案进行论证。作业前施工员、技术员做好交底和记录，使操作人员在明确工艺标准、质量要求的基础上进行作业。为保证质量控制点的目标实现，应严格按照三级检查制度进行检查控制。在施工中发现质量控制点有异常时，应立即停止施工，召开分析会，查找原因采取对策予以解决。

施工单位应积极主动地支持、配合监理工程师的工作，应根据现场工程监理机构的要求，对施工作业质量控制点，按照不同的性质和管理要求，细分为“见证点”和“待检点”，进行施工质量的监督和检查。凡属“见证点”的施工作业，如重要部位、特种作业、

专门工艺等，施工方必须在该项作业开始前24小时，书面通知现场监理机构到位旁站，见证施工作业过程；凡属“待检点”的施工作业，如隐蔽工程等，施工方必须在完成施工质量自检的基础上，提前24小时通知项目监理机构进行检查验收，然后才能进行工程隐蔽或下道工序的施工。未经过项目监理机构检查验收合格，不得进行工程隐蔽或下道工序的施工。

三、施工生产要素的质量控制

施工生产要素是施工质量形成的物质基础，其质量的含义包括：作为劳动主体的施工人员，即直接参与施工的管理者、作业者的素质及其组织效果；作为劳动对象的建筑材料、半成品、工程用品、设备等的质量；作为劳动方法的施工工艺及技术措施的水平；作为劳动手段的施工机械、设备、工具、模具等的技术性能；以及施工环境——现场水文、地质、气象等自然环境，通风、照明、安全等作业环境以及协调配合的管理环境。

（一）施工人员的质量控制

施工人员的质量包括参与工程施工各类人员的施工技能、文化素养、生理体能、心理行为等方面的个体素质及经过合理组织和激励发挥个体潜能综合形成的群体素质。因此，企业应通过择优录用、加强思想教育及技能方面的教育培训，合理组织、严格考核，并辅以必要的激励机制，使企业员工的潜在能力得到充分的发挥和最好的组合，使施工人员在质量控制系统中发挥主体自控作用。

施工企业必须坚持执业资格注册制度和作业人员持证上岗制度；对所选派的施工项目领导者、组织者进行教育和培训，使其质量意识和组织管理能力能满足施工质量控制的要求；对所属施工队伍进行全员培训，加强质量意识的教育和技术训练，提高每个作业者的质量活动能力和自控能力；对分包单位进行严格的资质考核和施工人员资格考核，其资质、资格必须符合相关法规的规定，与其分包的工程相适应。

（二）材料设备的质量控制

原材料、半成品及工程设备是工程实体的构成部分，其质量是工程项目实体质量的基础。加强原材料、半成品及工程设备的质量控制，不仅是提高工程质量的必要条件，也是实现工程项目投资目标和进度目标的前提。

对原材料、半成品及工程设备进行质量控制的主要内容为：控制材料设备的性能、标准、技术参数与设计文件的相符性；控制材料、设备各项技术性能指标、检验测试指标与标准规范要求的相符性；控制材料、设备进场验收程序的正确性及质量文件资料的完备性；控制优先采用节能低碳的新型建筑材料和设备，禁止使用国家明令禁用或淘汰的建筑材料和设备等。

施工单位应在施工过程中贯彻执行企业质量程序文件中关于材料和设备封样、采购、进场检验、抽样检测及质保资料提交等方面明确规定的一系列控制标准。

（三）工艺方案的质量控制

施工工艺的先进合理是直接影响工程质量、工程进度及工程造价的关键因素，施工工艺的合理可靠也直接影响到工程施工安全。因此在工程项目质量控制系统中，制定和采用技术先进、经济合理、安全可靠的施工技术工艺方案，是工程质量控制的重要环节。对施

工工艺方案的质量控制主要包括下列内容：

(1) 深入正确地分析工程特征、技术关键及环境条件等资料，明确质量目标、验收标准、控制的重点和难点。

(2) 制定合理有效的有针对性的施工技术方案和组织方案，前者包括施工工艺、施工方法，后者包括施工区段划分、施工流向及劳动组织等。

(3) 合理选用施工机械设备和施工临时设施，合理布置施工总平面图和各阶段施工平面图。

(4) 选用和设计保证质量和安全的模具、脚手架等施工设备。

(5) 编制工程所采用的新材料、新技术、新工艺的专项技术方案和质量管理方案。

(6) 针对工程具体情况，分析气象、水文、地质等环境因素对施工的影响，制定应对措施。

(四) 施工机械的质量控制

施工机械是指施工过程中使用的各类机械设备，包括起重运输设备、人货两用电梯、加工机械、操作工具、测量仪器、计量器具以及专用工具和施工安全设施等。施工机械设备是所有施工方案和工法得以实施的重要物质基础，合理选择和正确使用施工机械设备是保证施工质量的重要措施。

对施工所用的机械设备，应根据工程需要从设备选型、主要性能参数及使用操作要求等方面加以控制，符合安全、适用、经济、可靠和节能、环保等方面的要求。

对施工中使周的模具、脚手架等施工设备，除按适用的标准定型选用外，一般需按设计及施工要求进行专项设计，对其设计方案及制作质量的控制及验收应作为重点进行控制。

按现行施工管理制度要求，工程所用的施工机械、模板、脚手架，特别是危险性较大的现场安装的起重机械设备，不仅要对其设计安装方案进行审批，而且安装完毕交付使用前必须经专业管理部门的验收，合格后方可使用。同时，在使用过程中尚需落实相应的管理制度，以确保其安全正常使用。

(五) 施工环境因素的控制

环境的因素主要包括施工现场自然环境因素、施工质量管理环境因素和施工作业环境因素。环境因素对工程质量的影响，具有复杂多变和不确定的特点。要消除其对施工质量的不利影响，主要是采取预测预防的控制方法。

1. 对施工现场自然环境因素的控制

对地质、水文等方面影响因素，应根据设计要求，分析工程岩土地质资料，预测不利因素，并会同设计等方面制定相应的措施，采取如基坑降水、排水、加固围护等技术控制方案。

对天气气象方面的影响因素，应在施工方案中制定专项预案，明确在不利条件下的施工措施，落实人员、器材等方面的准备以紧急应对，从而控制天气对施工质量的不利影响。

2. 对施工质量管理环境因素的控制

施工质量管理环境因素主要指施工单位质量保证体系、质量管理制度和各参建施工单位之间的协调等因素。要根据工程承发包的合同结构，理顺管理关系，建立统一的现场施工组织系统和质量管理的综合运行机制，确保质量保证体系处于良好的状态，创造良好的质量管理环境和氛围，使施工顺利进行，保证施工质量。

3. 对施工作业环境因素的控制

施工作业环境因素主要是指施工现场的给水排水条件，各种能源介质供应，施工照明、通风、安全防护设施，施工场地空间条件和通道，以及交通运输和道路条件等因素。要认真实施经过审批的施工组织设计和施工方案，落实保证措施，严格执行相关管理制度和施工纪律，保证上述环境条件良好，使施工顺利进行，施工质量得到保证。

四、施工准备工作的质量控制

（一）施工技术准备工作的质量控制

施工技术准备是指在正式开展施工作业活动前进行的技术准备工作。这类工作内容繁多，主要在室内进行，例如：熟悉施工图纸，组织设计交底和图纸审查；进行工程项目检查验收的项目划分和编号；审核相关质量文件，细化施工技术方案和施工人员、机具的配置方案，编制施工作业技术指导书，绘制各种施工详图（如测量放线图、大样图及配筋、配板、配线图表等），进行必要的技术交底和技术培训。如果施工准备工作出错，必然影响施工进度和作业质量，甚至直接导致质量事故的发生。

技术准备工作的质量控制，包括对上述技术准备工作成果的复核审查，检查这些成果是否符合设计图纸和相关技术规范、规程的要求；依据经过审批的质量计划审查、完善施工质量控制措施；针对质量控制点，明确质量控制的重点对象和控制方法；尽可能地提高上述工作成果对施工质量的保证程度等。

（二）现场施工准备工作的质量控制

1. 计量控制

这是施工质量控制的一项重要基础工作。施工过程中的计量，包括施工生产时的投料计量、施工测量、监测计量以及对项目、产品或过程的测试、检验、分析计量等。开工前要建立和完善施工现场计量管理的规章制度；明确计量控制责任者和配置必要的计量人员；严格按规定对计量器具进行维修和校验；统一计量单位，组织量值传递，保证量值统一，从而保证施工过程中计量的准确。

2. 测量控制

工程测量放线是建设工程产品由设计转化为实物的第一步。施工测量质量的好坏，直接决定工程的定位和标高是否正确，并且制约施工过程有关工序的质量。因此，施工单位在开工前应编制测量控制方案，经项目技术负责人批准后实施。对建设单位提供的原始坐标点、基准线和水准点等测量控制点进行复核，并将复测结果上报监理工程师审核，批准后施工单位才能建立施工测量控制网，进行工程定位和标高基准的控制。

3. 施工平面图控制

建设单位应按照合同约定并充分考虑施工的实际需要，事先划定并提供施工用地和现场临时设施用地的范围，协调平衡和审查批准各施工单位的施工平面设计。施工单位要严格按照批准的施工平面布置图，科学合理地使用施工场地，正确安装设置施工机械设备和

其他临时设施，维护现场施工道路畅通无阻和通信设施完好，合理控制材料的进场与堆放，保持良好的防洪排水能力，保证充分的给水和供电。建设（监理）单位应会同施工单位制定严格的施工场地管理制度、施工纪律和相应的奖惩措施，严禁乱占场地和擅自断水、断电、断路，及时制止和处理各种违纪行为，并做好施工现场的质量检查记录。

（三）工程质量检查验收的项目划分

一个建筑工程项目从施工准备开始到竣工交付使用，要经过若干工序、工种的配合施工。施工质量的优劣，取决于各个施工工序、工种的管理水平和操作质量。因此，为了便于控制、检查、评定和监督每个工序和工种的工作质量，就要把整个项目逐级划分为若干个子项目，并分级进行编号，在施工过程中据此来进行质量控制和检查验收。这是进行施工质量控制的一项重要准备工作，应在项目施工开始之前进行。项目划分越合理、明细，越有利于分清质量责任，便于施工人员进行质量自控和检查监督人员检查验收，也有利于质量记录等资料的填写、整理和归档。

根据《建筑工程施工质量验收统一标准》（GB 50300—2001）的规定，建筑工程质量验收应逐级划分为单位（子单位）工程、分部（子分部）工程、分项工程和检验批。

（1）单位（子单位）工程的划分应按下列原则确定：具备独立施工条件并能形成独立使用功能的建筑物或构筑物为一个单位工程；建筑规模较大的单位工程，可将其能形成独立使用功能的部分划为若干子单位工程。

（2）分部（子分部）工程的划分应按下列原则确定：分部工程的划分应按专业性质、建筑部位确定；当分部工程较大或较复杂时，可按材料种类、施工特点、施工程序、专业系统及类别等划分为若干子分部工程。

（3）分项工程应按主要工种、材料、施工工艺、设备类别等进行划分。

（4）分项工程可由一个或若干个检验批组成，检验批可根据施工及质量控制和专业验收需要按楼层、施工段、变形缝等进行划分。

此外，室外工程可根据专业类别和工程规模划分单位（子单位）工程。一般室外单位工程可划分为室外建筑环境工程和室外安装工程。

五、施工过程的作业质量控制

施工过程的作业质量控制，是在工程项目质量实际形成过程中的事中质量控制。

建筑工程项目施工是由一系列相互关联、相互制约的作业过程（工序）构成，因此施工质量控制，必须对全部作业过程，即各道工序的作业质量进行控制。从项目管理的立场看，工序作业质量的控制，首先是质量生产者即作业者的自控，在施工生产要素合格的条件下，作业者能力及其发挥的状况是决定作业质量的关键。其次，是来自作业者外部的各种作业质量检查、验收和对质量行为的监督，也是不可缺少的设防和把关的管理措施。

（一）工序施工质量控制

工序是人、材料、机械设备、施工方法和环境因素对工程质量综合起作用的过程，所以对施工过程的质量控制，必须以工序作业质量控制为基础和核心，因此工序的质量控制是施工阶段质量控制的重点。只有严格控制工序质量，才能确保施工项目的实体质量。工序施工质量控制主要包括工序施工条件质量控制和工序施工效果质量控制。

1. 工序施工条件控制

工序施工条件是指从事工序活动的各生产要素质量及生产环境条件。工序施工条件控制就是控制工序活动的各种投入要素质量和环境条件质量，控制的手段主要有检查、测试、试验、跟踪监督等。控制的依据主要是设计质量标准、材料质量标准、机械设备技术性能标准、施工工艺标准以及操作规程等。

2. 工序施工效果控制

工序施工效果主要反映工序产品的质量特征和特性指标。对工序施工效果的控制就是控制工序产品的质量特征和特性指标能否达到设计质量标准以及施工质量验收标准的要求。工序施工效果控制属于事后质量控制，其控制的主要途径是：实测获取数据，统计分析所获取的数据，判断认定质量等级和纠正质量偏差。

按有关施工验收规范规定，下列工序质量必须进行现场质量检测，合格后才能进行下道工序。

（1）地基基础工程。

1）地基及复合地基承载力静载检测。对于地基基础设计等级为甲级或地质条件复杂、成桩质量可靠性低的灌注桩，应采用静载荷试验的方法进行检验，检验桩数不应少于总数的1%，且不应少于3根。

2）桩的承载力检测。设计等级为甲级、乙级的桩基或地质条件复杂、桩施工质量可靠性低、本地区采用新桩型或新工艺的桩基应进行桩的承载力检测。检测数量在同一条件下不应少于3根，且不宜少于总桩数的1%。

3）桩身完整性检测。根据设计要求，检测桩身缺陷及其位置，判定桩身完整性类别，采用低应变法。判定单桩竖向抗压承载力是否满足设计要求，分析桩侧和桩端阻力，采用高应变法。

（2）主体结构工程。

1）混凝土、砂浆、砌体强度现场检测。检测同一强度等级同条件养护的试块强度，以此检测结果代表工程实体的结构强度。

a. 混凝土：按统计方法评定混凝土强度的基本条件是，同一强度等级的同条件养护试件的留置数量不宜少于10组，按非统计方法评定混凝土强度时，留置数量不应少于3组。

b. 砂浆：每一检验批且不超过250m^3砌体的各种类型及强度等级的砌筑砂浆，每台搅拌机应至少抽检1次。

c. 砌体：普通砖15万块、多孔砖5万块、灰砂砖及粉灰砖10万块各为一检验批，抽检数量为1组。

2）钢筋保护层厚度检测。钢筋保护层厚度检测的结构部位，应由监理（建设）、施工等各方根据结构构件的重要性共同选定。对梁类、板类构件，应各抽取构件数量的2%且不少于5个构件进行检验。

3）混凝土预制构件结构性能检测。对成批生产的构件，应按同一工艺正常生产的不超过1000件且不超过3个月的同类型产品为一批。在每批中应随机抽取1个构件作为试件进行检验。

（3）建筑幕墙工程。

1）铝塑复合板的剥离强度检测。

2）石材的弯曲强度；室内用花岗石的放射性检测。

3）玻璃幕墙用结构腔的邵氏硬度、标准条件拉伸粘结强度、相容性试验；石材用结构胶结强度及石材用密封胶的污染性检测。

4）建筑幕墙的气密性、水密性、风压变形性能、层间变位性能检测。

5）硅酮结构胶相容性检测。

（4）钢结构及管道工程。

1）钢结构及钢管焊接质量无损检测：对有无损检验要求的焊缝，竣工图上应标明焊缝编号、无损检验方法、局部无损检验焊缝的位置、底片编号、热处理焊缝位置及编号、焊缝补焊位置及施焊焊工代号；焊缝施焊记录及检查、检验记录应符合相关标准的规定。

2）钢结构、钢管防腐及防火涂装检测。

3）钢结构节点、机械连接用紧固标准件及高强度螺栓力学性能检测。

（二）施工作业质量的自控

1. 施工作业质量自控的意义

施工作业质量的自控，从经营的层面上说，强调的是作为建筑产品生产者和经营者的施工企业，应全面履行企业的质量责任，向顾客提供质量合格的工程产品；从生产的过程来说，强调施工作业者的岗位质量责任，向后道工序提供合格的作业成果（中间产品）。同理，供货厂商必须按照供货合同约定的质量标准和要求，对施工材料物资的供应过程实施产品质量自控。因此，施工承包方和供应方在施工阶段是质量自控主体，他们不能因为监控主体的存在和监控责任的实施而减轻或免除其质量责任。《中华人民共和国建筑法》和《中华人民共和国建设工程质量管理条例》规定：建筑施工企业对工程的施工质量负责，建筑施工企业必须按照工程设计要求、施工技术标准和合同的约定，对建筑材料，建筑构配件和设备进行检验，不合格的不得使用。

施工方作为工程施工质量的自控主体，既要遵循本企业质量管理体系的要求，也要根据其在所承建的工程项目质量控制系统中的地位和责任，通过具体项目质量计划的编制与实施，有效地实现施工质量的自控目标。

2. 施工作业质量自控的程序

施工作业质量的自控过程是由施工作业组织的成员进行的，其基本的控制程序包括：作业技术交底、作业活动的实施和作业质量的自检自查、互检互查以及专职管理人员的质量检查等。

（1）施工作业技术的交底。技术交底是施工组织设计和施工方案的具体化，施工作业技术交底的内容必须具有可行性和可操作性。

从建筑工程项目的施工组织设计到分部分项工程的作业计划，在实施之前都必须逐级进行交底，其目的是使管理者的计划和决策意图为实施人员所理解。施工作业交底是最基层的技术和管理交底活动，施工总承包方和工程监理机构都要对施工作业交底进行监督。作业交底的内容包括作业范围、施工依据、作业程序、技术标准和要领、质量目标以及其他与安全、进度、成本、环境等目标管理有关的要求和注意事项。

（2）施工作业活动的实施。施工作业活动是由一系列工序所组成的。为了保证工序质量的受控，首先要对作业条件进行再确认，即按照作业计划检查作业准备状态是否落实到位，其中包括对施工程序和作业工艺顺序的检查确认，在此基础上，严格按作业计划的程序、步骤和质量要求展开工序作业活动。

（3）施工作业质量的检验。施工作业的质量检查，是贯穿整个施工过程的最基本的质量控制活动，包括施工单位内部的工序作业质量自检、互检、专检和交接检查，以及现场监理机构的旁站检查、平行检测等。施工作业质量检查是施工质量验收的基础，已完检验批及分部分项工程的施工质量，必须在施工单位完成质量自检并确认合格之后，才能报请现场监理机构进行检查验收。

前道工序作业质量经验收合格后，才可进入下道工序施工。未经验收合格的工序，不得进入下道工序施工。

3. 施工作业质量自控的要求

工序作业质量是直接形成工程质量的基础，为达到对工序作业质量控制的效果，在加强工序管理和质量目标控制方面应坚持下列要求。

（1）预防为主。严格按照施工质量计划的要求，进行各分部分项施工作业的部署。同时，根据施工作业的内容、范围和特点，制定施工作业计划，明确作业质量目标和作业技术要领，认真进行作业技术交底，落实各项作业技术组织措施。

（2）重点控制。在施工作业计划中，一方面要认真贯彻实施施工质量计划中的质量控制点的控制措施，另一方面，要根据作业活动的实际需要，进一步建立工序作业控制点，深化工序作业的重点控制。

（3）坚持标准。工序作业人员在工序作业过程应严格进行质量自检，通过自检不断改善作业，并创造条件开展作业质量互检，通过互检加强技术与经验的交流。对已完工序作业产品，即检验批或分部分项工程，应严格坚持质量标准。对不合格的施工作业质量，不得进行验收签证，必须按照规定的程序进行处理。

《建筑工程施工质量验收统一标准》（GB 50300—2001）及配套使用的专业质量验收规范，是施工作业质量自控的合格标准。有条件的施工企业或项目经理部应结合自己的条件编制高于国家标准的企业内控标准或工程项目内控标准，或采用施工承包合同明确规定的更高标准，列入质量计划中，努力提升工程质量水平。

（4）记录完整。施工图纸、质量计划、作业指导书、材料质保书、检验试验及检测报告、质量验收记录等，是形成可追溯性的质量保证依据，也是工程竣工验收所不可缺少的质量控制资料。因此，对工序作业质量，应有计划、有步骤地按照施工管理规范的要求进行填写记载，做到及时、准确、完整、有效，并具有可追溯性。

4. 施工作业质量自控的有效制度

根据实践经验的总结，施工作业质量自控的有效制度有：

（1）质量自检制度。

（2）质量例会制度。

（3）质量会诊制度。

（4）质量样板制度。

（5）质量挂牌制度。

(6) 每月质量讲评制度等。

(三) 施工作业质量的监控

1. 施工作业质量的监控主体

《中华人民共和国建设工程质量管理条例》规定，国家实行建设工程质量监督管理制度。建设单位、监理单位、设计单位及政府的工程质量监督部门，在施工阶段依据法律法规和工程施工承包合同，对施工单位的质量行为和质量状况实施监督控制。

设计单位应当就审查合格的施工图纸设计文件向施工单位作出详细说明；应当参与建设工程质量事故分析，并对因设计造成的质量事故，提出相应的技术处理方案。

建设单位在领取施工许可证或者开工报告前，应当按照国家有关规定办理工程质量监督手续。

作为监控主体之一的项目监理机构，在施工作业实施过程中，根据其监理规划与实施细则，采取现场旁站、巡视、平行检验等形式，对施工作业质量进行监督检查，如发现工程施工不符合工程设计要求、施工技术标准和合同约定的，有权要求建筑施工企业改正。监理机构应进行检查而没有检查或没有按规定进行检查的，给建设单位造成损失时应承担赔偿责任。

必须强调，施工质量的自控主体和监控主体，在施工全过程相互依存、各尽其责，共同推动着施工质量控制过程的展开和最终实现工程项目的质量总目标。

2. 现场质量检查

现场质量检查是施工作业质量监控的主要手段。

(1) 现场质量检查的内容。

1) 开工前的检查，主要检查是否具备开工条件，开工后是否能够保持连续正常施工，能否保证工程质量。

2) 工序交接检查，对于重要的工序或对工程质量有重大影响的工序，应严格执行“三检”制度（即自检、互检、专检），未经监理工程师（或建设单位技术负责人）检查认可，不得进行下道工序施工。

3) 隐蔽工程的检查，施工中凡是隐蔽工程必须检查认证后方可进行隐蔽掩盖。

4) 停工后复工的检查，因客观因素停工或处理质量事故等停工复工时，经检查认可后方能复工。

5) 分项、分部工程完工后的检查，应经检查认可，并签署验收记录后，才能进行下一工程项目的施工。

6) 成品保护的检查，检查成品有无保护措施以及保护措施是否有效可靠。

(2) 现场质量检查的方法。

1) 目测法。即凭借感官进行检查，也称观感质量检验，其手段可概括为“看、摸、敲、照”四个字。

a. 看——根据质量标准要求进行外观检查，例如，清水墙面是否洁净，喷涂的密实度和颜色是否良好、均匀，工人的操作是否正常，内墙抹灰的大面及口角是否平直，混凝土外观是否符合要求等；

b. 摸——通过触摸手感进行检查、鉴别，例如油漆的光滑度，浆面是否牢固、不掉粉等；

c. 敲——运用敲击工具进行音感检查，例如，对地面工程、装饰工程中的水磨石、面砖、石材饰面等，均应进行敲击检查；

d. 照——通过人工光源或反射光照射，检查难以看到或光线较暗的部位，例如，管道井、电梯井等内的管线、设备安装质量，装饰吊顶内连接及设备安装质量等。

2）实测法。就是通过实测数据与施工规范、质量标准的要求及允许偏差值进行对照，以此判断质量是否符合要求，其手段可概括为“靠、量、吊、套”四个字。

a. 靠——用直尺、塞尺检查诸如墙面、地面、路面等的平整度；

b. 量——用测量工具和计量仪表等检查断面尺寸、轴线、标高、湿度、温度等的偏差，例如，大理石板拼缝尺寸，摊铺沥青拌和料的温度，混凝土坍落度的检测等；

c. 吊——利用托线板以及线坠吊线检查垂直度，例如，砌体垂直度检查、门窗的安装等；

d. 套——以方尺套方，辅以塞尺检查，例如，对阴阳角的方正、踢脚线的垂直度、预制构件的方正、门窗口及构件的对角线检查等。

3）试验法。是指通过必要的试验手段对质量进行判断的检查方法，主要包括下列内容。

a. 理化试验：工程中常用的理化试验包括物理力学性能方面的检验和化学成分及化学性能的测定等两个方面。物理力学性能的检验，包括各种力学指标的测定，如抗拉强度、抗压强度、抗弯强度、抗折强度、冲击韧性、硬度、承载力等，以及各种物理性能方面的测定，如密度、含水量、凝结时间、安定性及抗渗、耐磨、耐热性能等。化学成分及化学性质的测定，如钢筋中的磷、硫含量，混凝土中粗骨料中的活性氧化硅成分，以及耐酸、耐碱、抗腐蚀性等。此外，根据规定有时还需进行现场试验，例如，对桩或地基的静载试验、下水管道的通水试验、压力管道的耐压试验、防水层的蓄水或淋水试验等。

b. 无损检测：利用专门的仪器仪表从表面探测结构物、材料、设备的内部组织结构或损伤情况。常用的无损检测方法有超声波探伤、X射线探伤、γ射线探伤等。

3. 技术核定与见证取样送检

（1）技术核定。在建筑工程项目施工过程中，因施工方对施工图纸的某些要求不甚明白，或图纸内部存在某些矛盾，或工程材料调整与代用，改变建筑节点构造、管线位置或走向等，需要通过设计单位明确或确认的，施工方必须以技术核定单的方式向监理工程师提出，报送设计单位核准确认。

（2）见证取样送检。为了保证建设工程质量，我国规定对工程所使用的主要材料、半成品、构配件以及施工过程留置的试块、试件等应实行现场见证取样送检。见证人员由建设单位或工程监理机构中有相关专业知识的人员担任；送检的试验室应具备经国家或地方工程检验检测主管部门核准的相关资质；见证取样送检必须严格按执行规定的程序进行，包括取样见证并记录、样本编号、填单、封箱、送试验室、核对、交接、试验检测、报告等。

检测机构应当建立档案管理制度。检测合同、委托单、原始记录、检测报告应当按年度统一编号，编号应当连续，不得随意抽撤、涂改。

（四）隐蔽工程验收与成品质量保护

1. 隐蔽工程验收

凡被后续施工所覆盖的施工内容，如地基基础工程、钢筋工程、预埋管线等均属隐蔽工程。加强隐蔽工程质量验收，是施工质量控制的重要环节。其程序要求施工方首先应完成自检并合格，然后填写专用的《隐蔽工程验收单》。验收单所列的验收内容应与已完的隐蔽工程实物相一致，并事先通知监理机构及有关方面，按约定时间进行验收。验收合格的隐蔽工程由各方共同签署验收记录；验收不合格的隐蔽工程，应按验收整改意见进行整改后重新验收。严格隐蔽工程验收的程序和记录，对于预防工程质量隐患、提供可追溯质量记录具有重要作用。

2. 施工成品质量保护

建筑工程项目已完施工的成品保护，目的是避免已完施工成品受到来自后续施工以及其他方面的污染或损坏，已完施工的成品保护问题和相应措施，在工程施工组织设计与计划阶段就应该从施工顺序上进行考虑，防止施工顺序不当或交叉作业造成相互干扰、污染和损坏；成品形成后可采取防护、覆盖、封闭、包裹等相应措施进行保护。

六、施工质量与设计质量的协调

建筑工程项目施工是按照工程设计图纸（施工图）进行的，施工质量离不开设计质量，优良的施工质量要靠优良的设计质量和周到的设计现场服务来保证。

（一）项目设计质量的控制

要保证施工质量，首先要控制设计质量。项目设计质量的控制，主要是从满足项目建设需求入手，包括国家相关法律法规、强制性标准和合同规定的明确需求以及潜在需求，以使用功能和安全可靠性为核心，进行下列设计质量的综合控制。

1. 项目功能性质量控制

功能性质量控制的目的，是保证建筑工程项目使用功能的符合性，其内容包括项目内部的平面空间组织、生产工艺流程组织，如满足使用功能的建筑面积分配以及宽度、高度、净空、通风、保暖、日照等物理指标和节能、环保、低碳等方面的符合性要求。

2. 项目可靠性质量控制

主要是指建筑工程项目建成后，在规定的使用年限和正常的使用条件下，保证使用安全和建筑物、构筑物及其设备系统性能稳定、可靠。

3. 项目观感性质量控制

对于建筑工程项目，主要是指建筑物的总体格调、外部形体及内部空间观感效果，整体环境的适宜性、协调性，文化内涵的韵味及其魅力等的体现；道路、桥梁等基础设施工程同样也有其独特的构型格调、观感效果及其环境适宜的要求。

4. 项目经济性质量控制

建筑工程项目设计经济性质量，是指不同设计方案的选择对建设投资的影响。设计经济性质量控制目的，在于强调设计过程的多方案比较，通过价值工程、优化设计，不断提高建筑工程项目的性价比。在满足项目投资目标要求的条件下，做到物有所值，防止浪费。

5. 项目施工可行性质量控制

任何设计意图都要通过施工来实现，设计意图不能脱离现实的施工技术和装备水平，否则再好的设计意图也无法实现。设计一定要充分考虑施工的可行性，并尽量做到方便施工，施工才能顺利进行，保证项目施工质量。

（二）施工与设计的协调

从项目施工质量控制的角度来说，项目建设单位、施工单位和监理单位都要注重施工与设计的相互协调。这个协调工作主要包括下列几个方面。

1. 设计联络

项目建设单位、施工单位和监理单位应组织施工单位到设计单位进行设计联络，其任务主要是：

（1）了解设计意图、设计内容和特殊技术要求，分析其中的施工重点和难点，以便有针对性地编制施工组织设计，及早做好施工准备；对于以现有的施工技术和装备水平实施有困难的设计，要及时提出意见，协商修改设计，或者探讨通过技术攻关提高技术装备水平来实施的可能性，同时向设计单位介绍和推荐先进的施工新技术、新工艺和工法，争取通过适当的设计，使这些新技术、新工艺和工法在施工中得到应用。

（2）了解设计进度，根据项目进度控制总目标、施工工艺顺序和施工进度安排，提出设计出图的时间和顺序要求，对设计和施工进度进行协调，使施工得以连续顺利进行。

（3）从施工质量控制的角度，提出合理化建议，优化设计，为保证和提高施工质量创造更好的条件。

2. 设计交底和图纸会审

建设单位和监理单位应组织设计单位向所有的施工实施单位进行详细的设计交底，使实施单位充分理解设计意图，了解设计内容和技术要求，明确质量控制的重点和难点；同时认真地进行图纸会审，深入发现和解决各专业设计之间可能存在的矛盾，消除施工图的差错。

3. 设计现场服务和技术核定

建设单位和监理单位应要求设计单位派出得力的设计人员到施工现场进行设计服务，解决施工中发现和提出的与设计有关的问题，及时做好相关设计核定工作。

4. 设计变更

在施工期间，无论是建设单位、设计单位或施工单位提出需要进行局部设计变更的内容，都必须按照规定的程序，先将变更意图或请求报送监理工程师审查，经设计单位审核认可并签发《设计变更通知书》后，再由监理工程师下达《变更指令》。

任务四　建筑工程项目质量验收

任务介绍：

某大型商业建筑工程项目，主体建筑物 10 层。在主体工程进行到第二层时，该层的 100 根钢筋混凝土柱已浇注完成并拆模后，监理人员发现混凝土外观质量不良，表面疏

松，怀疑其混凝土强度不够，设计要求混凝土抗压强度达到C18的等级，于是要求承包商出示有关混凝土质量的检验与试验资料和其他证明材料。承包商向监理单位出示其对9根柱施工时混凝土抽样检验和试验结果，表明混凝土抗压强度值（28天强度）全部达到或超过C18的设计要求，其中最大值达到了C30（30MPa）。

问题：

1. 你作为监理工程师应如何判断承包商这批混凝土结构施工质量是否达到了要求？

2. 如果监理方组织复核性检验结果证明该批混凝土全部未达到C18的设计要求，其中最小值仅有8MPa即仅达到C8，应采取什么处理决定？

3. 如果承包商承认他所提交的混凝土检验和试验结果不是按照混凝土检验和试验规程及规定在现场抽取试样进行试验的，而是在试验室内按照设计提出的最优配合比进行配制和制取试件后进行试验的结果，那么对于这起质量事故，监理单位应承担什么责任？承包方应承担什么责任？

4. 如果查明发生的混凝土质量事故主要是由于业主提供的水泥质量问题导致混凝土强度不足，而且在业主采购及向承包商提供这批水泥时，均未向监理方咨询和提供有关信息，协助监理方掌握材料质量和信息。虽然监理方与承包商都按规定对业主提供的材料进行了进货抽样检验，并根据检验结果确认其合格而接受。那么，在这种情况下，业主及监理单位应当承担什么责任？

任务要求：

通过对任务内容的理解，懂得如何进行建筑工程项目质量验收的基础上，深入分析工程施工质量问题和质量事故的产生原因，明确相关责任人的职责。掌握工程在施工时如何防控质量问题和质量事故。当发生施工质量问题和质量事故时懂得遵照什么程序和方法处理。

建筑工程项目的质量验收，主要是指工程施工质量的验收。施工质量验收应按照《建筑工程施工质量验收统一标准》（GB 50300—2001）进行。该标准是建筑工程各专业工程施工质量验收规范编制的统一准则，各专业工程施工质量验收规范应与该标准配合使用。

根据《建筑工程施工质量验收统一标准》（GB 50300—2001），所谓“验收”，是指建筑工程在施工单位自行质量检查评定的基础上，参与建设活动的有关单位共同对检验批、分项、分部、单位工程的质量进行抽样复验，根据相关标准以书面形式对工程质量达到合格与否作出确认。

正确地进行工程项目质量的检查评定和验收，是施工质量控制的重要手段。施工质量验收包括施工过程的质量验收及工程项目竣工质量验收两个部分。

一、施工过程质量验收

进行建筑工程质量验收，应将工程项目划分为单位（子单位）工程、分部（子分部）工程、分项工程和检验批。施工过程质量验收主要是指检验批和分项、分部工程的质量验收。

(一) 施工过程质量验收的内容

《建筑工程施工质量验收统一标准》(GB 50300—2001) 与各个专业工程施工质量验收规范，明确规定了各分项工程的施工质量的基本要求，规定了分项工程检验批量的抽查办法和抽查数量，规定了检验批主控项目、一般项目的检查内容和允许偏差，规定了对主控项目、一般项目的检验方法，规定了各分部工程验收的方法和需要的技术资料等，同时对涉及人民生命财产安全、人身健康、环境保护和公共利益的内容以强制性条文作出规定，要求必须坚决、严格遵照执行。

检验批和分项工程是质量验收的基本单元；分部工程是在所含全部分项工程验收的基础上进行验收的，在施工过程中随完工随验收，并留下完整的质量验收记录和资料；单位工程作为具有独立使用功能的完整的建筑产品，进行竣工质量验收。

施工过程的质量验收包括下列验收环节，通过验收后留下完整的质量验收记录和资料，为工程项目竣工质量验收提供依据。

1. 检验批质量验收

所谓检验批是指“按同一的生产条件或按规定的方式汇总起来供检验用的，由一定数量样本组成的检验体”“检验批可根据施工及质量控制和专业验收需要按楼层、施工段、变形缝等进行划分”。检验批是工程验收的最小单位，是分项工程乃至整个建筑工程质量验收的基础，《建筑工程施工质量验收统一标准》(GB 50300—2001) 有下列规定。

(1) 检验批应由监理工程师 (建设单位项目技术负责人) 组织施工单位项目专业质量 (技术) 负责人等进行验收。

(2) 检验批质量验收合格应符合下列规定：①主控项目和一般项目的质量经抽样检验合格；②具有完整的施工操作依据、质量检查记录。

主控项目是指对检验批的基本质量起决定性作用的检验项目。因此，主控项目的验收必须从严要求，不允许有不符合要求的检验结果，主控项目的检查具有否决权。除主控项目以外的检验项目称为一般项目。

2. 分项工程质量验收

分项工程的质量验收在检验批验收的基础上进行。一般情况下，两者具有相同或相近的性质，只是批量的大小不同而已。分项工程可由一个或若干检验批组成。《建筑工程施工质量验收统一标准》(GB 50300—2001) 有下列规定。

(1) 分项工程应由监理工程师 (建设单位项目技术负责人) 组织施工单位项目专业质量 (技术) 负责人进行验收。

(2) 分项工程质量验收合格应符合下列规定：①分项工程所含的检验批均应符合合格质量的规定；②分项工程所含的检验批的质量验收记录应完整。

3. 分部工程质量验收

分部工程的验收在其所含各分项工程验收的基础上进行。《建筑工程施工质量验收统一标准》(GB 50300—2001) 有下列规定。

(1) 分部工程应由总监理工程师 (建设单位项目负责人) 组织施工单位项目负责人和技术、质量负责人等进行验收；地基与基础、主体结构分部工程的勘察、设计单位工程项目负责人和施工单位技术、质量部门负责人也应参加相关分部工程验收。

(2) 分部（子分部）工程质量验收合格应符合下列规定：①所含分项工程的质量均应验收合格；②质量控制资料应完整；③地基与基础、主体结构和设备安装等分部工程有关安全、使用功能、节能、环境保护的检验和抽样检验结果应符合有关规定；④观感质量验收应符合要求。

必须注意的是，由于分部工程所含的各分项工程性质不同，因此它并不是在所含分项验收基础上的简单相加，即所含分项验收合格且质量控制资料完整，只是分部工程质量验收的基本条件，还必须在此基础上对涉及安全和使用功能的地基基础、主体结构、有关安全及重要使用功能的安装分部工程进行见证取样试验或抽样检测；而且还需要对其观感质量进行验收，并综合给出质量评价，对于评价为“差”的检查点应通过返修处理等予以补救。

(二) 施工过程质量验收不合格的处理

施工过程的质量验收是以检验批的施工质量为基本验收单元。检验批质量不合格可能是由于使用的材料不合格，或施工作业质量不合格，或质量控制资料不完整等原因所致，其处理方法有：

(1) 在检验批验收时，发现存在严重缺陷的应推倒重做，有一般的缺陷可通过返修或更换器具、设备，消除缺陷后重新进行验收。

(2) 个别检验批发现某些项目或指标（如试块强度等）不满足要求、难以确定是否验收时，应请有资质的法定检测单位检测鉴定，当鉴定结果能够达到设计要求时，应予以验收。

(3) 当检测鉴定达不到设计要求，但经原设计单位核算仍能满足结构安全和使用功能的检验批，可予以验收。

(4) 严重质量缺陷或超过检验批范围内的缺陷，经法定检测单位检测鉴定以后，认为不能满足最低限度的安全储备和使用功能，则必须进行加固处理，虽然改变外形尺寸，但能满足安全使用要求，可按技术处理方案和协商文件进行验收，责任方应承担经济责任。

(5) 通过返修或加固处理后仍不能满足安全使用要求的分部工程严禁验收。

二、竣工质量验收

施工项目竣工质量验收是施工质量控制的最后一个环节，是对施工过程质量控制成果的全面检验，是从终端把关方面进行质量控制。未经验收或验收不合格的工程，不得交付使用。

(一) 竣工质量验收的依据

工程项目竣工质量验收的依据有：

(1) 国家相关法律法规和建设主管部门颁布的管理条例和办法。

(2) 工程施工质量验收统一标准。

(3) 专业工程施工质量验收规范。

(4) 批准的设计文件、施工图纸及说明书。

(5) 工程施工承包合同。

(6) 其他相关文件。

（二）竣工质量验收的要求

工程项目竣工质量验收应按下列要求进行：

（1）检验批的质量应按主控项目和一般项目验收。

（2）工程质量的验收均应在施工单位自检合格的基础上进行。

（3）隐蔽工程在隐蔽前应由施工单位通知监理工程师或建设单位专业技术负责人进行验收，并应形成验收文件，验收合格后方可继续施工。

（4）参加工程施工质量验收的各方人员应具备规定的资格，单位工程的验收人员应具备工程建设相关专业的中级以上技术职称并具有5年以上从事工程建设相关专业的工作经历，参加单位工程验收的签字人员应为各方项目负责人。

（5）涉及结构安全的试块、试件以及有关材料，应按规定进行见证取样检测；对涉及结构安全、使用功能、节能、环境保护等重要分部工程应进行抽样检测。

（6）承担见证取样检测及有关结构安全、使用功能等项目的检测单位应具备相应资质。

（7）工程的观感质量应由验收人员现场检查，并应共同确认。

建筑工程施工质量验收合格应符合下列要求：

（1）符合《建筑工程施工质量验收统一标准》（GB 50300－2001）和相关专业验收规范的规定。

（2）符合工程勘察、设计文件的要求。

（3）符合合同约定。

（三）竣工质量验收的标准

单位工程是工程项目竣工质量验收的基本对象。按照《建筑工程施工质量验收统一标准》（GB 50300—2001），建设项目单位（子单位）工程质量验收合格应符合下列规定：

（1）单位（子单位）工程所含分部（子分部）工程质量验收均应合格。

（2）质量控制资料应完整。

（3）单位（子单位）工程所含分部工程有关安全和功能的检验资料应完整。

（4）主要功能项目的抽查结果应符合相关专业质量验收规范的规定。

（5）观感质量验收应符合规定。

（四）竣工质量验收的程序

建筑工程项目竣工验收，可分为竣工验收准备、竣工预验收和正式竣工验收三个环节进行。整个验收过程涉及建设单位、设计单位、监理单位及施工总分包各方的工作，必须按照工程项目质量控制系统的职能分工，以监理工程师为核心进行竣工验收的组织协调。

1. 竣工验收准备

施工单位按照合同规定的施工范围和质量标准完成施工任务后，应自行组织有关人员进行质量检查评定。自检合格后，向现场监理机构提交工程竣工预验收申请报告，要求组织工程竣工预验收。施工单位的竣工验收准备，包括工程实体的验收准备和相关工程档案资料的验收准备，使之达到竣工验收的要求，其中设备及管道安装工程等，应经过试压、试车和系统联动试运行检查记录。

2. 竣工预验收

监理机构收到施工单位的工程竣工预验收申请报告后，应就验收的准备情况和验收条件进行检查，对工程质量进行竣工预验收。对工程实体质量及档案资料存在的缺陷，及时提出整改意见，并与施工单位协商整改方案，确定整改要求和完成对间。具备下列条件时，由施工单位向建设单位提交工程竣工验收报告，申请工程竣工验收。

(1) 完成建设工程设计和合同约定的各项内容。

(2) 有完整的技术档案和施工管理资料。

(3) 有工程使用的主要建筑材料、构配件和设备的进场试验报告。

(4) 有工程勘察、设计、施工、工程监理等单位分别签署的质量合格文件。

(5) 有施工单位签署的工程保修书。

3. 正式竣工验收

建设单位收到工程竣工验收报告后，应由建设单位（项目）负责人组织施工（含分包单位）、设计、勘察、监理等单位（项目）负责人进行单位工程验收。

建设单位应组织勘察、设计、施工、监理等单位和其他方面的专家组成竣工验收小组，负责检查验收的具体工作，并制定验收方案。

建设单位应在工程竣工验收前 7 个工作日前将验收时间、地点、验收组名单书面通知该工程的工程质量监督机构。建设单位组织竣工验收会议。正式验收过程的主要工作有：

(1) 建设、勘察、设计、施工、监理单位分别汇报工程合同履约情况及工程施工各环节施工满足设计要求，质量符合法律、法规和强制性标准的情况。

(2) 检查审核设计、勘察、施工、监理单位的工程档案资料及质量验收资料。

(3) 实地检查工程外观质量，对工程的使用功能进行抽查。

(4) 对工程施工质量管理各环节工作、对工程实体质量及质保资料情况进行全面评价，形成经验收组人员共同确认签署的工程竣工验收意见。

(5) 竣工验收合格，建设单位应及时提出工程竣工验收报告。验收报告应附有工程施工许可证、设计文件审查意见、质量检测功能性试验资料、工程质量保修书等法规所规定的其他文件。

(6) 工程质量监督机构应对工程竣工验收工作进行监督。

三、竣工验收备案

我国实行建设工程竣工验收备案制度。新建、扩建和改建的各类房屋建筑工程和市政基础设施工程的竣工验收，均应按《中华人民共和国建设工程质量管理条例》规定进行备案。

建设单位应当自建设工程竣工验收合格之日起 15 日内，将建设工程竣工验收报告和规划、公安消防、环保等部门出具的认可文件或准许使用文件，报建设行政主管部门或者其他相关部门备案。

备案部门在收到备案文件资料后的 15 日内，对文件资料进行审查，符合要求的工程，在验收备案表上加盖“竣工验收备案专用章”，并将一份退建设单位存档。如审查中发现建设单位在竣工验收过程中有违反国家有关建设工程质量管理规定行为的，责令停止使用，重新组织竣工验收。

建设单位有下列行为之一的，责令改正，处以工程合同价款百分之二以上百分之四以下的罚款；造成损失的依法承担赔偿责任。

（1）未组织竣工验收，擅自交付使用的。

（2）验收不合格，擅自交付使用的。

（3）对不合格的建设工程按照合格工程验收的。

四、施工质量不合格的处理

（一）工程质量问题和质量事故的分类

1. 工程质量不合格

（1）质量不合格和质量缺陷。根据我国 GB/T 19000—2008《质量管理体系》的规定，凡工程产品没有满足某个规定的要求，就称之为质量不合格；而未满足某个与预期或规定用途有关的要求，称为质量缺陷。

（2）质量问题和质量事故。凡是工程质量不合格，影响使用功能或工程结构安全，造成永久质量缺陷或存在重大质量隐患，甚至直接导致工程倒塌或人身伤亡，必须进行返修、加固或报废处理，按照由此造成直接经济损失的大小分为质量问题和质量事故。

2. 工程质量事故

工程质量事故具有成因复杂、后果严重、种类繁多、往往与安全事故共生的特点，建设工程质量事故的分类有多种方法，不同专业工程类别对工程质量事故的等级划分也不尽相同。

（1）按事故造成损失的程度分级。

按照住房和城乡建设部《关于做好房屋建筑和市政基础设施工程质量事故报告和调查处理工作的通知》（建质〔2010〕111 号），根据工程质量事故造成的人员伤亡或者直接经济损失，工程质量事故分为 4 个等级：

1）特别重大事故，是指造成 30 人以上死亡，或者 100 人以上重伤，或者 1 亿元以上直接经济损失的事故。

2）重大事故，是指造成 10 人以上 30 人以下死亡，或者 50 人以上 100 人以下重伤，或者 5000 万元以上 1 亿元以下直接经济损失的事故。

3）较大事故，是指造成 3 人以上 10 人以下死亡，或者 10 人以上 50 人以下重伤，或者 1000 万元以上 5000 万元以下直接经济损失的事故。

4）一般事故，是指造成 3 人以下死亡，或者 10 人以下重伤，或者 100 万元以上 1000 万元以下直接经济损失的事故。

该等级划分所称的“以上”包括本数，所称的“以下”不包括本数。

（2）按事故责任分类。

1）指导责任事故。指由于工程实施指导或领导失误而造成的质量事故。例如，由于工程负责人片面追求施工进度，放松或不按质量标准进行控制和检验，降低施工质量标准等。

2）操作责任事故。指在施工过程中由于实施操作者不按规程和标准实施操作而造成

的质量事故。例如，浇筑混凝土时随意加水，或振捣疏漏造成混凝土质量事故等。

3）自然灾害事故。指由于突发的严重自然灾害等不可抗力造成的质量事故，例如地震、台风、暴雨、雷电、洪水等对工程造成破坏甚至倒塌。这类事故虽然不是人为责任直接造成，但灾害事故造成的损失程度也往往与人们是否在事前采取了有效的预防措施有关，相关责任人员也可能负有一定责任。

（二）施工质量事故的预防

建立健全施工质量管理体系，加强施工质量控制，就是为了预防施工质量问题和质量事故，在保证工程质量合格的基础上，不断提高工程质量。所以，所有施工质量控制的措施和方法，都是预防施工质量问题和质量事故的手段。具体来说，施工质量事故的预防，要从寻找和分析可能导致施工质量事故发生的原因入手，抓住影响施工质量的各种因素和施工质量形成过程的各个环节，采取针对性的有效预防措施。

1．施工质量事故发生的原因

施工质量事故发生的原因大致有下列4类。

（1）技术原因：指质量事故是由于在工程项目设计、施工中在技术上的失误。例如，结构设计计算错误，对水文地质情况判断错误，以及采用了不适合的施工方法或施工工艺等。

（2）管理原因：指质量事故是由于管理上的不完善或失误。例如，施工单位或监理单位的质量管理体系不完善，检验制度不严密，质量控制不严格，质量管理措施落实不力，检测仪器设备管理不善而失准，以及材料检验不严格等原因引起质量事故。

（3）社会、经济原因：指质量事故是由于经济因素及社会上存在的弊端和不正之风，造成建设中的错误行为，而导致出现质量事故。例如，某些施工企业盲目追求利润而不顾工程质量；在投标报价中随意压低标价，中标后则依靠违法的手段或修改方案追加工程款，甚至偷工减料等，这些因素往往会导致出现重大工程质量事故，必须予以重视。

（4）人为事故和自然灾害原因：指质量事故是由于人为的设备事故、安全事故，导致连带发生质量事故，以及严重的自然灾害等不可抗力造成质量事故。

2．施工质量事故预防的具体措施

（1）严格按照基本建设程序办事。首先要做好可行性论证，不可未经深入的调查分析和严格论证就盲目拍板定案；要彻底搞清工程地质水文条件方可开工；杜绝无证设计、无图施工；禁止任意修改设计和不按图纸施工；工程竣工不进行试车运转、不经验收不得交付使用。

（2）认真做好工程地质勘察。地质勘察时要适当布置钻孔位置和设定钻孔深度。钻孔间距过大，不能全面反映地基实际情况；钻孔深度不够，难以查清地下软土层、滑坡、墓穴、孔洞等有害工程地质构造。地质勘察报告必须详细、准确，防止因根据不符合实际情况的地质资料而采用错误的基础方案，导致地基不均匀沉降、失稳，使上部结构及墙体开裂、破坏、倒塌。

（3）科学地加固和处理好地基。对软弱土、冲填土、杂填土、湿陷性黄土、膨胀土、岩层出露、岩溶、土洞等不均匀地基要进行科学的加固处理。要根据不同地基的工程特性，按照地基处理与上部结构相结合使其共同工作的原则，从地基处理与设计措施、结构措施、防水措施、施工措施等方面综合考虑治理。

（4）进行必要的设计审查复核。要请具有合格专业资质的审图机构对施工图进行审查复核，防止因设计考虑不周、结构构造不合理、设计计算错误、沉降缝及伸缩缝设置不当、悬挑结构未通过抗倾覆验算等原因，导致质量事故的发生。

（5）严格把好建筑材料及制品的质量关。要从采购订货、进场验收、质量复验、存储和使用等几个环节，严格控制建筑材料及制品的质量，防止不合格或是变质、损坏的材料和制品用到工程上。

（6）对施工人员进行必要的技术培训。要通过技术培训使施工人员掌握基本的建筑结构和建筑材料知识，懂得遵守施工验收规范对保证工程质量的重要性，从而在施工中自觉遵守操作规程，不蛮干，不违章操作，不偷工减料。

（7）加强施工过程的管理。施工人员首先要熟悉图纸，对工程的难点和关键工序、关键部位应编制专项施工方案并严格执行；施工中必须按照图纸和施工验收规范、操作规程进行；技术组织措施要正确，施工顺序不可搞错，脚手架和楼面不可超载堆放构件和材料；要严格按照制度进行质量检查和验收。

（8）做好应对不利施工条件和各种灾害的预案。要根据当地气象资料的分析和预测，事先针对可能出现的风、雨、高温、严寒、雷电等不利施工条件，制定相应的施工技术措施，还要对不可预见的人为事故和严重自然灾害做好应急预案，并有相应的人力、物力储备。

（9）加强施工安全与环境管理。许多施工安全和环境事故都会连带发生质量事故，加强施工安全与环境管理，也是预防施工质量事故的重要措施。

（三）施工质量问题和质量事故的处理

1．施工质量事故处理的依据

（1）质量事故的实况资料。质量事故的实况资料包括质量事故发生的时间、地点；质量事故状况的描述；质量事故发展变化的情况；有关质量事故的观测记录、事故现场状态的照片或录像；事故调查组调查研究所获得的第一手资料。

（2）有关合同及合同文件。有关文件包括工程承包合同、设计委托合同、设备与器材购销合同、监理合同及分包合同等。

（3）有关技术文件和档案。这包括有关的设计文件（如施工图纸和技术说明）、与施工有关的技术文件、档案和资料（如施工方案、施工计划、施工记录、施工日志、有关建筑材料的质量证明资料、现场制备材料的质量证明资料、质量事故发生后对事故状况的观测记录、试验记录或试验报告等）。

（4）相关的建设法规。相关法规主要包括《中华人民共和国建筑法》和与工程质量及质量事故处理有关的法规，以及勘察、设计、施工、监理等单位资质管理方面的法规，从业者资格管理方面的法规，建筑市场方面的法规，建筑施工方面的法规，关于标准化管理方面的法规等。

2．施工质量事故的处理程序

施工质量事故处理的一般程序如图2-4所示。

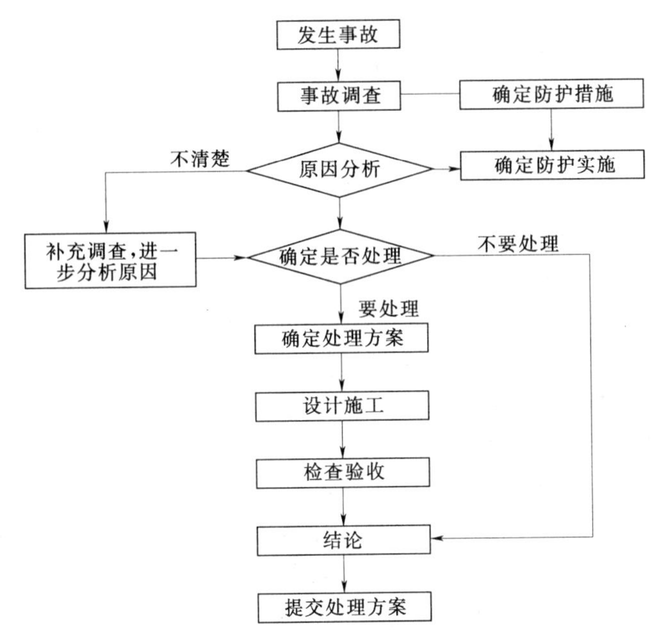

图2-4　施工质量事故处理的一般程序

（1）事故调查。事故发生后，施工项目负责人应按法定的时间和程序，及时向企业报告事故的状况，积极组织事故调查。事故调查应力求及时、客观、全面，以便为事故的分析与处理提供正确的依据。调查结果要整理撰写成事故调查报告，其主要内容包括：工程概况；事故情况；事故发生后所采取的临时防护措施；事故调查中的有关数据、资料；事故原因分析与初步判断；事故处理的建议方案与措施；事故涉及人员与主要责任者的情况等。

（2）事故的原因分析。要建立在事故情况调查的基础上，避免情况不明就主观推断事故的原因。特别是对涉及勘察、设计、施工、材料和管理等方面的质量事故，往往事故的原因错综复杂，因此，必须对调查所得到的数据、资料进行仔细的分析，去伪存真，找出造成事故的主要原因。

（3）制定事故处理的方案。事故的处理要建立在原因分析的基础上，并广泛地听取专家及有关方面的意见，经科学论证，决定事故是否进行处理和怎样处理。在制定事故处理方案时，应做到安全可靠、技术可行、不留隐患、经济合理、具有可操作性、满足建筑功能和使用要求。

（4）事故处理。根据制定的质量事故处理的方案，对质量事故进行认真的处理。处理的内容主要包括：事故的技术处理，以解决施工质量不合格和缺陷问题；事故的责任处罚，根据事故的性质、损失大小、情节轻重对事故的责任单位和责任人作出相应的行政处分直至追究刑事责任。

（5）事故处理的鉴定验收。质量事故的处理是否达到预期的目的，是否依然存在隐患，应当通过检查鉴定和验收作出确认。事故处理的质量检查鉴定，应严格按施工验收规范和相关的质量标准的规定进行，必要时还应通过实际量测、试验和仪器检测等方法获取必要的数据，以便准确地对事故处理的结果作出鉴定。事故处理后，必须尽快提交完整的事故处理报告，其内容包括：事故调查的原始资料、测试的数据；事故原因分析、论证；事故处理的依据；事故处理的方案及技术措施；实施质量处理中有关的数据、记录、资料；检查验收记录；事故处理的结论等。

3. 施工质量事故处理的基本要求

(1) 质量事故的处理应达到安全可靠、不留隐患、满足生产和使用要求、施工方便、经济合理的目的。

(2) 重视消除造成事故的原因，注意综合治理。

(3) 正确确定处理的范围和正确选择处理的时间和方法。

(4) 加强事故处理的检查验收工作，认真复查事故处理的实际情况。

(5) 确保事故处理期间的安全。

4. 施工质量事故处理的基本方法

(1) 修补处理。当工程的某些部分的质量虽未达到规定的规范、标准或设计的要求，存在一定的缺陷，但经过修补后可以达到要求的质量标准，又不影响使用功能或外观的要求时，可采取修补处理的方法。例如，某些混凝土结构表面出现蜂窝、麻面，经调查分析，该部位经修补处理后，不会影响其使用及外观；对混凝土结构局部出现的损伤，如结构受撞击、局部未振实、冻害、火灾、酸类腐蚀、碱骨料反应等，当这些损伤仅仅在结构的表面或局部，不影响其使用和外观，可进行修补处理。再比如对混凝土结构出现的裂缝，经分析研究后如果不影响结构的安全和使用时，也可采取修补处理。例如，当裂缝宽度不大于0.2mm时，可采用表面密封法；当裂缝宽度大于0.3mm时，采用嵌缝密闭法；当裂缝较深时，则应采取灌浆修补的方法。

(2) 加固处理。主要是针对危及承载力的质量缺陷的处理。通过对缺陷的加固处理，使建筑结构恢复或提高承载力，重新满足结构安全性与可靠性的要求，使结构能继续使用或改作其他用途。例如，对混凝土结构常用的加固方法主要有：增大截面加固法、外包角钢加固法、粘钢加固法、增设支点加固法、增设剪力墙加固法、预应力加固法等。

(3) 返工处理。当工程质量缺陷经过修补处理后仍不能满足规定的质量标准要求，或不具备补救可能性，则必须采取返工处理。例如，某工厂设备基础的混凝土浇筑时掺入木质素磺酸钙减水剂，因施工管理不善，掺量多于规定7倍，导致混凝土坍落度大于180mm，石子下沉，混凝土结构不均匀，浇筑后5天仍然不凝固硬化，28天的混凝土实际强度不到规定强度的32%，不得不返工重浇。

(4) 限制使用。当工程质量缺陷按修补方法处理后无法保证达到规定的使用要求和安全要求，而又无法返工处理的情况下，不得已时可作出诸如结构卸荷或减荷以及限制使用的决定。

(5) 不做处理。某些工程质量问题虽然达不到规定的要求或标准，但其情况不严重，对工程或结构的使用及安全影响很小，经过分析、论证、法定检测单位鉴定和设计单位等认可后可不作专门处理。一般可不作专门处理的情况有下列几种。

1) 不影响结构安全、生产工艺和使用要求的。例如，有的工业建筑物出现放线定位的偏差，且严重超过规范标准规定，若要纠正会造成重大经济损失，但经过分析、论证其偏差不影响生产工艺和正常使用，在外观上也无明显影响，可不作处理。又如，某些部位

的混凝土表面的裂缝，经检查分析，属于表面养护不够的干缩微裂，不影响使用和外观，也可不作处理。

2）后道工序可以弥补的质量缺陷。例如，混凝土结构表面的轻微麻面，可通过后续的抹灰、刮涂、喷涂等弥补，也可不作处理。再比如，混凝土现浇楼面的平整度偏差达到10mm，但由于后续垫层和面层的施工可以弥补，所以也可不作处理。

3）法定检测单位鉴定合格的。例如，某检验批混凝土试块强度值不满足规范要求，强度不足，但经法定检测单位对混凝土实体强度进行实际检测后，其实际强度达到规范允许和设计要求值时，可不作处理。对经检测未达到要求值，但相差不多，经分析论证，只要使用前经再次检测达到设计强度，也可不作处理，但应严格控制施工荷载。

4）出现的质量缺陷，经检测鉴定达不到设计要求，但经原设计单位核算，仍能满足结构安全和使用功能的。例如，某一结构构件截面尺寸不足，或材料强度不足，影响结构承载力，但按实际情况进行复核验算后仍能满足设计要求的承载力时，可不进行专门处理。这种做法实际上是挖掘设计潜力或降低设计的安全系数，应谨慎处理。

5. 报废处理

出现质量事故的工程，通过分析或实践，采取上述处理方法后仍不能满足规定的质量要求或标准，则必须予以报废处理。

任务五　建筑工程项目质量的政府监督

任务介绍：

根据本项目所列的前四项任务：

1. 请列出政府相关部门在建筑工程项目质量管理中的监督职能和监督内容。

2. 如果相关项目业主没有按规定办理相关报建手续，那么业主、施工单位和监理要承担什么相应的责任。

3. 如果相关项目业主已经按规定及时办理了相关报建手续，那么政府相关部门将如何实施监督和管理的职能。

任务要求：

掌握国家实行建筑工程质量监督管理制度的目的与意义。

《中华人民共和国建筑法》及《中华人民共和国建设工程质量管理条例》明确规定，国家实行建设工程质量监督管理制度，由政府行政主管部门设立专门机构对建设工程质量行使监督职能，其目的是保证建设工程质量，保证建设工程的使用安全及环境质量。

一、政府对项目质量的监督职能

（一）监督管理部门职责的划分

国务院建设行政主管部门对全国的建设工程质量实施统一监督管理。国家铁路、交通、水利等有关部门按照国务院规定的职责分工，负责对全国有关专业建设工程质量的监督管理。

县级以上地方人民政府建设行政主管部门对本行政区域内的建设工程质量实施监督管理。县级以上地方人民政府交通、水利等有关部门在各自的职责范围内，负责对本行政区域内的专业建设工程质量进行监督管理。

（二）政府质量监督的性质、职能与权限

1. 政府质量监督的性质

政府质量监督的性质属于行政执法行为，是政府为了保证建设工程质量，保护人民群众生命和财产安全，维护公众利益，依据国家法律、法规和工程建设强制性标准，对责任主体和有关机构履行质量责任的行为以及工程实体质量进行的监督检查。

2. 政府质量监督的职能

政府对建设工程质量监督的职能主要包括下列几个方面。

（1）监督检查施工现场工程建设参与各方主体的质量行为，包括检查施工现场工程建设各方主体及有关人员的资质或资格；检查勘察、设计、施工、监理单位的质量管理体系和质量责任落实情况；检查有关质量文件、技术资料是否齐全并符合规定。

（2）监督检查工程实体的施工质量，特别是基础、主体结构、主要设备安装等涉及结构安全和使用功能的施工质量。

（3）监督工程质量验收。监督建设单位组织的工程竣工验收的组织形式、验收程序以及在验收过程中提供的有关资料和形成的质量评定文件是否符合有关规定，实体质量是否存在严重缺陷，工程质量验收是否符合国家标准。

3. 政府质量监督的权限

县级以上人民政府建设行政主管部门和其他有关部门履行监督检查职责时，有权采取下列措施：

（1）要求被检查的单位提供有关工程质量的文件和资料。

（2）进入被检查单位的施工现场进行检查。

（3）发现有影响工程质量的问题时，责令改正。

4. 政府质量监督的委托实施

建设工程质量监督管理，可以由建设行政主管部门或者其他有关部门委托的建设工程质量监督机构具体实施。

从事房屋建筑工程和市政基础设施工程质量监督的机构，必须按照国家有关规定经国务院建设行政主管部门或者省、自治区、直辖市人民政府建设行政主管部门考核；从事专业建设工程质量监督的机构，必须按照国家有关规定经国务院有关部门或者省、自治区、直辖市人民政府有关部门考核。经考核合格后，方可实施质量监督。

监督机构的主要工作内容包括：

（1）对责任主体和有关机构履行质量责任的行为的监督检查。

（2）对工程实体质量的监督检查。

（3）对施工技术资料、监理资料以及检测报告等有关工程质量的文件和资料的监督检查。

（4）对工程竣工验收的监督检查。

（5）对混凝土预制构件及预拌混凝土质量的监督检查。

（6）对责任主体和有关机构违法、违规行为的调查取证和核实，提出处罚建议或按委托权限实施行政处罚。

（7）提交工程质量监督报告。

（8）随时了解和掌握本地区工程质量状况。

（9）其他内容。

二、政府对项目质量监督的内容

（一）受理质量监督申报

在工程项目开工前，监督机构接受建设单位有关建设工程质量监督的申报手续，并对建设单位提供的有关文件进行审查，审查合格签发有关质量监督文件。建设单位凭工程质量监督文件，向建设行政主管部门申领施工许可证。

（二）开工前的质量监督

在工程项目开工前，监督机构首先在施工现场召开由参与工程建设各方代表参加的监督会议，公布监督方案，提出监督要求，并进行第一次监督检查工作。检查的重点是参与工程建设各方主体的质量保证体系和相关证书、手续等，具体内容主要有：

（1）检查参与工程项目建设各方的质量保证体系建立情况，包括组织机构、质量控制方案、措施及质量责任制等制度。

（2）审查参与建设各方的工程经营资质证书和相关人员的资格证书。

（3）审查按建设程序规定的开工前必须办理的各项建设行政手续是否齐全完备。

（4）审查施工组织设计、监理规划等文件以及审批手续。

（5）检查的结果记录保存。

（三）施工期间的质量监督

1. 常规检查

监督机构按照监督方案对工程项目全过程施工的情况进行不定期检查。检查的内容主要是：参与工程建设各方的质量行为及质量责任制的履行情况，工程实体质量和质量控制资料的完成情况，其中对基础和主体结构阶段的施工应每月安排监督检查。

2. 主要部位验收监督

对工程项目建设中的结构主要部位（如桩基、基础、主体结构等），除进行常规检查外，应在分部工程验收时进行监督，监督检查验收合格后，方可进行后续工程的施工。建设单位应将施工、设计、监理和建设单位各方分别签字的质量验收证明在验收后3天内报送工程质量监督机构备案。

3. 质量问题查处

对在施工过程中发生的质量问题、质量事故进行查处。根据质量监督检查的状况，对查实的问题可签发“质量问题整改通知单”或“局部暂停施工指令单”，对问题严重的单位也可根据问题的性质签发“临时收缴资质证书通知书”。

（四）竣工阶段的质量监督

主要是按规定对工程竣工验收备案工作进行监督。

（1）做好竣工验收前的质量复查。对质量监督检查中提出质量问题的整改情况进行复查，了解其整改情况。

（2）参加竣工验收会议。对竣工工程的质量验收程序、验收组织与方法、验收过程等进行监督。

（3）编制单位工程质量监督报告。单位工程质量监督报告在竣工验收之日起5天内提交竣工验收备案部门。对不符合验收要求的责令改正，对存在的问题进行处理，并向备案部门提出书面报告。

（4）建立建设工程质量监督档案。建设工程质量监督档案按单位工程建立。要求归档及时，资料记录等各类文件齐全，经监督机构负责人签字后归档，按规定年限保存。

小　　结

建筑工程项目施工质量控制，主要内容包括：质量管理与质量控制；建筑工程项目质量控制体系；建筑工程项目施工质量控制；建筑工程项目质量验收；施工质量不合格的处理；建筑工程项目质量的政府监督。

质量是建筑工程项目管理的主要控制目标之一。建筑工程项目的质量控制，需要系统有效地应用质量管理和质量控制的基本原理和方法，建立和运行工程项目质量控制体系，落实项目各参与方的质量责任，通过项目实施过程各个环节质量控制的职能活动，有效预防和正确处理可能发生的工程质量事故，在政府的监督下实现建筑工程项目的质量目标。

训　练　题

一、单项选择题

1. 工程建设的不同阶段对工程项目质量的形成起着不同的作用和影响，决定工程质量的关键阶段是（　　）。

A. 可行性研究阶段　B. 决策阶段　C. 设计阶段　D. 保修阶段

2. 在工程竣工验收时，施工单位的质量保修书中应明确规定保修期限。基础设施工程、房屋建筑工程的地基基础和主体结构工程的最低保修期限，在正常使用条件下为（　　）。

A. 终身保修　B. 30年

C. 50年　D. 设计文件规定的年限

3. 施工图设计文件的审核是根据国家法律、法规、技术标准与规范，对工程项目的结构安全和强制性标准、规范执行情况等进行的独立审查，审查工作由（　　）进行。

A. 建设行政主管部门　B. 监理单位

C. 质量监督站　D. 施工图审查机构

4. 政府、勘察设计单位、建设单位都要对工程质量进行控制，按控制的主体划分，

政府属于工程质量控制的（　　）。

A. 自控主体　　B. 外控主体　　C. 间控主体　　D. 监控主体

5. 工程开工前，应由（　　）到工程质量监督站办理工程质量监督手续。

A. 施工单位　　B. 监理单位

C. 建设单位　　D. 监理单位协助建设单位

6. 建设工程质量的特性中，在规定的时间和规定的条件下完成规定功能的能力是指工程的（　　）。

A. 耐久性　　B. 安全性　　C. 可靠性　　D. 适用性

7. 在设计阶段监理工程师应组织施工图纸的审核工作，审核内容不包括（　　）。

A. 图纸的规范性　　B. 要求的使用功能是否满足

C. 技术参数是否先进合理　　D. 编制深度是否符合要求

8. 在三阶段设计过程中，监理工程师对技术设计图纸的审核应侧重于（　　）。

A. 所采用的技术方案是否符合总体方案的要求

B. 各专业设计是否符合预定的质量标准和要求

C. 使用功能及质量要求是否得到满足

D. 生产工艺的安排是否先进合理

9. 为了确保勘察设计质量，监理工程师在对勘察设计质量进行控制时，首先应进行的工作是（　　）。

A. 对勘察设计文件的核查　　B. 对勘察设计过程的跟踪检查

C. 对勘察设计单位资质的核查　　D. 对勘察设计方案的核查

10. 初步设计阶段，监理工程师对设计图纸的审核侧重于（　　）。

A. 技术方案的比较、分析

B. 使用功能及质量要求是否得到了满足

C. 各专业设计是否符合预定的质量标准和要求

D. 所采用的技术方案是否符合总体方案的要求

11. 我国建设工程质量保修制度规定，在正常使用条件下，基础设施工程、房屋建筑工程的地基基础和主体结构工程的最低保修期限为其合理使用年限，合理使用年限应在（　　）中给出。

A. 总体设计文件　　B. 初步设计文件

C. 技术设计文件　　D. 施工图设计文件

12. 设计单位向施工单位和承担施工阶段监理任务的监理单位等进行设计交底，交底会议纪要应由（　　）整理，与会各方会签。

A. 施工单位　　B. 监理单位　　C. 设计单位　　D. 建设单位

13. 当工程发生需要加固补强的质量问题时，监理单位应先签发（　　）。

A. 监理通知　　B. 工程暂停令　　C. 整改通知　　D. 工程变更单

14. 工程质量问题出现后，为防止其进一步恶化而发生质量事故，一定要注意质量问题的（　　）。

A. 严重性　　B. 随机性　　C. 可变性　　D. 多发性

15. 造成直接经济损失在 5 万元以上，不满 10 万元的工程质量事故属于（　　）。
A. 一般质量事故　　B. 严重质量事故
C. 重大质量事故　　D. 特别重大事故
16. 监理工程师对工程质量事故调查组提出的技术处理意见，可组织相关单位研究，责成相关单位完成（　　）后，予以审核签认。
A. 技术论证方案　　B. 技术处理方案　　C. 事故调查报告　　D. 事故处理报告
17. 工程质量事故发生后，总监理工程师首先应进行的工作是签发《工程暂停令》，并要求施工单位采取（　　）的措施。
A. 抓紧整改，早日复工　　B. 防止事故扩大并保护好现场
C. 防止事故信息不正常披露　　D. 对事故责任人加强监督
18. “影响使用功能和工程结构安全，造成永久质量缺陷”的质量事故，是认定（　　）的一个条件。
A. 一般质量事故　　B. 严重质量事故
C. 一级重大质量事故　　D. 四级重大质量事故
19. 工程质量事故处理完成后，整理编写质量事故处理报告的是（　　）。
A. 施工单位　　B. 监理单位　　C. 事故调查组　　D. 事故单位
20. 某家庭装修时买了 1000 块瓷砖，每 10 块一盒，现在要抽 50 块检查其质量。若随机按盒抽取全数检查，则属于（　　）的方法。
A. 单纯随机抽样　　B. 分层抽样　　C. 机械随机抽样　　D. 整群抽样
21. 计数标准型一次抽样方案为（N、n、c），其中 N 为送检批的大小，n 为抽检样本大小，c 为合格判定数。当从 n 中查出有 d 个不合格品时，若（　　），应判该送检批合格。
A. $d>c+1$　　B. $d=c+1$　　C. $d\leqslant c$　　D. $d>c$
22. 在质量数据特征值中，可以用来描述离散趋势的特征值是（　　）。
A. 总体平均值　　B. 样本平均值　　C. 中位数　　D. 变异系数
23. 在工程质量统计分析方法中，寻找影响质量主次因素的方法一般采用（　　）。
A. 排列图法　　B. 因果分析图法　　C. 直方图法　　D. 控制图法
24. 从性质上分析影响工程质量的因素，可分为偶然性因素和系统性因素。下列引起质量波动的因素中，属于偶然性因素的是（　　）。
A. 设计计算失误　　B. 操作未按规程进行
C. 施工方法不当　　D. 机械设备正常磨损
25. 衡量一个企业质量管理体系有效性的总指标是（　　）。
A. 工程合格程度　　B. 安全达标程度　　C. 工程返修程度　　D. 顾客满意程度
26. 根据 GB/T 19000—2000 族标准，组织对其有关职能部门和管理层次都分别规定质量目标，这些质量目标通常是依据组织的（　　）制定的。
A. 产品标准　　B. 质量方针　　C. 质量计划　　D. 质量要求
27. 产品的认证标志中，表示强制认证标志的是（　　）。
A. 方圆标志　　B. PRC 标志　　C. 长城标志　　D. 3C 标志

28. 下列不属于原国家质量技术监督局2000年正式发布的质量管理国家标准的是(　　)。

A. GB/T 19000—2000　　B. GB/T 19001—2000

C. GB/T 19002—2000　　D. GB/T 19004—2000

29. 根据质量管理体系理论，质量管理体系的目的就是要（　　）。

A. 提高企业经济效益　　B. 帮助组织增进顾客满意

C. 持续改进产品质量　　D. 提高组织的声誉和效率

30. 下列认证合格标志中，只能用于宣传不能用在具体的产品上的是（　　）。

A. 方圆标志　　B. 3C标志

C. 长城标志　　D. 质量管理体系认证标志

二、多项选择题

1. 根据《中华人民共和国建设工程质量管理条例》规定，建设单位在工程开工前应负责办理（　　）。

A. 施工图设计文件的报审　　B. 设计交底

C. 工程监理手续　　D. 施工许可证

E. 质量监督手续

2. GB/T 19000—2000族标准中对质量的定义是："一组固有特性满足要求的程度"。其中满足要求应包括（　　）的需要和期望。

A. 图纸中明确规定　　B. 组织惯例

C. 质量管理方面　　D. 行业规则

E. 其他相关方利益

3. 建设工程质量特性中的"与环境的协调性"是指工程与（　　）的协调。

A. 所在地区社会环境　　B. 周围生态环境

C. 周围已建工程　　D. 周围生活环境

E. 所在地区经济环境

4. 监理工程师在工程质量控制中应遵循的原则包括（　　）。

A. 质量第一，坚持标准　　B. 以人为核心，预防为主

C. 旁站监督，平行检测　　D. 科学、公正、守法的职业道德

E. 审核文件、报告、报表

5. 人员素质是影响工程质量的重要因素之一，除此之外还有（　　）。

A. 工程材料　　B. 机械设备　　C. 评价方法

D. 方法　　E. 环境条件

6. 对勘察设计单位的资质证书检查，主要是检查（　　）。

A. 有效期是否过期　　B. 年检结论是否合格

C. 与要求的勘察设计任务是否相符　　D. 签字权的级别是否与拟建工程相符

E. 管理水平是否与资质等级相应的要求相符

7. 设计阶段监理质量控制的主要任务是（　　）。

A. 组织设计招标或方案竞赛　　B. 进行设计质量跟踪

C. 处理设计变更　　　　　　　　　　　D. 组织施工图会审

E. 评定、验收设计文件

8. 在工程质量事故处理的依据中，与特定工程项目密切相关的具有特定性质的依据是（　）。

A. 质量事故的实况资料　　　　　　　　B. 与工程相关的各类合同文件

C. 相关的建设法规　　　　　　　　　　D. 有关的设计文件和施工资料

E. 相关的技术规范、技术标准

9. 在处理工程质量事故过程中，项目监理机构应履行的工作职责是（　）。

A. 签认质量事故处理报告

B. 组成事故调查组，开展对质量事故的调查

C. 核签技术处理方案

D. 监督施工单位的事故处理施工

E. 组织对事故处理结果的检查验收和鉴定

10. 对于返工、返修就可以弥补的质量问题，监理工程师的处理程序中包括（　）。

A. 发出监理通知　　　　　　　　　　B. 发出《工程暂停令》

C. 按规定上报　　　　　　　　　　　D. 进行原因分析

E. 组织检查、鉴定、验收

11. 工程质量事故与其他行业的质量事故相比，其具有的特点是（　）。

A. 复杂性　　　　B. 严重性　　　　C. 多发性　　　　D. 不变性

E. 随机性

三、案例题

案例一：

T省H市一幢商住楼工程项目，建设单位A与施工单位B和监理单位C分别签订了施工承包合同和施工阶段委托监理合同。该工程项目的主体工程为钢筋混凝土框架式结构，设计要求混凝土抗压强度达到C20。在主体工程施工至第三层时，钢筋混凝土柱浇筑完毕拆模后，监理工程师发现，第三层全部80根钢筋混凝土柱的外观质量很差，不仅蜂窝麻面严重，而且表面的混凝土质地酥松，用锤轻敲即有混凝土碎块脱落。经检查，施工单位提交的从9根柱施工现场取样的混凝土强度试验结果表明，混凝土抗压强度值均达到或超过了设计要求值，其中最大值达到C30的水平，监理工程师对施工单位提交的试验报告结果十分怀疑。

问题：

1. 在上述情况下，作为监理工程师，你认为应当按什么步骤处理？

2. 常见的工程质量问题产生的原因主要有哪几方面？

3. 工程质量问题的处理方式有哪些？质量事故处理应遵循什么程序进行？质量事故分为几类？如有一造价8000万元的高层建筑，主体工程完成封顶后，装修过程中发现建筑物整体倾斜，无法控制，最后人工控制爆破炸毁。这一质量事故属于哪一类？

4. 工程质量事故处理的依据包括哪几方面？质量事故处理方案有哪几类？事故处理

的基本要求是什么？事故处理验收结论通常有哪几种？如果上述质量问题经检验证明抽验结果质量严重不合格（最高不超过C18，最低仅为C8），而且施工单位提交的试验报告结果不是根据施工现场取样，而是在试验室按设计配合比做出的试样试验结果，你认为应当如何处理？

案例二：

某建筑公司通过投标承接了本市某房地产开发企业的一栋钢筋混凝土剪力墙结构住宅楼，承包商在完成室外装修后，发现该建筑物向西北方向倾斜，该建筑公司采取了在倾斜一侧减载与在对应一侧加载、注浆、高压粉喷、增加锚杆静压桩等抢救措施，但无济于事，该房地产开发企业为确保工程质量和施工人员的人身安全，主动要求并报政府同意，采取上层结构6～18层定向爆破拆除的措施，从根本上消除了该栋楼的质量隐患。

在事故调查过程中，出现了以下不同的处理意见：

1. 工程勘察单位根据要求进行了工程勘察，并提交了详细的工程勘察资料，因此工程勘察单位不承担任何质量责任。

2. 建设单位为了加快进度，牺牲工程质量，并且未按规定委托监理单位对工程建设实施监理，因此建设单位应对工程质量事故负责。而设计单位是根据建设单位要求进行设计和处理，因此设计单位对质量事故不承担责任。

3. 施工单位在施工过程中及时提出问题，并提出加固补强方案，因此施工单位对该工程质量事故不承担任何责任。

4. 因建设单位及时采取爆破拆除措施，确保了相邻建筑和住户的生命财产安全，因此该质量事故不是重大质量事故。

为了降低成本，项目经理通过关系购进廉价暖气管道，并隐瞒了工地甲方和监理人员，工程完工后，通过验收交付使用单位使用，过了保修期后的某一冬季，大批用户暖气漏水。

问题：

1. 处理工程质量事故的程序有哪些？

2. 判断事故处理意见是否妥当？

3. 暖气漏水的责任是否应由施工单位承担？为什么？

案例三：

工程施工是使工程设计意图最终实现并形成工程实体的阶段，也是最终形成工程产品质量和工程项目使用价值的重要阶段。因此施工阶段的质量控制不但是施工监理的重要工作内容，也是工程项目质量控制的重点。

问题：

1. 按工程实体质量形成过程的时间可分为哪三个施工阶段的质量控制环节？

2. 施工阶段监理工程师进行质量控制的依据有哪些？

3. 采用新工艺、新材料、新技术的工程，事先应进行试验，并由谁出具技术鉴定书？

案例四：

某大型剧院的工程项目，已具备开工条件，开工前质量控制的流程是：开工准备→提交工程开工报审表→审查开工条件→批准开工申请。在该工程全部工程完成后，应进行竣工验收，其工作流程为：竣工验收文件资料准备→申请工程竣工验收→审核竣工验收申请→签署工程竣工验收申请→组织工程验收。

问题：

1. 开工前的各项流程由哪个单位进行？

2. 竣工验收阶段的各流程由哪个单位完成？

3. 工程开工报审表应附有哪些材料？

案例五：

监理工程师检查了承包商的隐蔽工程，并按合格签证验收；但是事后再检查发现不合格。承包商认为，隐蔽工程监理工程师已按合格签证验收，现在却断为不合格，是监理工程师的责任造成的。承包商向监理工程师提出工期费用索赔报告。

业主代表认为监理工程师对工程质量监理不力，提出要扣监理费1000元。

问题：

1. 监理工程师怎样处理索赔报告？

2. 监理工程师承担什么责任？

3. 承包商承担什么责任？

4. 业主承担什么责任？

项目三　建筑工程项目施工进度管理

【专业能力】能够熟悉建筑工程项目总进度计划的编制步骤、建筑工程项目单位工程进度计划的编制方法。掌握建筑工程项目总进度计划的编制原则和依据；掌握建筑工程项目单位工程进度计划的对比检查。

【方法能力】能够根据建筑工程项目施工进度管理的知识解决实际问题。

【社会能力】能灵活处理建筑工程施工过程中出现的各种问题，具备协调能力和良好的职业道德修养，能遵守职业道德规范。

项目介绍：

案例一：

某工程有三个分项工程①、②、③，假设这三个分项工程是连续的，其各分项工程的施工过程最小流水节拍：分项工程① $t_1=t_2=t_3=2$ 天；分项工程② $t_1=1$ 天，$t_2=2$ 天，$t_3=1$ 天；分项工程③ $t_1=3$ 天，$t_2=2$ 天，$t_3=1$ 天。

问题：计算该工程的流水施工的参数，并绘制流水施工图。

案例二：

施工图、工期：自己从施工现场收集资料；起重运输机械：结合施工现场的实际，要选择适合的起重机械；工程量和劳动量根据施工现场的具体情况。

问题：

1. 根据以上资料编制施工进度计划和施工平面图。
2. 说明主要工种工程的施工方法。
3. 编制施工进度计划。
4. 绘制施工平面图。

项目要求：

通过案例一熟悉并掌握流水施工组织形式、各项参数的计算及流水施工图的绘制方法。

通过案例二掌握施工组织设计的编写要点、施工平面图绘制原则和参数的计算规则。

任务一　建筑工程项目进度控制与进度计划系统

一、项目进度控制的目的

进度控制的目的是通过控制以实现工程的进度目标。如果只重视进度计划的编制，而不重视进度计划必要的调整，则进度无法得到控制。为了实现进度目标，进度控制的过程也就是随着项目的进展，不断调整进度计划的过程。

施工方是工程实施的一个重要参与方，许许多多的工程项目，特别是大型重点建筑工程项目，工期要求十分紧迫，施工方的工程进度压力非常大。数百天的连续施工，一天两班制施工，甚至24小时连续施工时有发生。如果不是正常有序地施工，而是盲目赶工，难免会导致施工质量问题和施工安全问题的出现，并且会引起施工成本的增加。因此，施工进度控制并不仅关系到施工进度目标能否实现，它还直接关系到工程的质量和成本。在工程施工实践中，必须树立和坚持一个最基本的工程管理原则，即在确保工程质量的前提下，控制工程的进度。

为了有效地控制施工进度，尽可能摆脱因进度压力而造成工程组织的被动，有关管理人员应深化理解下列内容：

（1）整个建筑工程项目的进度目标如何确定？

（2）有哪些影响整个建筑工程项目进度目标实现的主要因素？

（3）如何正确处理工程进度和工程质量的关系？

（4）施工方在整个建筑工程项目进度目标实现中的地位和作用。

（5）影响施工进度目标实现的主要因素。

（6）施工进度控制的基本理论、方法、措施和手段等。

二、项目进度控制的任务

业主方进度控制的任务是控制整个项目实施阶段的进度，包括控制设计准备阶段的工作进度、设计工作进度、施工进度、物资采购工作进度，以及项目动用前准备阶段的工作进度。

设计方进度控制的任务是依据设计任务委托合同对设计工作进度的要求控制设计工作进度，这是设计方履行合同的义务。另外，设计方应尽可能使设计工作的进度与招标、施工和物资采购等工作进度相协调。在国际上，设计进度计划主要是各设计阶段的设计图纸（包括有关的说明）的出图计划，在出图计划中标明每张图纸的名称、图纸规格、负责人和出图日期。出图计划是设计方进度控制的依据，也是业主方控制设计进度的依据。

施工方进度控制的任务是依据施工任务委托合同对施工进度的要求控制施工进度，这是施工方履行合同的义务。在进度计划编制方面，施工方应视项目的特点和施工进度控制的需要，编制深度不同的控制性、指导性和实施性施工的进度计划，以及按不同计划周期（年度、季度、月度和旬）的施工计划等。

供货方进度控制的任务是依据供货合同对供货的要求控制供货进度，这是供货方履行合同的义务。供货进度计划应包括供货的所有环节，如采购、加工制造、运输等。

三、项目进度计划系统的建立

（一）建筑工程项目进度计划系统的内涵

建筑工程项目进度计划系统是由多个相互关联的进度计划组成的系统，它是项目进度控制的依据。由于各种进度计划编制所需要的必要资料是在项目进展过程中逐步形成的，

因此项目进度计划系统的建立和完善也有一个过程，它是逐步形成的。图 3－1 是一个建筑工程项目进度计划系统的示例，这个计划系统有 4 个计划层次。

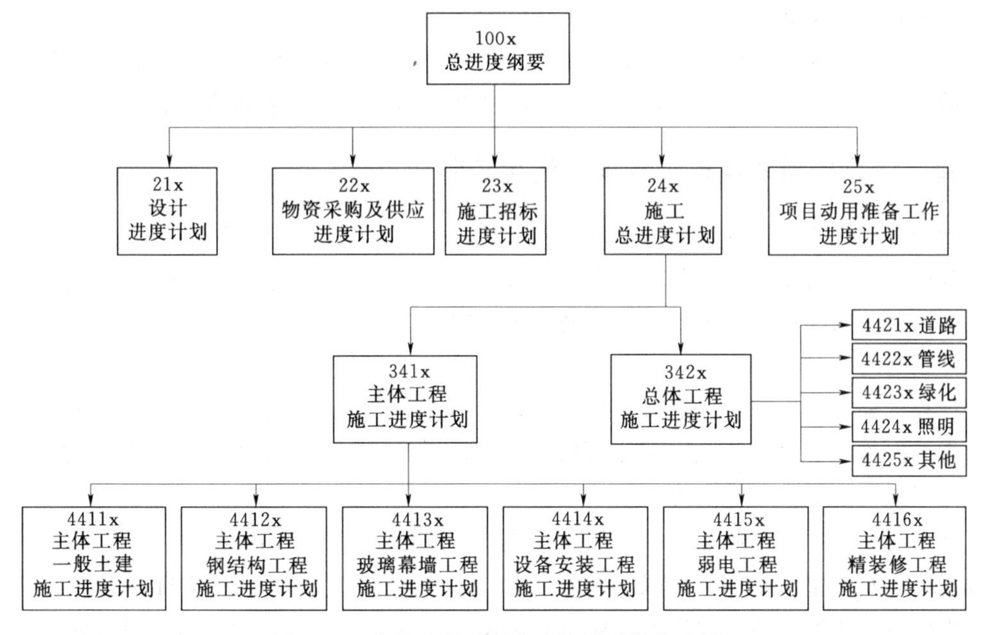

图 3－1　建筑工程项目进度计划系统的示例

（二）不同类型的建筑工程项目进度计划系统

根据项目进度控制不同的需要和不同的用途，业主方和项目各参与方可以构建多个不同的建筑工程项目进度计划系统，如：

（1）由多个相互关联的不同计划深度的进度计划组成的计划系统。由不同深度的计划构成进度计划系统包括：①总进度规划（计划）；②项目子系统进度规划（计划）；③项目子系统中的单项工程进度计划等。

（2）由多个相互关联的不同计划功能的进度计划组成的计划系统。由不同功能的计划构成进度计划系统包括：①控制性进度规划（计划）；②指导性进度规划（计划）；③实施性（操作性）进度计划等。

（3）由多个相互关联的不同项目参与方的进度计划组成的计划系统。由不同项目参与方的计划构成进度计划系统包括：①业主方编制的整个项目实施的进度计划；②设计进度计划；③施工和设备安装进度计划；④采购和供货进度计划等。

（4）由多个相互关联的不同计划周期的进度计划组成的计划系统。由不同周期的计划构成进度计划系统包括：①5 年建设进度计划；②年度、季度、月度和旬计划等。

图 3－1 中，第二平面是多个相互关联的不同项目参与方的进度计划组成的计划系统；第三和第四平面是多个相互关联的不同计划深度的进度计划组成的计划系统。

（三）建筑工程项目进度计划系统中的内部关系

在建筑工程项目进度计划系统中各进度计划或各子系统进度计划编制和调整时必须注意其相互间的联系和协调，如：

（1）总进度规划（计划）、项目子系统进度规划（计划）与项目子系统中的单项工程

进度计划之间的联系和协调。

（2）控制性进度规划（计划）、指导性进度规划（计划）与实施性（操作性）进度计划之间的联系和协调。

（3）业主方编制的整个项目实施的进度计划、设计方编制的进度计划、施工和设备安装方编制的进度计划与采购和供货方编制的进度计划之间的联系和协调等。

四、计算机辅助建筑工程项目进度控制

国外有很多用于进度计划编制的商业软件，自20世纪70年代末期和80年代初期开始，我国也开始研制进度计划的软件，这些软件都是在工程网络计划原理的基础上编制的。应用这些软件可以实现计算机辅助建筑工程项目进度计划的编制和调整，以确定工程网络计划的时间参数。

计算机辅助工程网络计划编制的意义有：①解决工程网络计划计算量大而手工计算难以承担的困难；②确保工程网络计划计算的准确性；③有利于工程网络计划及时调整；④有利于编制资源需求计划等。

如前所述，进度控制是一个动态编制和调整计划的过程，初始的进度计划和在项目实施过程中不断调整的计划，以及与进度控制有关的信息应尽可能对项目各参与方公开透明，以便各方为实现项目的进度目标协同工作。为使业主方各工作部门和项目各参与方方便快捷地获取进度信息，可利用项目信息门户作为基于互联网的信息处理平台辅助进度控制。图3-2表示了从项目信息门户中可获取的各种进度信息。

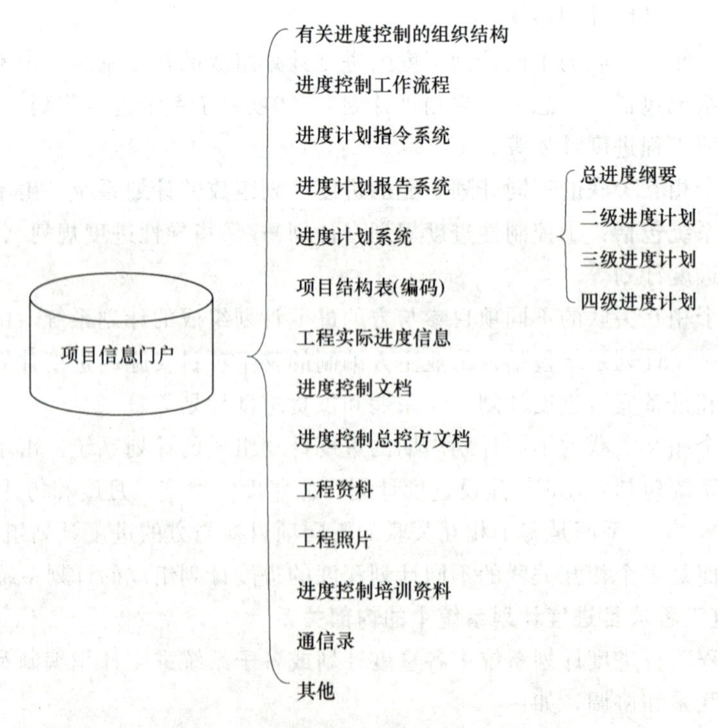

图3-2　项目信息门户提供的进度信息

任务二　建筑工程项目总进度目标的论证

一、项目总进度目标论证的工作内容

建筑工程项目的总进度目标指的是整个工程项目的进度目标，它是在项目决策阶段项目定义时确定的，项目管理的主要任务是在项目的实施阶段对项目的目标进行控制。建筑工程项目总进度目标的控制是业主方项目管理的任务（若采用建设项目工程总承包的模式，协助业主进行项目总进度目标的控制也是建设项目工程总承包方项目管理的任务）。在进行建筑工程项目总进度目标控制前，首先应分析和论证进度目标实现的可能性。若项目总进度目标不可能实现，则项目管理者应提出调整项目总进度目标的建议，并提请项目决策者审议。

在项目的实施阶段，项目总进度应包括：①设计前准备阶段的工作进度；②设计工作进度；③招标工作进度；④施工前准备工作进度；⑤工程施工和设备安装进度；⑥工程物资采购工作进度；⑦项目动用前的准备工作进度等。

建筑工程项目总进度目标论证应分析和论证上述各项工作的进度，以及上述各项工作进展的相互关系。

在建筑工程项目总进度目标论证时，往往还没有掌握比较详细的设计资料，也缺乏比较全面的有关工程发包的组织、施工组织和施工技术等方面的资料，以及其他有关项目实施条件的资料，因此，总进度目标论证并不是单纯的总进度规划的编制工作，它涉及许多工程实施的条件分析和工程实施策划方面的问题。

大型建筑工程项目总进度目标论证的核心工作是通过编制总进度纲要论证总进度目标实现的可能性。总进度纲要的主要内容包括：①项目实施的总体部署；②总进度规划；③各子系统进度规划；④确定里程碑事件的计划进度目标；⑤总进度目标实现的条件和应采取的措施等。

二、项目总进度目标论证的工作步骤

建筑工程项目总进度目标论证的工作有下列步骤。

（1）调查研究和收集资料。

调查研究和收集资料包括如下工作：①了解和收集项目决策阶段有关项目进度目标确定的情况和资料；②收集与进度有关的该项目组织、管理、经济和技术资料；③收集类似项目的进度资料；④了解和调查该项目的总体部署；⑤了解和调查该项目实施的主客观条件等。

（2）项目结构分析。

大型建筑工程项目的结构分析是根据编制总进度纲要的需要，将整个项目进行逐层分解，并确立相应的工作目录，如：①一级工作任务目录，将整个项目划分成若干个子系统；②二级工作任务目录，将每一个子系统分解为若干个子项目；③三级工作任务目录，将每一个子项目分解为若干个工作项。整个项目划分成多少结构层，应根据项目的规模和特点而定。

(3) 进度计划系统的结构分析。

大型建筑工程项目的计划系统一般由多层计划构成，如：①第一层进度计划，将整个项目划分成若干个进度计划子系统；②第二层进度计划，将每一个进度计划子系统分解为若干个子项目进度计划；③第三层进度计划，将每一个子项目进度计划分解为若干个工作项。整个项目划分成多少计划层，应根据项目的规模和特点而定。

(4) 项目的工作编码。

项目的工作编码指的是每一个工作项的编码，编码有各种方式，编码时应考虑下述因素：①对不同计划层的标识；②对不同计划对象的标识（如不同子项目）；③对不同工作的标识（如设计工作、招标工作和施工工作等）。

(5) 编制各层进度计划。

(6) 协调各层进度计划的关系，编制总进度计划。

(7) 若所编制的总进度计划不符合项目的进度目标，则设法调整。

(8) 若经过多次调整，进度目标无法实现，则报告项目决策者。

任务三　建筑工程项目进度计划的编制和调整方法

一、横道图进度计划的编制方法

横道图是一种最简单、运用最广泛的传统的进度计划方法，尽管有许多新的计划技术，横道图在建设领域中的应用仍非常普遍。

通常横道图的表头为工作及其简要说明，项目进展表示在时间表格上，如图 3-3 所示。按照所表示工作的详细程度，时间单位可以为小时、天、周、月等。这些时间单位经常用日历表示，此时可表示非工作时间，如停工时间、公众假日、假期等。根据此横道图使用者的要求，工作可按照时间先后、责任、项目对象、同类资源等进行排序。

横道图也可将工作简要说明直接放在横道上。横道图可将最重要的逻辑关系标注在内，但是，如果将所有逻辑关系均标注在图上，则横道图简洁性的最大优点将丧失。

横道图用于小型项目或大型项目的子项目上，或用于计算资源需要量和概要预示进度，也可用于其他计划技术的表示结果。

横道图计划表中的进度线（横道）与时间坐标相对应，这种表达方式较直观，易看懂计划编制的意图。但是，横道图进度计划法也存在一些问题，如：①工序（工作）之间的逻辑关系可以设法表达，但不易表达清楚；②适用于手工编制计划；③没有通过严谨的进度计划时间参数计算，不能确定计划的关键工作、关键线路与时差；④计划调整只能用手工方式进行，其工作量较大；⑤难以适应大的进度计划系统。

二、工程网络计划的编制方法

国际上，工程网络计划有许多名称，如 CPM、PERT、CPA、MPM 等。工程网络计划的类型有如下几种不同的划分方法。

序号	工作名称	持续时间/d	开始日期/(年－月－日)	完成日期/(年－月－日)	紧前工作
1	基础完	0	1993－12－28	1993－12－28	
2	预制柱	35	1993－12－28	1994－02－14	1
3	预制屋架	20	1993－12－28	1994－01－24	1
4	预制楼梯	15	1993－12－28	1994－01－17	1
5	吊装	30	1994－02－15	1994－03－28	2,3,4
6	砌砖墙	20	1994－03－29	1994－04－25	5
7	屋面找平	5	1994－03－29	1994－04－04	5
8	钢窗安装	4	1994－04－19	1994－04－22	6SS+15d
9	二毡三油一砂	5	1994－04－05	1994－04－11	7
10	外粉刷	20	1994－04－25	1994－05－20	8
11	内粉刷	30	1994－04－25	1994－06－03	8,9
12	油漆、玻璃	5	1994－06－06	1994－06－10	10,11
13	竣工	0	1994－06－10	1994－06－10	12

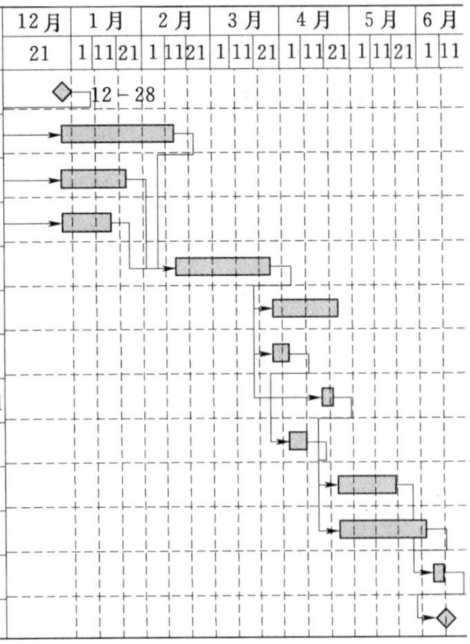

图 3－3　横道图

（1）工程网络计划按工作持续时间的特点划分为：肯定型问题的网络计划；非肯定型问题的网络计划；随机网络计划等。

（2）工程网络计划按工作和事件在网络图中的表示方法划分为：事件网络：即以节点表示事件的网络计划；工作网络：包括以箭线表示工作的网络计划［我国《工程网络计划技术规程》（JGJ/T 121—99）称为双代号网络计划］和以节点表示工作的网络计划［我国《工程网络计划技术规程》（JGJ/T 121—99）称为单代号网络计划］。

（3）工程网络计划按计划平面的个数划分为：单平面网络计划和多平面网络计划（多阶网络计划，分级网络计划）。

美国较多使用双代号网络计划，欧洲则较多使用单代号搭接网络计划。

我国《工程网络计划技术规程》（JGJ/T 121—99）推荐的常用的工程网络计划类型包括：①双代号网络计划；②单代号网络计划；③双代号时标网络计划；④单代号搭接网络计划。

（一）双代号网络计划

1．基本概念

双代号网络图是以箭线及其两端节点的编号表示工作的网络图，如图 3－4 所示。

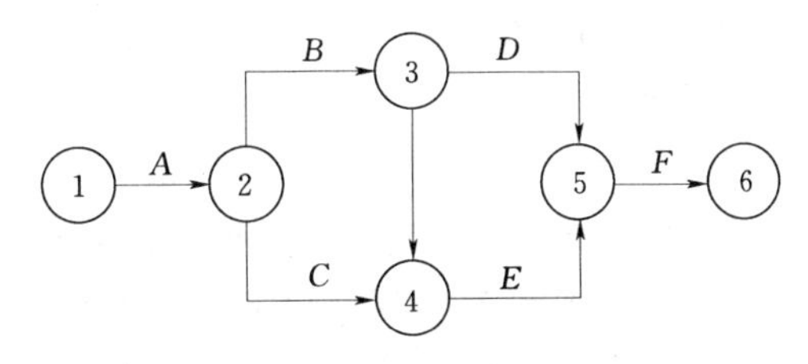

图 3－4　双代号网络图

（1）箭线（工作）。

工作是泛指一项需要消耗人力、物力和时间的具体活动过程，也称工序、活动、作业。双代号网络图中，每一条箭线表示一项工作。箭线的箭尾节点 i 表示该工作的开始，箭线的箭头节点 j 表示该工作的完成。工作名称可标注在箭线的上方，完成该项工作所需要的持续时间可标注在箭线的下方，如图 3－5 所示。由于一项工作需用一条箭线和其箭尾与箭头处两个圆圈中的号码来表示，故称为双代号网络计划。

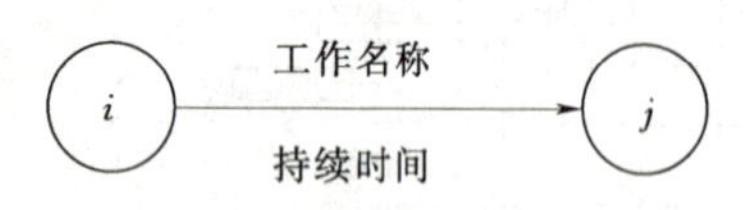

图 3－5　双代号网络图工作的表示方法

在双代号网络图中，任意一条实箭线都要占用时间，并多数要消耗资源。在建设工程中，一条箭线表示项目中的一个施工过程，它可以是一道工序、一个分项工程、一个分部工程或一个单位工程，其粗细程度和工作范围的划分根据计划任务的需要确定。

在双代号网络图中，为了正确地表达图中工作之间的逻辑关系，往往需要应用虚箭线。虚箭线是实际工作中并不存在的一项虚设工作，故它们既不占用时间，也不消耗资源，一般起着工作之间的联系、区分和断路三个作用：①联系作用是指应用虚箭线正确表达工作之间相互依存的关系；②区分作用是指双代号网络图中每一项工作都必须用一条箭线和两个代号表示，若两项工作的代号相同时，应使用虚工作加以区分，如图 3－6 所示；③断路作用是用虚箭线断掉多余联系，即在网络图中把无联系的工作连接上时，应加上虚工作将其断开。

在无时间坐标的网络图中，箭线的长度原则上可以任意画，其占用的时间以下方标注的时间参数为准。箭线可以为直线、折线或斜线，但其行进方向均应从左向右。在有时间坐标的网络图中，箭线的长度必须根据完成该工作所需持续时间的长短按比例绘制。

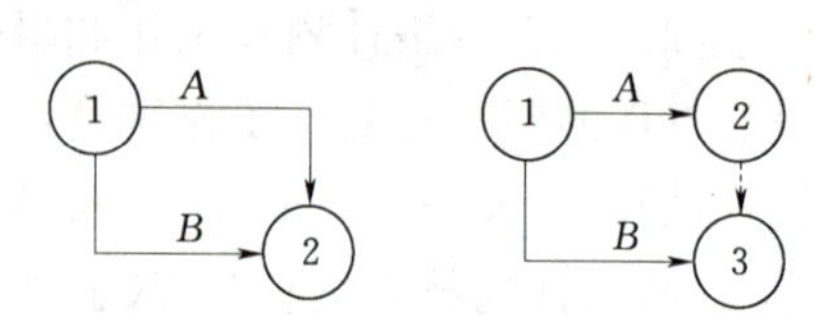

图 3－6　虚箭线的区分作用

在双代号网络图中，通常将工作用 $i-j$ 工作表示，紧排在本工作之前的工作称为紧前工作，紧排在本工作之后的工作称为紧后工作，与之平行进行的工作称为平行工作。

（2）节点（又称结点、事件）。

节点是网络图中箭线之间的连接点。在时间上节点表示指向某节点的工作全部完成后该节点后面的工作才能开始的瞬间，它反映前后工作的交接点。网络图中有三个类型的节点。

1）起点节点。即网络图的第一个节点，它只有外向箭线（由节点向外指的箭线），一般表示一项任务或一个项目的开始。

2）终点节点。即网络图的最后一个节点，它只有内向箭线（指向节点的箭线），一般表示一项任务或一个项目的完成。

3）中间节点。即网络图中既有内向箭线，又有外向箭线的节点。

双代号网络图中，节点应用圆圈表示，并在圆圈内标注编号。一项工作应当只有唯一的一条箭线和相应的一对节点，且要求箭尾节点的编号小于其箭头节点的编号，即 $i<j$。网络图节点的编号顺序应从小到大，可不连续，但不允许重复。

（3）线路。

网络图中从起始节点开始，沿箭头方向顺序通过一系列箭线与节点，最后达到终点节点的通路称为线路。在一个网络图中可能有很多条线路，线路中各项工作持续时间之和就是该线路的长度，即线路所需要的时间。一般网络图有多条线路，可依次用该线路上的节点代号来记述，例如网络图 3－4 中的线路有三条线路：①→②→③→⑤→⑥、①→②→④→⑤→⑥、①→②→③→④→⑤→⑥。

在各条线路中，有一条或几条线路的总时间最长，称为关键线路，一般用双线或粗线标注。其他线路长度均小于关键线路，称为非关键线路。

（4）逻辑关系。

网络图中工作之间相互制约或相互依赖的关系称为逻辑关系，它包括工艺关系和组织关系，在网络中均应表现为工作之间的先后顺序。

1）工艺关系。生产性工作之间由工艺过程决定的，非生产性工作之间由工作程序决定的先后顺序称为工艺关系。

2）组织关系。工作之间由于组织安排需要或资源（人力、材料、机械设备和资金等）调配需要而确定的先后顺序关系称为组织关系。

网络图必须正确地表达整个工程或任务的工艺流程和各工作开展的先后顺序，以及它们之间相互依赖和相互制约的逻辑关系。因此，绘制网络图时必须遵循一定的基本规则和要求。

2. 绘图规则

（1）双代号网络图必须正确表达已确定的逻辑关系。网络图中常见的各种工作逻辑关系的表示方法见表 3－1。

（2）双代号网络图中，不允许出现循环回路。所谓循环回路是指从网络图中的某一个节点出发，顺着箭线方向又回到了原来出发点的线路。

（3）双代号网络图中，在节点之间不能出现带双向箭头或无箭头的连线。

（4）双代号网络图中，不能出现没有箭头节点或没有箭尾节点的箭线。

表 3－1　　网络图中常见的各种工作逻辑关系的表示方法

序号	工作之间的逻辑关系	网络图中的表示方法
1	*A* 完成后进行 *B* 和 *C*	
2	*A*、*B* 均完成后进行 *C*	
3	*A*、*B* 均完成后同时进行 *C* 和 *D*	

续表

序号	工作之间的逻辑关系	网络图中的表示方法
4	A 完成后进行 C A、B 均完成后进行 D	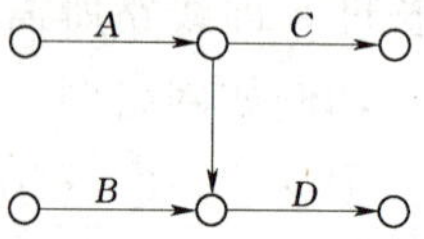
5	A、B 均完成后进行 D A、B、C 均完成后进行 E D、E 均完成后进行 F	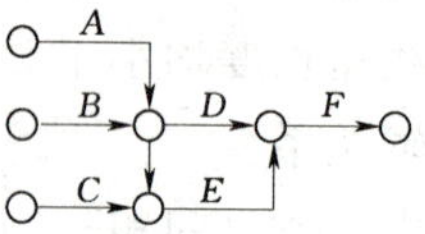
6	A、B 均完成后进行 C B、D 均完成后进行 E	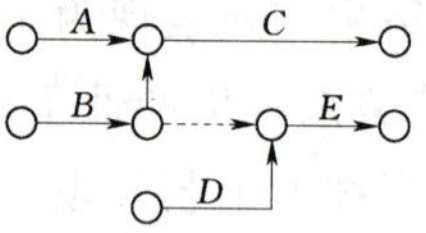
7	A、B、C 均完成后进行 D B、C 均完成后进行 E	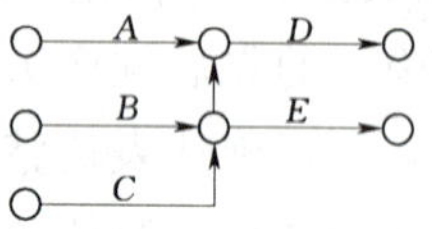
8	A 完成后进行 C A、B 均完成后进行 D B 完成后进行 E	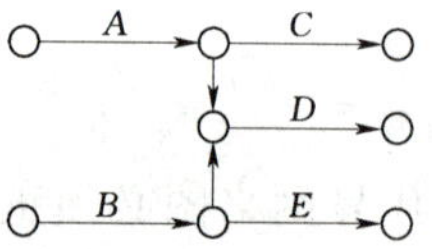
9	A、B 两项工作分成三个施工段，分段流水施工；A_1 完成后进行 A_2、B_1，A_2 完成后进行 A_3、B_2，A_2、B_1 均完成后进行 B_2，A_3、B_2 均完成后进行 B_3	有两种表示方法 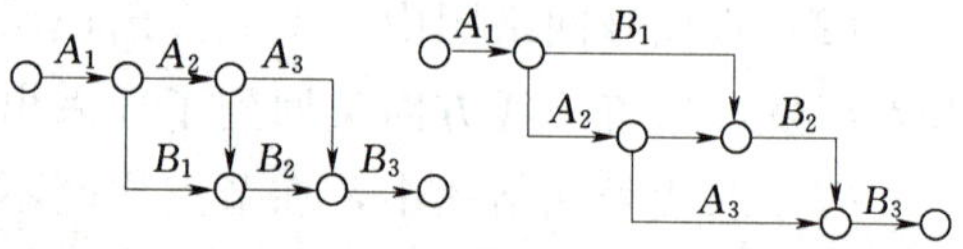

（5）当双代号网络图的某些节点有多条外向箭线或多条内向箭线时，为使图形简洁，可使用母线法绘制，但应满足一项工作用一条箭线和相应的一对节点表示，如图 3－7 所示。

（6）绘制网络图时，箭线不宜交叉，当交叉不可避免时，可用过桥法或指向法，如图 3－8 所示。

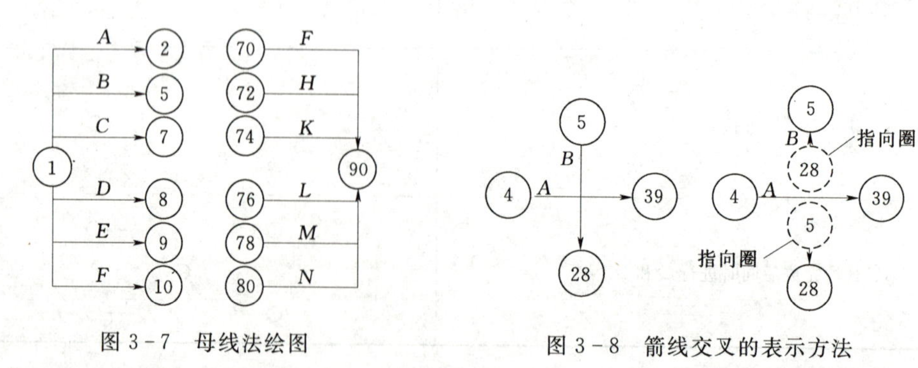

图 3－7　母线法绘图　　图 3－8　箭线交叉的表示方法

(7) 双代号网络图中应只有一个起点节点和一个终点节点（多目标网络计划除外），而其他所有节点均应是中间节点。

(8) 双代号网络图应条理清楚，布局合理。例如，网络图中的工作箭线不宜画成任意方向或曲线形状，尽可能用水平线或斜线；关键线路、关键工作尽可能安排在图面中心位置，其他工作分散在两边；避免倒回箭头等。

(二) 双代号时标网络计划

1. 基本概念

双代号时标网络计划是以时间坐标为尺度编制的网络计划，如图 3－9 所示。时标网络计划中应以实箭线表示工作，以虚箭线表示虚工作，以波形线表示工作的自由时差。

2. 双代号时标网络计划的特点

双代号时标网络计划是以水平时间坐标为尺度编制的双代号网络计划，主要有下列特点：

(1) 时标网络计划兼有网络计划与横道计划的优点，它能够清楚地表明计划的时间进程，使用方便。

(2) 时标网络计划能在图上直接显示出各项工作的开始与完成时间、工作的自由时差及关键线路。

(3) 在时标网络计划中可以统计每一个单位时间对资源的需要量，以便进行资源优化和调整。

(4) 由于箭线受到时间坐标的限制，当情况发生变化时，对网络计划的修改比较麻烦，往往要重新绘图。但在使用计算机以后，这一问题已较容易解决。

3. 双代号时标网络计划的一般规定

(1) 双代号时标网络计划必须以水平时间坐标为尺度表示工作时间。时标的时间单位应根据需要在编制网络计划之前确定，可为时、天、周、月或季。

(2) 时标网络计划中所有符号在时间坐标上的水平投影位置，都必须与其时间参数相对应。节点中心必须对准相应的时标位置。

(3) 时标网络计划中虚工作必须以垂直方向的虚箭线表示，有自由时差时加波形线表示。

4. 时标网络计划的编制

时标网络计划宜按各个工作的最早开始时间编制。在编制时标网络计划之前，应先按已确定的时间单位绘制出时标计划表，见表 3－2。

表 3－2　　时 标 计 划 表

日历																	
（时间单位）	1	2	3	4	5	6	7	8	9	10	11	12	13	14	15	16	17
网络计划																	
（时间单位）	1	2	3	4	5	6	7	8	9	10	11	12	13	14	15	16	17

双代号时标网络计划的编制方法有两种。

(1) 间接法绘制。先绘制出时标网络计划，计算各工作的最早时间参数，再根据最早时间参数在时标计划表上确定节点位置，连线完成，某些工作箭线长度不足以到达该工作的完成节点时，用波形线补足。

（2）直接法绘制。根据网络计划中工作之间的逻辑关系及各工作的持续时间，直接在时标计划表上绘制时标网络计划。绘制步骤如下：

1）将起点节点定位在时标计划表的起始刻度线上。

2）按工作持续时间在时标计划表上绘制起点节点的外向箭线。

3）其他工作的开始节点必须在其所有紧前工作都绘出以后，定位在这些紧前工作最早完成时间最大值的时间刻度上，某些工作的箭线长度不足以到达该节点时，用波形线补足，箭头画在波形线与节点连接处。

4）用上述方法从左至右依次确定其他节点位置，直至网络计划终点节点定位，绘图完成。

【例 3-1】 已知网络计划的资料见表 3-3，试用直接法绘制双代号时标网络计划。

表 3-3　　某网络计划工作逻辑关系及持续时间表

工　作	紧前工作	紧后工作	持续时间/d
A_1	—	A_2、B_1	2
A_2	A_1	A_3、B_2	2
A_3	A_2	B_3	2
B_1	A_1	B_2、C_1	3
B_2	A_2、B_1	B_3、C_2	3
B_3	A_3、B_2、	D、C_3	3
C_1	B_1	C_2	2
C_2	B_2、C_1	C_3	4
C_3	B_3、C_2	E、F	2
D	B_3	G	2
E	C_3	G	1
F	C_3	I	2
G	D、E	H、I	4
H	G	—	3
I	F、G	—	3

【解】

（1）将起始节点①定位在时标计划表的起始刻度线上，如图 3-9 所示。

（2）按工作的持续时间绘制①节点的外向箭线①～②，即按 A_1 工作的持续时间，画出无紧前工作的 A_1 工作，确定节点②的位置。

（3）自左至右依次确定其余各节点的位置。如②、③、④、⑥、⑨、⑩节点之前只有一条内向箭线，则在其内向箭线绘制完成后即可在其末端将上述节点绘出。⑤、⑦、⑧、⑩、12、13、15、节点则必须待其前面的两条内向箭线都绘制完成后才能定位在这些内向箭线中最晚完成的时刻处。其中，⑤、⑦、⑧、⑩、12、14 各节点均有长度不足以达到

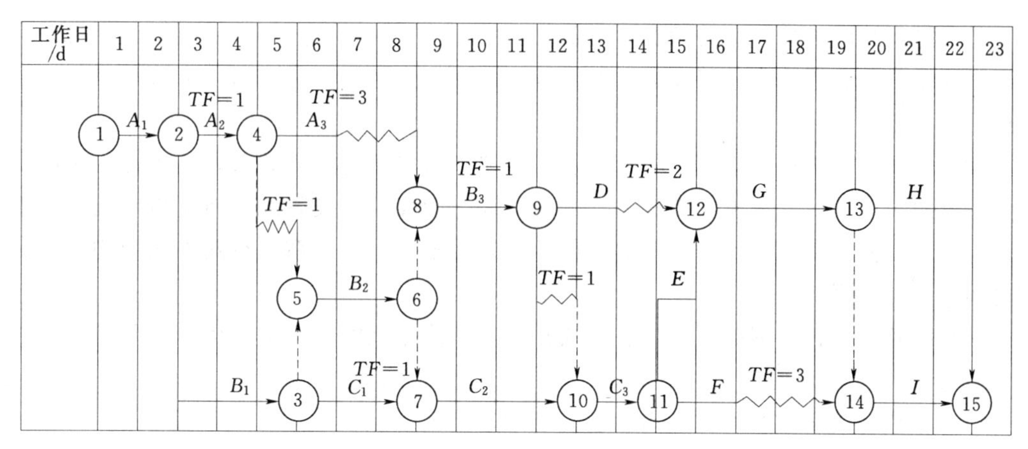

图 3-9　时标网络计划示例

该节点的内向实箭线，故用波形线补足。

(4) 用上述方法自左至右依次确定其他节点位置，直至画出全部工作，确定终点节点 15 的位置，该时标网络计划即绘制完成。

(三) 单代号网络计划

单代号网络图是以节点及其编号表示工作，以箭线表示工作之间逻辑关系的网络图，并在节点中加注工作代号、名称和持续时间，以形成单代号网络计划，如图 3-10 所示。

1. 单代号网络图的特点

单代号网络图与双代号网络图相比，具有下列特点：

(1) 工作之间的逻辑关系容易表达，且不用虚箭线，故绘图较简单。

(2) 网络图便于检查和修改。

(3) 由于工作持续时间表示在节点之中，没有长度，故不够直观。

(4) 表示工作之间逻辑关系的箭线可能产生较多的纵横交叉现象。

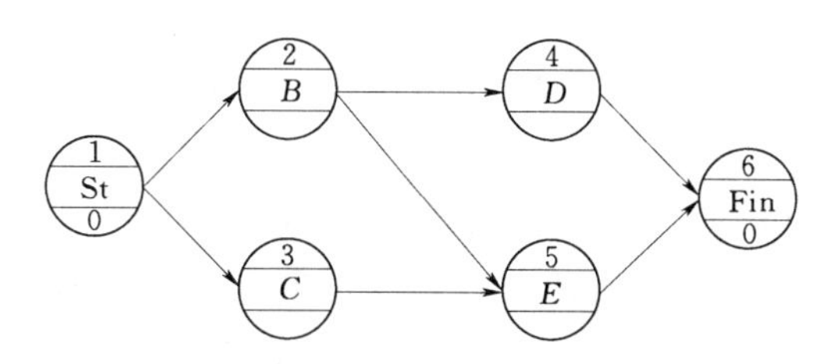

图 3-10　单代号网络计划图

2. 单代号网络图的基本符号

(1) 节点。单代号网络图中的每一个节点表示一项工作，节点宜用圆圈或矩形表示。节点所表示的工作名称、持续时间和工作代号等应标注在节点内，如图 3-11 所示。

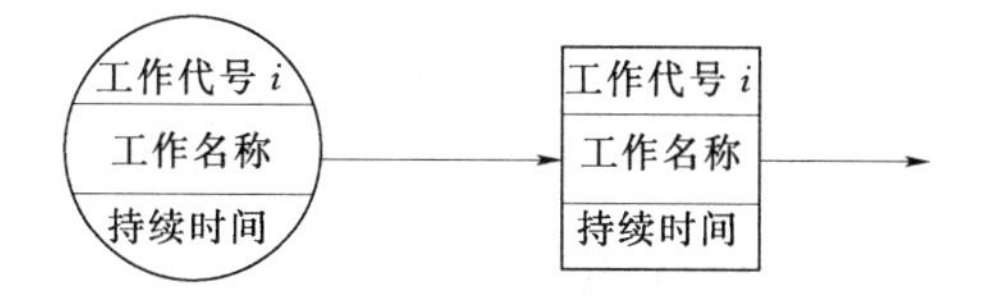

图 3-11　单代号网络图工作的表示方法

单代号网络图中的节点必须编号，编号标注在节点内，其号码可间断，但严禁重复。箭线的箭尾节点编号应小于箭头节点的编号。一项工作必须有唯一的一个节点及相应的一个编号。

（2）箭线。单代号网络图中的箭线表示紧邻工作之间的逻辑关系，既不占用时间，也不消耗资源。箭线应画成水平直线、折线或斜线。箭线水平投影的方向应自左向右，表示工作的行进方向。工作之间的逻辑关系包括工艺关系和组织关系，在网络图中均表现为工作之间的先后顺序。

（3）线路。单代号网络图中，各条线路应用该线路上的节点编号从小到大依次表述。

3. 单代号网络图的绘图规则

（1）单代号网络图必须正确表达已确定的逻辑关系。

（2）单代号网络图中，不允许出现循环回路。

（3）单代号网络图中，不能出现双向箭头或无箭头的连线。

（4）单代号网络图中，不能出现没有箭尾节点的箭线和没有箭头节点的箭线。

（5）绘制网络图时，箭线不宜交叉，当交叉不可避免时，可采用过桥法或指向法绘制。

（6）单代号网络图中只应有一个起点节点和一个终点节点。当网络图中有多项起点节点或多项终点节点时，应在网络图的两端分别设置一项虚工作，作为该网络图的起点节点（St）和终点节点（Fin）。

单代号网络图的绘图规则大部分与双代号网络图的绘图规则相同，故不再进行解释。

三、双代号网络计划时间参数的计算

双代号网络计划时间参数计算的目的在于通过计算各项工作的时间参数，确定网络计划的关键工作、关键线路和计算工期，为网络计划的优化、调整和执行提供明确的时间参数。双代号网络计划时间参数的计算方法很多，一般常用的有按工作计算法和按节点计算法进行计算。以下只讨论按工作计算法在图上进行计算的方法。

1. 时间参数的概念及其符号

（1）工作持续时间（D_{i-j}）。工作持续时间是一项工作从开始到完成的时间。

（2）工期（T）。工期泛指完成任务所需要的时间，一般有下列三种：①计算工期，根据网络计划时间参数计算出来的工期，用 T_c 表示；②要求工期，任务委托人所要求的工期，用 T_r 表示；③计划工期，根据要求工期和计算工期所确定的作为实施目标的工期，用 T_p 表示。

网络计划的计划工期 T_p 应按下列情况分别确定：

当已规定了要求工期 T_r 时

$$T_p \leqslant T_r \tag{3-1}$$

当未规定要求工期时，可令计划工期等于计算工期

$$T_p = T_c \tag{3-2}$$

（3）网络计划中工作的六个时间参数。

1）最早开始时间（ES_{i-j}），是指在各紧前工作全部完成后，工作 $i-j$ 有可能开始的

最早时刻。

2）最早完成时间（EF_{i-j}），是指在各紧前工作全部完成后，工作 $i-j$ 有可能完成的最早时刻。

3）最迟开始时间（LS_{i-j}），是指在不影响整个任务按期完成的前提下，工作 $i-j$ 必须开始的最迟时刻。

4）最迟完成时间（LF_{i-j}），是指在不影响整个任务按期完成的前提下，工作 $i-j$ 必须完成的最迟时刻。

5）总时差（TF_{i-j}），是指在不影响其紧后工作最迟开始时间的前提下，工作 $i-j$ 可以利用的机动时间。

6）自由时差（FF_{i-j}），是指在不影响其紧后工作最早开始的前提下，工作 $i-j$ 可以利用的机动时间。

按工作计算法计算网络计划中各时间参数，其计算结果应标注在箭线之上，如图 3-12 所示。

2. 双代号网络计划时间参数计算

按工作计算法在网络图上计算 6 个工作时间参数，必须在清楚计算顺序和计算步骤的基础上列出必要的公式，以加深对时间参数计算的理解。时间参数的计算按下列步骤进行：

ES_{i-j}	LS_{i-j}	TF_{i-j}
EF_{i-j}	LF_{i-j}	FF_{i-j}

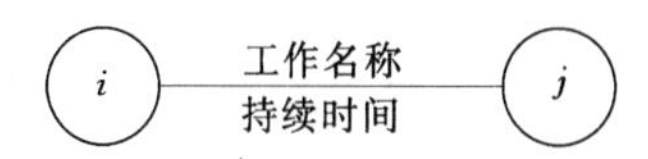

图 3-12　工作计算法计算网络计划中各时间参数

(1) 最早开始时间和最早完成时间的计算。工作最早时间参数受到紧前工作的约束，故其计算顺序应从起点节点开始，顺着箭线方向依次逐项计算。

以网络计划的起点节点为开始节点的工作最早开始时间为零。如网络计划起点节点的编号为 1，则：

$$ES_{i-j}=0(i=1) \tag{3-3}$$

最早完成时间等于最早开始时间加上其持续时间：

$$EF_{i-j}=ES_{i-j}+D_{i-j} \tag{3-4}$$

最早开始时间等于各紧前工作的最早完成时间 EF_{h-i} 的最大值：

$$ES_{i-j}=\max\{EF_{h-i}\} \tag{3-5}$$

或

$$ES_{i-j}=\max\{ES_{h-i}+D_{h-i}\} \tag{3-6}$$

(2) 确定计算工期 T_c。计算工期等于以网络计划的终点节点为箭头节点的各个工作的最早完成时间的最大值。当网络计划终点节点的编号为 n 时，计算工期：

$$T_c=\max\{EF_{i-n}\} \tag{3-7}$$

当无要求工期的限制时，取计划工期等于计算工期，即取 $T_p=T_c$。

(3) 最迟开始时间和最迟完成时间的计算。工作最迟时间参数受到紧后工作的约束，故其计算顺序应从终点节点起，逆着箭线方向依次逐项计算。

以网络计划的终点节点（$j=n$）为箭头节点的工作的最迟完成时间等于计划工期，即：

$$LF_{i-n}=T_p \tag{3-8}$$

最迟开始时间等于最迟完成时间减去其持续时间：

$$LS_{i-j}=LF_{i-j}-D_{i-j} \tag{3-9}$$

最迟完成时间等于各紧后工作的最迟开始时间 LS_{j-k} 的最小值：

$$LF_{i-j}=\min\{LS_{j-k}\} \tag{3-10}$$

或
$$LF_{i-j}=\min\{LF_{j-k}-D_{j-k}\} \tag{3-11}$$

（4）计算工作总时差。

总时差等于其最迟开始时间减去最早开始时间，或等于最迟完成时间减去最早完成时间，即：

$$TF_{i-j}=LS_{i-j}-ES_{i-j} \tag{3-12}$$

或
$$TF_{i-j}=LF_{i-j}-EF_{i-j} \tag{3-13}$$

（5）计算工作自由时差。

当工作 $i-j$ 有紧后工作 $j-k$ 时，其自由时差应为：

$$FF_{i-j}=ES_{j-k}-EF_{i-j} \tag{3-14}$$

或
$$FF_{i-j}=ES_{j-k}-ES_{i-j}-D_{i-j} \tag{3-15}$$

以网络计划的终点节点（$j=n$）为箭头节点的工作，其自由时差 FF_{i-n} 应按网络计划的计划工期 T_p 确定，即：

$$FF_{i-n}=T_p-EF_{i-n} \tag{3-16}$$

3. 关键工作和关键线路的确定

（1）关键工作。网络计划中总时差最小的工作是关键工作。

（2）关键线路。自始至终全部由关键工作组成的线路为关键线路，或线路上总的工作持续时间最长的线路为关键线路。网络图上的关键线路可用双线或粗线标注。

【例 3-2】 已知网络计划的资料见表 3-3，试绘制双代号网络计划。若计划工期等于计算工期，试计算各项工作的 6 个时间参数及确定关键线路，并标注在网络图上。

【解】

（1）根据表 3-3 中网络计划的有关资料，按照网络图的绘图规则，绘制双代号网络图如图 3-13 所示。

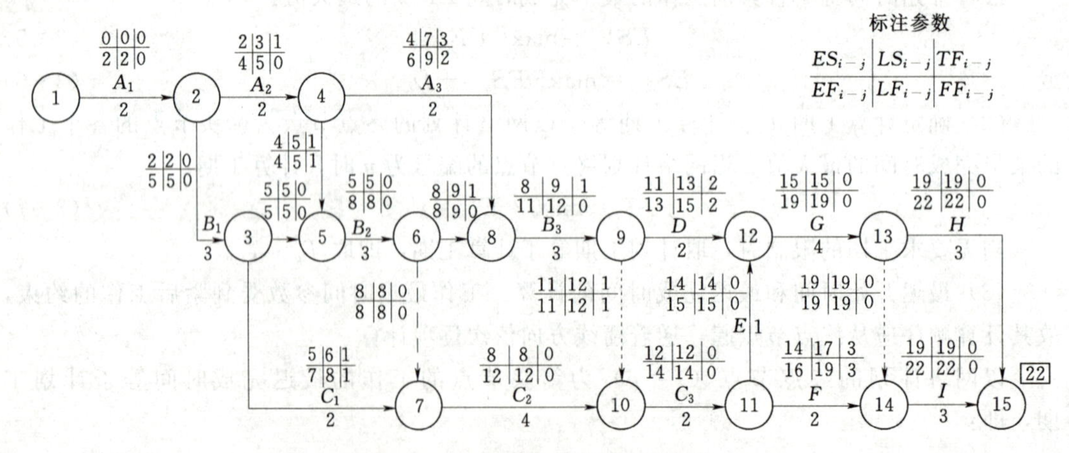

图 3-13　双代号网络图计算实例

（2）计算各项工作的时间参数，并将计算结果标注在箭线上方相应的位置。

1）计算各项工作的最早开始时间和最早完成时间。从起点节点（①节点）开始顺着箭线方向依次逐项计算到终点节点（15 节点）。

a. 以网络计划起点节点为开始节点的各工作的最早开始时间为零。工作 1－2 的最早开始时间 ES_{1-2}从网络计划的起点节点开始，顺着箭线方向依次逐项计算，因未规定其最早开始时间 ES_{1-2}，故按式（3－3）确定：

$$ES_{1-2}=0$$

b. 计算各项工作的最早开始和最早完成时间。工作的最早开始时间 ES_{i-j}按式（3－5）和式（3－6）计算，如：

$$ES_{2-3}=ES_{1-2}+D_{1-2}=0+2=2$$

$$ES_{2-4}=ES_{1-2}+D_{1-2}=0+2=2$$

$$ES_{3-5}=ES_{2-3}+D_{2-3}=2+3=5$$

$$ES_{4-5}=ES_{2-4}+D_{2-4}=2+2=4$$

$$ES_{5-6}=\max\{ES_{3-5}+D_{3-5},\ ES_{4-5}+D_{4-5}\}=\max\{5+0,\ 4+0\}=\max\{5,\ 4\}=5$$

工作的最早完成时间就是本工作的最早开始时间 ES_{i-j}与本工作的持续时间 D_{i-j}之和，按式（3－4）计算，如：

$$EF_{1-2}=ES_{1-2}+D_{1-2}=0+2=2$$

$$EF_{2-4}=ES_{2-4}+D_{2-4}=2+2=4$$

$$EF_{5-6}=ES_{5-6}+D_{5-6}=5+3=8$$

2）确定计算工期 T_c 及计划工期 T_p。已知计划工期等于计算工期，即网络计划的计算工期 T_c 取以终节点 15 为箭头节点的工作 13－15 和工作 14－15 的最早完成时间的最大值，按式（3－7）计算：

$$T_c=\max\{EF_{13-15},\ EF_{14-15}\}=\max\{22,\ 22\}=22$$

3）计算各项工作的最迟开始时间和最迟完成时间。从终点节点（15 节点）开始逆着箭线方向依次逐项计算到起点节点（①节点）。

a. 以网络计划终点节点为箭头节点的工作的最迟完成时间等于计划工期。网络计划结束工作 $i-j$ 的最迟完成时间按式（3－8）计算，如：

$$LF_{13-15}=T_p=22$$

$$LF_{14-15}=T_p=22$$

b. 计算各项工作的最迟开始和最迟完成时间。依次类推，算出其他工作的最迟完成时间，如：

$$LF_{13-14}=\min\{LF_{14-15}-D_{14-15}\}=22-3=19$$

$$LF_{12-13}=\min\{LF_{13-15}-D_{13-15},\ LF_{13-14}-D_{13-14}\}=\min\{22-3,\ 19-0\}=19$$

$$LF_{11-12}=\min\{LF_{12-13}-D_{12-13}\}=19-4=15$$

网络计划所有工作 $i-j$ 的最迟开始时间均按式（3－9）计算，如：

$$LS_{14-15}=LF_{14-15}-D_{13-15}=22-3=19$$

$$LS_{13-15}=LF_{13-15}-D_{13-15}=22-3=19$$

$$LS_{12-13}=LF_{12-13}-D_{12-13}=19-4=15$$

4）计算各项工作的总时差。可以用工作的最迟开始时间减去最早开始时间或用工作的最迟完成时间减去最早完成时间。

$$TF_{1-2}=LS_{1-2}-ES_{1-2}=0-0=0$$
$$TF_{2-3}=LS_{2-3}-ES_{2-3}=2-2=0$$
$$TF_{5-6}=LS_{5-6}-ES_{5-6}=5-5=0$$

5）计算各项工作的自由时差。网络中工作 $i-j$ 的自由时差等于紧后工作的最早开始时间减去本工作的最早完成时间，可按式（3-14）计算，如：

$$FF_{1-2}=ES_{2-3}-EF_{1-2}=2-2=0$$
$$FF_{2-3}=ES_{3-5}-EF_{2-3}=5-5=0$$
$$FF_{5-6}=ES_{6-8}-EF_{5-6}=8-8=0$$

网络计划中的结束工作 $i-j$ 的自由时差按式（3-16）计算，如：

$$FF_{13-15}=T_p-EF_{13-15}=22-22=0$$
$$EF_{14-15}=T_p-EF_{14-15}=22-22=0$$

将以上计算结果标注在图 3-13 中的相应位置。

（3）确定关键工作及关键线路。

在图 3-13 中，最小的总时差是 0，所以，凡是总时差为 0 的工作均为关键工作。该例中的关键工作是：A_1、B_1、B_2、C_2、C_3、E、G、H、I。在图 3-13 中，自始至终全由关键工作组成的关键线路用粗箭线进行标注。

四、关键工作和关键线路的确定

（一）关键工作

关键工作指的是网络计划中总时差最小的工作。当计划工期等于计算工期时，总时差为零的工作就是关键工作。

在搭接网络计划中，关键工作是总时差为最小的工作。工作总时差最小的工作，也即是其具有的机动时间最小，如果延长其持续时间就会影响计划工期，因此为关键工作。当计划工期等于计算工期时，工作的总时差为零是最小的总时差。当有要求工期且要求工期小于计算工期时，总时差最小的为负值，当要求工期大于计算工期时，总时差最小的为正值。

当计算工期不能满足计划工期时，可设法通过压缩关键工作的持续时间，以满足计划工期要求。在选择缩短持续时间的关键工作时，应考虑下列因素：

（1）缩短持续时间而不影响质量和安全的工作。

（2）有充足备用资源的工作。

（3）缩短持续时间所需增加的费用相对较少的工作等。

（二）关键线路

在双代号网络计划和单代号网络计划中，关键线路是总的工作持续时间最长的线路。该线路在网络图上应用粗线、双线或彩色线标注。

在搭接网络计划中，关键线路是自始至终全部由关键工作组成的线路或线路上总的工作持续时间最长的线路；从起点节点开始到终点节点均为关键工作，且所有工作的时间间

隔均为零的线路应为关键线路。

一个网络计划可能有一条或几条关键线路，在网络计划执行过程中，关键线路有可能转移。

五、时差的运用

总时差指的是在不影响总工期的前提下，本工作可以利用的机动时间。自由时差指的是在不影响其紧后工作最早开始时间的前提下，本工作可以利用的机动时间。时差可运用于网络计划的优化调整。

六、进度计划调整的方法

在计划执行过程中，由于组织、管理、经济、技术、资源、环境和自然条件等因素的影响，往往会造成实际进度与计划进度产生偏差，如果偏差不能及时纠正，必将影响进度目标的实现。因此，在计划执行过程中采取相应措施来进行管理，对保证计划目标的顺利实现具有重要意义。

进度计划执行中的管理工作主要有下列几个方面：①检查并掌握实际进展情况；②分析产生进度偏差的主要原因；③确定相应的纠偏措施或调整方法。

（一）进度计划的检查

1. 进度计划的检查方法

（1）计划执行中的跟踪检查。在网络计划的执行过程中，必须建立相应的检查制度，定时定期地对计划的实际执行情况进行跟踪检查，收集反映实际进度的有关数据。

（2）收集数据的加工处理。收集反映实际进度的原始数据量大面广，必须对其进行整理、统计和分析，形成与计划进度具有可比性的数据，以便在网络图上进行记录。根据记录的结果可以分析判断进度的实际状况，及时发现进度偏差，为网络图的调整提供信息。

（3）实际进度检查记录的方式。

1）当采用时标网络计划时，可采用实际进度前锋线记录计划实际执行状况，进行实际进度与计划进度的比较。实际进度前锋线是在原时标网络计划上，自上而下从计划检查时刻的时标点出发，用点画线依此将各项工作实际进度达到的前锋点连接而成的折线。通过实际进度前锋线与原进度计划中各工作箭线交点的位置可以判断实际进度与计划进度的偏差。例如，图 3-14 是一份时标网络计划用前锋线进行检查记录的实例。该图有 4 条前锋线，分别记录了第 47、第 52、第 57、第 62 天的四次检查结果。

2）当采用无时标网络计划时，可在图上直接用文字、数字、适当符号或列表记录计划的实际执行状况，进行实际进度与计划进度的比较。

2. 网络计划检查的主要内容

（1）关键工作进度。

（2）非关键工作的进度及时差利用情况。

（3）实际进度对各项工作之间逻辑关系的影响。

（4）资源状况。

（5）成本状况。

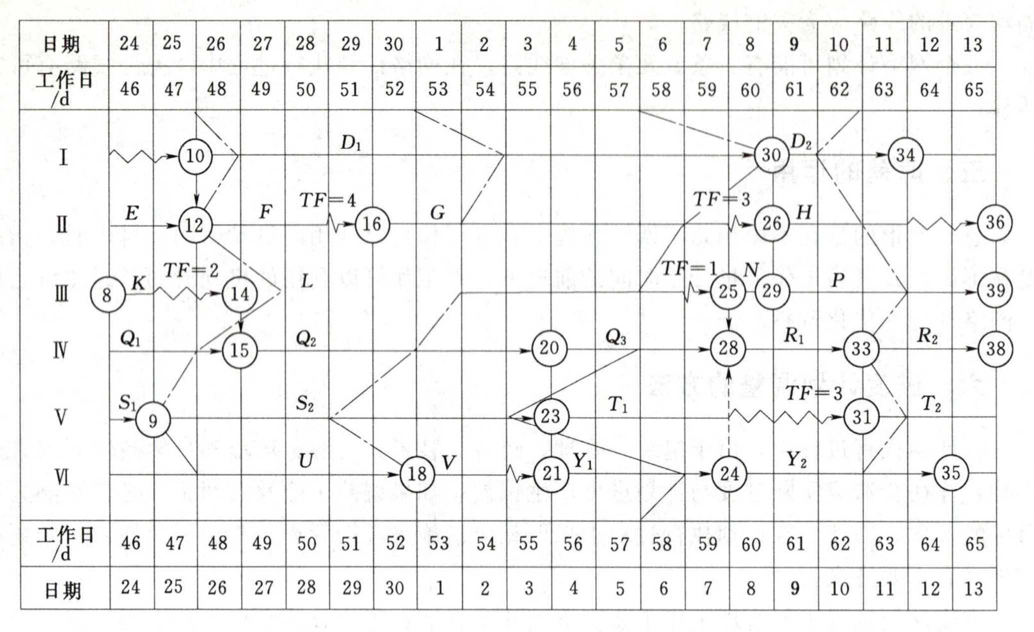

图 3-14　实际进度前锋线实例

(6) 存在的其他问题。

3. 对检查结果进行分析判断

通过对网络计划执行情况检查的结果进行分析判断，可为计划的调整提供依据。一般应进行下列分析判断：

(1) 对时标网络计划宜利用绘制的实际进度前锋线，分析计划的执行情况及其发展趋势，对未来的进度作出预测、判断，找出偏离计划目标的原因及可供挖掘的潜力所在；

(2) 对无时标网络计划宜按表 3-4 记录的情况对计划中未完成的工作进行分析判断。

表 3-4　网络计划检查结果分析表

工作编号	工作名称	检查时尚需工作天数/d	按计划最迟完成尚有天数/d	总时差/d		自由时差/d		情况分析
				原有	目前尚有	原有	目前尚有	

(二) 进度计划的调整

1. 网络计划调整的内容

(1) 调整关键线路的长度。

(2) 调整非关键工作时差。

(3) 增、减工作项目。

（4）调整逻辑关系。

（5）重新估计某些工作的持续时间。

（6）对资源的投入作相应调整。

2. 网络计划调整的方法

（1）调整关键线路的方法。

1）当关键线路的实际进度比计划进度拖后时，应在尚未完成的关键工作中，选择资源强度小或费用低的工作缩短其持续时间，并重新计算未完成部分的时间参数，将其作为一个新计划实施。

2）当关键线路的实际进度比计划进度提前时，若不拟提前工期，应选用资源占用量大或者直接费用高的后续关键工作。适当延长其持续时间，以降低其资源强度或费用；当确定要提前完成计划时，应将计划尚未完成的部分作为一个新计划，重新确定关键工作的持续时间，按新计划实施。

（2）非关键工作时差的调整方法。非关键工作时差的调整应在其时差的范围内进行，以便更充分地利用资源、降低成本或满足施工的需要。每一次调整后都必须重新计算时间参数，观察该调整对计划全局的影响。可采用下列几种调整方法：

1）将工作在其最早开始时间与最迟完成时间范围内移动。

2）延长工作的持续时间。

3）缩短工作的持续时间。

（3）增、减工作项目时的调整方法。

增、减工作项目时应符合下列规定：

1）不打乱原网络计划总的逻辑关系，只对局部逻辑关系进行调整。

2）在增减工作后应重新计算时间参数，分析对原网络计划的影响；当对工期有影响时，应采取调整措施，以保证计划工期不变。

（4）调整逻辑关系。逻辑关系的调整只有当实际情况要求改变施工方法或组织方法时才可进行。调整时应避免影响原定计划工期和其他工作的顺利进行。

（5）调整工作的持续时间。当发现某些工作的原持续时间估计有误或实现条件不充分时，应重新估算其持续时间，并重新计算时间参数，尽量使原计划工期不受影响。

（6）调整资源的投入。当资源供应发生异常时，应采用资源优化方法对计划进行调整，或采取应急措施，使其对工期的影响最小。

网络计划的调整，可以定期进行，亦可根据计划检查的结果在必要时进行。

任务四　建筑工程项目进度控制的措施

一、项目进度控制的组织措施

正如前述所述，组织是目标能否实现的决定性因素，为实现项目的进度目标，应充分重视健全项目管理的组织体系。在项目组织结构中应有专门的工作部门和符合进度控制岗位资格的专人负责进度控制工作。

进度控制的主要工作环节包括进度目标的分析和论证、编制进度计划、定期跟踪进度计划的执行情况、采取纠偏措施以及调整进度计划。这些工作任务和相应的管理职能应在项目管理组织设计的任务分工表和管理职能分工表中标示并落实。

应编制项目进度控制的工作流程，如：①定义项目进度计划系统的组成；②各类进度计划的编制程序、审批程序和计划调整程序等。

进度控制工作包含了大量的组织和协调工作，而会议是组织和协调的重要手段，应进行有关进度控制会议的组织设计，以明确：①会议的类型；②各类会议的主持人及参加单位和人员；③各类会议的召开时间；④各类会议文件的整理、分发和确认等。

二、项目进度控制的管理措施

建筑工程项目进度控制的管理措施涉及管理的思想、管理的方法、管理的手段，承发包模式、合同管理和风险管理等。在理顺组织的前提下，科学和严谨的管理显得十分重要。

建筑工程项目进度控制在管理观念方面存在的主要问题是：

(1) 缺乏进度计划系统的观念——分别编制各种独立而互不联系的计划，形成不了计划系统。

(2) 缺乏动态控制的观念——只重视计划的编制，而不重视及时进行计划的动态调整。

(3) 缺乏进度计划多方案比较和选优的观念——合理的进度计划应体现资源的合理使用、工作面的合理安排、有利于提高建设质量、有利于文明施工和有利于合理缩短建设周期。

用工程网络计划的方法编制进度计划必须很严谨地分析和考虑工作之间的逻辑关系，通过工程网络的计算可发现关键工作和关键线路，也可知道非关键工作可使用的时差，工程网络计划的方法有利于实现进度控制的科学化。

承发包模式的选择直接关系到工程实施的组织和协调。为了实现进度目标，应选择合理的合同结构，以避免过多的合同交界面而影响工程的进展。工程物资的采购模式对进度也有直接的影响，对此应作比较分析。

为实现进度目标，不但应进行进度控制，还应注意分析影响工程进度的风险，并在分析的基础上采取风险管理措施，以减少进度失控的风险量。常见的影响工程进度的风险有：①组织风险；②管理风险；③合同风险；④资源（人力、物力和财力）风险；⑤技术风险等。

重视信息技术（包括相应的软件、局域网、互联网，以及数据处理设备）在进度控制中的应用。虽然信息技术对进度控制而言只是一种管理手段，但它的应用有利于提高进度信息处理的效率，有利于提高进度信息的透明度，有利于促进进度信息的交流和项目各参与方的协同工作。

三、项目进度控制的经济措施

建筑工程项目进度控制的经济措施涉及资金需求计划、资金供应的条件和经济激励措

施等。为确保进度目标的实现，应编制与进度计划相适应的资源需求计划（资源进度计划），包括资金需求计划和其他资源（人力和物力资源）需求计划，以反映工程实施的各时段所需要的资源。通过资源需求的分析，可发现所编制的进度计划实现的可能性，若资源条件不具备，则应调整进度计划。资金需求计划也是工程融资的重要依据。

资金供应条件包括可能的资金总供应量、资金来源（自有资金和外来资金）以及资金供应的时间。在工程预算中应考虑加快工程进度所需要的资金，其中包括为实现进度目标将要采取的经济激励措施所需要的费用。

四、项目进度控制的技术措施

建筑工程项目进度控制的技术措施涉及对实现进度目标有利的设计技术和施工技术的选用。不同的设计理念、设计技术路线、设计方案会对工程进度产生不同的影响，在设计工作的前期，特别是在设计方案评审和选用时，应对设计技术与工程进度的关系作分析比较。在工程进度受阻时，应分析是否存在设计技术的影响因素，为实现进度目标有无设计变更的可能性。

施工方案对工程进度有直接的影响，在决策施工方案的选用时，不仅应分析技术的先进性和经济合理性，还应考虑其对进度的影响。在工程进度受阻时，应分析是否存在施工技术的影响因素，为实现进度目标有无改变施工技术、施工方法和施工机械的可能性。

小　　结

建筑工程项目管理有多种类型，代表不同利益方的项目管理（业主方和项目参与各方）都有进度控制的任务，但是，其控制的目标和时间范畴并不相同。

建筑工程项目是在动态条件下实施的，因此进度控制也就必须是一个动态的管理过程。它包括：

（1）进度目标的分析和论证，其目的是论证进度目标是否合理，进度目标有否可能实现。如果经过科学的论证，目标不可能实现，则必须调整目标。

（2）在收集资料和调查研究的基础上编制进度计划。

（3）进度计划的跟踪检查与调整，包括定期跟踪检查所编制进度计划的执行情况，若其执行有偏差，则采取纠偏措施，并视必要调整进度计划。

训　练　题

一、单项选择题

1. 在工程施工实践中，必须树立和坚持一个最基本的工程管理原则，即在确保（　　）的前提下，控制工程的进度。

A. 工程质量　　B. 投资规模　　C. 设计标准　　D. 经济效益

2. 在国际上，设计进度计划主要是各设计阶段的设计图纸（包括有关的说明）的（　　）。

A. 出图计划　　B. 专业协调计划　　C. 数量计划　　D. 交底计划

3. 设计方应尽可能使设计工作的进度与（　　）等工作进度相协调。

A. 项目选址　　B. 可行性研究　　C. 物资采购　　D. 竣工验收

4. 建筑工程项目的总进度目标指的是整个项目的进度目标，是在项目（　　）时确定的。

A. 决策阶段　　B. 设计准备阶段　　C. 设计阶段　　D. 施工阶段

5. 施工方所编制的施工企业的施工生产计划，属于（　　）的范畴。

A. 单体工程施工进度计划　　B. 企业计划

C. 施工总进度方案　　D. 工程项目管理

6. 施工企业的施工生产计划包括（　　）。

A. 单体工程施工进度计划　　B. 企业月度生产计划

C. 施工总进度规划　　D. 施工总进度方案

7. 如果一个大型工程项目在签订施工承包合同后，设计资料的深度和其他条件还不足以编制比较具体的施工总进度计划时，则可先编制（　　），待条件成熟时再编制施工总进度计划。

A. 企业年度生产计划　　B. 项目月度施工计划

C. 单体工程施工进度计划　　D. 项目总进度规划

8. 工程项目的控制性施工进度计划是指（　　）。

A. 单体工程施工进度计划　　B. 企业年度生产计划

C. 施工总进度规划　　D. 项目施工月度计划

9. 对于我国大型或特大型建设项目，控制性施工进度计划的编制任务可以由（　　）承担。

A. 业主　　B. 设计单位

C. 总承包商　　D. 物资供应商

10. 实施性进度计划的编制应以（　　）为依据。

A. 施工企业的年度施工生产计划

B. 施工承包合同工期目标

C. 施工工期定额标准

D. 控制性施工进度计划所确定的里程碑事件进度目标

二、多项选择题

1. 建筑工程项目施工进度计划若从计划的功能区分，可分为（　　）等类别。

A. 系统性施工进度计划　　B. 实施性施工进度计划

C. 控制性施工进度计划　　D. 指导性施工进度计划

E. 综合性施工进度计划

2. 施工方所编制的与施工进度有关的计划包括（　　）。

A. 施工企业的施工生产计划　　B. 建筑工程项目设计进度计划

C. 建筑工程项目的设备采购计划　　D. 建筑工程项目施工进度计划

E. 建筑工程项目建设总进度计划

3. 月度施工计划应反映这个月度中将进行的主要施工作业的（　　）等内容。

A. 实物工程量

B. 施工机械数量

C. 设计图纸交付

D. 质量验收与技术复核时间

E. 持续时间

4. 与网络计划相比较，横道图进度计划法的特点有（　　）。

A. 适用于手工编制计划

B. 工作之间的逻辑关系表达清楚

C. 能够确定计划的关键工作和关键线路

D. 调整工作量大

E. 适应大型项目的进度计划系统

5. 在各种计划方法中，（　　）的工作进度线与时间坐标相对应。

A. 形象进度计划

B. 横道图计划

C. 双代号网络计划

D. 单代号搭接网络计划

E. 双代号时标网络计划

6. 在双代号网络图绘制过程中，要遵循一定的规则和要求。下列表述中，正确的是（　　）。

A. 一项工作应当对应唯一的一条箭线和相应的一个节点

B. 箭尾节点的编号应小于其箭头节点的编号，即 $i<j$

C. 节点编号可不连续，但不允许重复

D. 无时间坐标的双代号网络图的箭线长度原则上可以任意画

E. 一张双代号网络图中必定有一条以上的虚工作

7. 施工方进度控制的主要工作环节包括（　　）。

A. 建立施工进度计划系统

B. 编制施工进度计划及相关的资源需求计划

C. 组织施工进度计划的实施

D. 施工进度计划的检查与调整

E. 分析影响工程施工进度的风险

8. 建筑工程项目施工进度控制在管理观念方面存在的主要问题包括（　　）。

A. 缺乏进度计划系统的观念

B. 缺乏动态控制的观念

C. 缺乏进度计划多方案比较和选优的观念

D. 缺乏进度计划科学化的观念

E. 缺乏进度计划现代化的观念

9. 在项目组织结构中，应由（　　）负责进度控制工作。

A. 监理工程师

B. 专门的工作部门

C. 符合进度控制岗位资格的专人

D. 项目经理

E. 项目管理企业

10. 施工方进度控制的组织措施包括（　　）等。

A. 承发包模式的选择

B. 工程进度的风险分析

C. 资源需求分析

D. 编制施工进度控制的工作流程

E. 进行有关进度控制会议的组织设计

项目四　建筑工程项目施工成本管理

【专业能力】能够了解建筑工程项目成本计划编制依据；熟悉建筑工程项目成本的构成、成本计划的分类、成本核算、成本考核等内容；掌握建筑工程项目成本管理的概念、成本计划编制方法、成本控制方法、赢得值法的意义、成本分析的方法。

【方法能力】能够根据建筑工程施工成本管理的知识解决实际问题。

【社会能力】能灵活处理建筑工程施工过程中出现的各种问题，具备协调能力和良好的职业道德修养，能遵守职业道德规范。

任务一　施工成本管理的任务与措施

一、施工成本管理的任务

施工成本是指在建筑工程项目的施工过程中所发生的全部生产费用的总和，包括消耗的原材料、辅助材料、构配件等费用，周转材料的摊销费或租赁费，施工机械的使用费或租赁费，支付给生产工人的工资、奖金、工资性质的津贴等，以及进行施工组织与管理所发生的全部费用支出。建筑工程项目施工成本由直接成本和间接成本所组成。

直接成本是指施工过程中耗费的构成工程实体或有助于工程实体形成的各项费用支出，是可以直接计入工程对象的费用，包括人工费、材料费、施工机械使用费和施工措施费等。

间接成本是指为施工准备、组织和管理施工生产的全部费用的支出，是非直接用于也无法直接计入工程对象，但为进行工程施工所必须发生的费用，包括管理人员工资、办公费、差旅交通费等。

施工成本管理就是要在保证工期和质量满足要求的情况下，采取相应管理措施，包括组织措施、经济措施、技术措施、合同措施，把成本控制在计划范围内，并进一步寻求最大程度的成本节约。施工成本管理的任务和环节主要包括：

（1）施工成本预测。

（2）施工成本计划。

（3）施工成本控制。

（4）施工成本核算。

（5）施工成本分析。

（6）施工成本考核。

（一）施工成本预测

施工成本预测就是根据成本信息和施工项目的具体情况，运用一定的专门方法，对未来的成本水平及其可能发展趋势做出科学的估计，是在工程施工以前对成本进行的估算。通过成本预测，可以在满足项目业主和本企业要求的前提下，选择成本低、效益好的最佳成本方案，并能够在施工项目成本形成过程中，针对薄弱环节，加强成本控制，克服盲目性，提高预见性。因此，施工成本预测是施工项目成本决策与计划的依据。施工成本预测，通常是对施工项目计划工期内影响其成本变化的各个因素进行分析，比照近期已完工施工项目或将完工施工项目的成本（单位成本），预测这些因素对工程成本中有关项目（成本项目）的影响程度，预测出工程的单位成本或总成本。

（二）施工成本计划

施工成本计划是以货币形式编制施工项目在计划期内的生产费用、成本水平、成本降低率以及为降低成本所采取的主要措施和规划的书面方案，它是建立施工项目成本管理责任制、开展成本控制和核算的基础，它是该项目降低成本的指导文件，是设立目标成本的依据。可以说，成本计划是目标成本的一种形式。

1. 施工成本计划应满足的要求

（1）合同规定的项目质量和工期要求。

（2）组织对项目成本管理目标的要求。

（3）以经济合理的项目实施方案为基础的要求。

（4）有关定额及市场价格的要求。

（5）类似项目提供的启示。

2. 施工成本计划的具体内容

（1）编制说明。

指对工程的范围、投标竞争过程及合同条件、承包人对项目经理提出的责任成本目标、施工成本计划编制的指导思想和依据等的具体说明。

（2）施工成本计划的指标。

施工成本计划的指标应经过科学的分析预测确定，可以采用对比法、因素分析法等方法来进行测定。施工成本计划一般情况下有下列3类指标：

1）成本计划的数量指标，如：①按子项汇总的工程项目计划总成本指标；②按分部汇总的各单位工程〈或子项目〉计划成本指标；③按人工、材料、机械等各主要生产要素汇总的计划成本指标。

2）成本计划的质量指标，如施工项目总成本降低率，可采用：①设计预算成本计划降低率＝设计预算总成本计划降低额/设计预算总成本；②责任目标成本计划降低率＝责任目标总成本计划降低额/责任目标总成本。

3）成本计划的效益指标，如工程项目成本降低额，可采用：①设计预算成本计划降低额＝设计预算总成本－计划总成本；②责任目标成本计划降低额＝责任目标总成本－计划总成本。

（3）按工程量清单列出的单位工程计划成本汇总表（表4-1）。

表 4-1　　单位工程计划成本汇总表

序号	清单项目编码	清单项目名称	合同价格	计划成本
1				
2				
⋮				

（4）按成本性质划分的单位工程成本汇总表。

根据清单项目的造价分析，分别对人工费、材料费、机械费、措施费、企业管理费和税费进行汇总，形成单位工程成本计划表。

成本计划应在项目实施方案确定和不断优化的前提下进行编制，因为不同的实施方案将导致直接工程费、措施费和企业管理费的差异。成本计划的编制是施工成本预控的重要手段。因此，应在工程开工前编制完成，以便将计划成本目标分解落实，为各项成本的执行提供明确的目标、控制手段和管理措施。

（三）施工成本控制

施工成本控制是指在施工过程中，对影响施工成本的各种因素加强管理，并采取各种有效措施，将施工中实际发生的各种消耗和支出严格控制在成本计划范围内，随时揭示并及时反馈，严格审查各项费用是否符合标准，计算实际成本和计划成本之间的差异并进行分析，进而采取多种措施，消除施工中的损失浪费现象。

建筑工程项目施工成本控制应贯穿于项目从投标阶段开始直至竣工验收的全过程，它是企业全面成本管理的重要环节。施工成本控制可分为事先控制、事中控制（过程控制）和事后控制。在项目的施工过程中，需按动态控制原理对实际施工成本的发生过程进行有效控制。

合同文件和成本计划是成本控制的目标，进度报告和工程变更与索赔资料是成本控制过程中的动态资料。

成本控制的程序体现了动态跟踪控制的原理。成本控制报告可单独编制，也可以根据需要与进度、质量、安全和其他进展报告结合，提出综合进展报告。

成本控制应满足下列要求：

（1）要按照计划成本目标值来控制生产要素的采购价格，并认真做好材料、设备进场数量和质量的检查、验收与保管。

（2）要控制生产要素的利用效率和消耗定额，如任务单管理、限额领料、验收报告审核等，同时要做好不可预见成本风险的分析和预控，包括编制相应的应急措施等。

（3）控制影响效率和消耗量的其他因素（如工程变更等）所引起的成本增加。

（4）把施工成本管理责任制度与对项目管理者的激励机制结合起来，以增强管理人员的成本意识和控制能力。

（5）承包人必须有一套健全的项目财务管理制度，按规定的权限和程序对项目资金的使用和费用的结算支付进行审核、审批，使其成为施工成本控制的一个重要手段。

（四）施工成本核算

施工成本核算包括两个基本环节：一是按照规定的成本开支范围对施工费用进行归集

和分配，计算出施工费用的实际发生额；二是根据成本核算对象，采用适当的方法，计算出该施工项目的总成本和单位成本。施工成本管理需要正确及时地核算施工过程中发生的各项费用，计算施工项目的实际成本。施工项目成本核算所提供的各种成本信息，是成本预测、成本计划、成本控制、成本分析和成本考核等各个环节的依据。

施工成本一般以单位工程为成本核算对象，但也可以按照承包工程项目的规模、工期、结构类型、施工组织和施工现场等情况，结合成本管理要求，灵活划分成本核算对象。施工成本核算的基本内容包括：

(1) 人工费核算。

(2) 材料费核算。

(3) 周转材料费核算。

(4) 结构件费核算。

(5) 机械使用费核算。

(6) 措施费核算

(7) 分包工程成本核算。

(8) 间接费核算。

(9) 项目月度施工成本报告编制。

施工成本核算制是明确施工成本核算的原则、范围、程序、方法、内容、责任及要求的制度。项目管理必须实行施工成本核算制，它和项目经理责任制等共同构成了项目管理的运行机制。组织管理层与项目管理层的经济关系、管理责任关系、管理权限关系，以及项目管理组织所承担的责任成本核算的范围、核算业务流程和要求等，都应以制度的形式作出明确的规定。

项目经理部要建立一系列项目业务核算台账和施工成本会计账户，实施全过程的成本核算，具体可分为定期的成本核算和竣工工程成本核算。定期的成本核算，如每天、每周、每月的成本核算等，是竣工工程全面成本核算的基础。

形象进度、产值统计、实际成本归集三同步，即三者的取值范围应是一致的。形象进度表达的工程量、统计施工产值的工程量和实际成本归集所依据的工程量均应是相同的数值。

对竣工工程的成本核算，应区分为竣工工程现场成本和竣工工程完全成本，分别由项目经理部和企业财务部门进行核算分析，其目的在于分别考核项目管理绩效和企业经营效益。

(五) 施工成本分析

施工成本分析是在施工成本核算的基础上，对成本的形成过程和影响成本升降的因素进行分析，以寻求进一步降低成本的途径，包括有利偏差的挖掘和不利偏差的纠正。施工成本分析贯穿于施工成本管理的全过程，其是在成本的形成过程中，主要利用施工项目的成本核算资料（成本信息），与目标成本、预算成本以及类似的施工项目的实际成本等进行比较，了解成本的变动情况，同时也要分析主要技术经济指标对成本的影响，系统地研究成本变动的因素，检查成本计划的合理性，并通过成本分析，深入揭示成本变动的规律，寻找降低施工项目成本的途径，以便有效地进行成本控制。成本偏差的控制，分析是

关键，纠偏是核心，要针对分析得出的偏差发生原因，采取切实措施，加以纠正。

成本偏差分为局部成本偏差和累计成本偏差。局部成本偏差包括项目的月度（或周、天等）核算成本偏差、专业核算成本偏差以及分部分项作业成本偏差等；累计成本偏差是指已完工程在某一时间点上实际总成本与相应的计划总成本的差异。分析成本偏差的原因，应采取定性和定量相结合的方法。

（六）施工成本考核

施工成本考核是指在施工项目完成后，对施工项目成本形成中的各责任者，按施工项目成本目标责任制的有关规定，将成本的实际指标与计划、定额、预算进行对比和考核，评定施工项目成本计划的完成情况和各责任者的业绩，并依此给予相应的奖励和处罚。通过成本考核，做到有奖有惩，赏罚分明，才能有效地调动每一位员工在各自施工岗位上努力完成目标成本的积极性，为降低施工项目成本和增加企业的积累，作出自己的贡献。

施工成本考核是衡量成本降低的实际成果，也是对成本指标完成情况的总结和评价。成本考核制度包括考核的目的、时间、范围、对象、方式、依据、指标、组织领导、评价与奖惩原则等内容。

以施工成本降低额和施工成本降低率作为成本考核的主要指标，要加强组织管理层对项目管理部的指导，并充分依靠技术人员、管理人员和作业人员的经验和智慧，防止项目管理在企业内部异化为靠少数人承担风险的以包代管模式。成本考核也可分别考核组织管理层和项目经理部。

项目管理组织对项目经理部进行考核与奖惩时，既要防止虚盈实亏，也要避免实际成本归集差错等的影响，使施工成本考核真正做到公平、公正、公开，在此基础上兑现施工成本管理责任制的奖惩或激励措施。

施工成本管理的每一个环节都是相互联系和相互作用的。成本预测是成本决策的前提，成本计划是成本决策所确定目标的具体化。成本计划控制则是对成本计划的实施进行控制和监督，保证决策的成本目标的实现，而成本核算又是对成本计划是否实现的最后检验，它所提供的成本信息又对下一个施工项目成本预测和决策提供基础资料。成本考核是实现成本目标责任制的保证和实现决策目标的重要手段。

二、施工成本管理的措施

（一）施工成本管理的基础工作内容

施工成本管理的基础工作内容是多方面的，成本管理责任体系的建立是其中最根本、最重要的基础工作，涉及成本管理的一系列组织制度、工作程序、业务标准和责任制度的建立。除此以外，应从下列几个方面为施工成本管理创造良好的基础条件。

（1）统一组织内部工程项目成本计划的内容和格式。其内容应能反映施工成本的划分、各成本项目的编码及名称、计量单位、单位工程量计划成本及合计金额等。这些成本计划的内容和格式应由各个企业按照自己的管理习惯和需要进行设计。

（2）建立企业内部施工定额并保持其适应性、有效性和相对的先进性，为施工成本计划的编制提供支持。

（3）建立生产资料市场价格信息的收集网络和必要的派出询价网点，做好市场行情预测，保证采购价格信息的及时性和准确性。同时，建立企业的分包商、供应商评审注册名录，稳定发展良好的供方关系，为编制施工成本计划与采购工作提供支持。

(4) 建立已完项目的成本资料、报告报表等的归集、整理、保管和使用管理制度。

(5) 科学设计施工成本核算账册体系、业务台账、成本报告报表，为施工成本管理的业务操作提供统一的范式。

(二) 施工成本管理的措施

为了取得施工成本管理的理想成效，应当从多方面采取措施实施管理，通常可以将这些措施归纳为组织措施、技术措施、经济措施、合同措施。

1. 组织措施

组织措施是从施工成本管理的组织方面采取的措施。施工成本控制是全员的活动，如实行项目经理责任制，落实施工成本管理的组织机构和人员，明确各级施工成本管理人员的任务和职能分工、权利和责任。施工成本管理不仅是专业成本管理人员的工作，各级项目管理人员都负有成本控制责任。

组织措施的另一方面是编制施工成本控制工作计划，确定合理详细的工作流程。要做好施工采购规划，通过生产要素的优化配置、合理使用、动态管理，有效控制实际成本；加强施工定额管理和施工任务单管理，控制活劳动和物化劳动的消耗；加强施工调度，避免因施工计划不周和盲目调度造成窝工损失、机械利用率降低、物料积压等而使施工成本增加。成本控制工作只有建立在科学管理的基础之上，具备合理的管理体制、完善的规章制度、稳定的作业秩序，以及完整准确的信息传递，才能取得成效。组织措施是其他各类措施的前提和保障，而且一般不需要增加什么费用，运用得当可以收到良好的效果。

2. 技术措施

施工过程中降低成本的技术措施，主要包括：进行技术经济分析，确定最佳的施工方案；结合施工方法，进行材料使用的比选，在满足功能要求的前提下，通过代用、改变配合比、使用添加剂等方法降低材料消耗的费用；确定最合适的施工机械、设备使用方案；结合项目的施工组织设计及自然地理条件，降低材料的库存成本和运输成本；先进的施工技术的应用，新材料的运用，新开发机械设备的使用等。在实践中，也要避免仅从技术角度选定方案而忽视对其经济效果的分析论证。

技术措施不仅对解决施工成本管理过程中的技术问题是不可缺少的，而且对纠正施工成本管理目标偏差也有相当重要的作用。因此，运用技术纠偏措施的关键，一是要能提出多个不同的技术方案，二是要对不同的技术方案进行技术经济分析。

3. 经济措施

经济措施是最易为人们所接受和采用的措施。管理人员应编制资金使用计划，确定、分解施工成本管理目标。对施工成本管理目标进行风险分析，并制定防范性对策。对各种支出，应认真做好资金的使用计划，并在施工中严格控制各项开支。及时准确地记录、收集、整理、核算实际发生的成本。对各种变更，及时做好增减账，及时落实业主签证，及时结算工程款。通过偏差分析和未完工程预测，可发现一些将引起未完工程施工成本增加的潜在问题，对这些问题应以主动控制为出发点，及时采取预防措施。由此可见，经济措施的运用绝不仅仅是财务人员的事情。

4. 合同措施

采用合同措施控制施工成本，应贯穿整个合同周期，包括从合同谈判开始到合同终结的全过程。首先是选用合适的合同结构，对各种合同结构模式进行分析、比较，在合同谈判时，要争取选用适合于工程规模、性质和特点的合同结构模式。其次，在合同的条款中应仔细考虑一切影响成本和效益的因素，特别是潜在的风险因素。通过对引起成本变动的风险因素的识别和分析，采取必要的风险对策，如通过合理的方式，增加承担风险的个体数量，降低损失发生的比例，并最终使这些策略反映在合同的具体条款中。在合同执行期间，合同管理的措施既要密切注视对方合同执行的情况，以寻求合同索赔的机会；同时也要密切关注自己履行合同的情况，以防止被对方索赔。

任务二　施工成本计划

一、施工成本计划的类型

对于一个施工项目而言，其成本计划是一个不断深化的过程。在这一过程的不同阶段形成不同深度和不同作用的成本计划，按其作用可分为三类。

（一）竞争性成本计划

即工程项目投标及签订合同阶段的估算成本计划。这类成本计划以招标文件中的合同条件、投标者须知、技术规程、设计图纸或工程量清单等为依据，以有关价格条件说明为基础，结合调研和现场考察获得的情况，根据本企业的工料消耗标准、水平、价格资料和费用指标，对本企业完成招标工程所需要支出的全部费用的估算。在投标报价过程中，虽然也着力考虑降低成本的途径和措施，但总体上较为粗略。

（二）指导性成本计划

即选派项目经理阶段的预算成本计划，是项目经理的责任成本目标。它以合同标书为依据，按照企业的预算定额标准制定的设计预算成本计划，且一般情况下只是确定责任总成本指标。

（三）实施性计划成本

即项目施工准备阶段的施工预算成本计划，它以项目实施方案为依据，落实项目经理责任目标为出发点，采用企业施工定额，通过施工预算编制而形成的实施性施工成本计划。施工预算和施工图预算虽仅一字之差，但区别较大。

1. 编制的依据不同

施工预算的编制以施工定额为主要依据，施工图预算的编制以预算定额为主要依据，而施工定额比预算定额划分得更详细、更具体，并对其中所包括的内容，如质量要求、施工方法以及所需劳动工日、材料品种、规格型号等均有较详细的规定或要求。

2. 适用的范围不同

施工预算是施工企业内部管理用的一种文件，与建设单位无直接关系；而施工图预算既适用于建设单位，又适用于施工单位。

3. 发挥的作用不同

施工预算是施工企业组织生产、编制施工计划、准备现场材料、签发任务书、考核工效、进行经济核算的依据，也是施工企业改善经营管理、降低生产成本和推行内部经营承包责任制的重要手段；而施工图预算则是投标报价的主要依据。

在编制实施性计划成本时要进行施工预算和施工图预算的对比分析，通过“两算”对比，分析节约和超支的原因，以便提出解决问题的措施，防止工程成本的亏损，为降低工程成本提供依据。“两算”对比的方法有实物对比法和金额对比法。

实物对比法：即将施工预算和施工图预算计算出的人工、材料消耗量，分别填入两算对比表进行对比分析，算出节约或超支的数量及百分比，并分析其原因。

金额对比法：即将施工预算和施工图预算计算出的人工费、材料费、机械费分别填入两算对比表进行对比分析，算出节约或超支的金额及百分比，并分析其原因。

“两算”对比主要有下列内容。

(1) 人工数量及人工费的对比分析。施工预算的人工数量及人工费与施工图预算对比，一般要低6%左右。这是由于二者使用不同定额造成的，例如，砌砖墙项目中，砂子、标准砖和砂浆的场内水平运输距离，施工定额按50m考虑；而计价定额则包括了材料、半成品的超运距用工。同时，计价定额的人工消耗指标还考虑了在施工定额中未包括而在一般正常施工条件下又不可避免的一些零星用工因素：如土建施工各工种之间的工序搭接所需停歇的时间、因工程质量检查和隐蔽工程验收而影响工人操作的时间、施工中不可避免的其他少数零星用工等。所以，施工定额的用工量一般都比预算定额低。

(2) 材料消耗量及材料费的对比分析。施工定额的材料损耗率一般都低于计价定额，同时，编制施工预算时还要考虑扣除技术措施的材料节约量。所以，施工预算的材料消耗量及材料费一般低于施工图预算。

有时，由于两种定额之间的水平不一致，个别项目也会出现施工预算的材料消耗量大于施工图预算的情况。不过，总的水平应该是施工预算低于施工图预算。如果出现反常情况，则应进行分析研究，找出原因，采取措施，加以解决。

(3) 施工机械费的对比分析。施工预算机械费，是根据施工组织设计或施工方案所规定的实际进场机械，按其种类、型号、台数、使用期限和台班单价计算。而施工图预算的施工机械是计价定额综合确定的，与实际情况可能不一致。因此，施工机械部分只能采用两种预算的机械费进行对比分析。如果发生施工预算的机械费大量超支，而又无特殊原因时，则应考虑改变原施工方案，尽量做到不亏损而略有盈余。

(4) 周转材料使用费的对比分析。周转材料主要指脚手架和模板。施工预算的脚手架是根据施工方案确定的搭设方式和材料，施工图预算则综合了脚手架搭设方式，按不同结构和高度，以建筑面积为基数计算的；施工预算模板是按混凝土与模板的接触面积计算，施工图预算的模板则按混凝土体积综合计算。因而，周转材料宜采用按其发生的费用进行对比分析。

以上三类成本计划互相衔接和不断深化，构成了整个工程施工成本的计划过程。其中，竞争性计划成本带有成本战略的性质，是项目投标阶段商务标书的基础，而有竞争力的商务标书又是以其先进合理的技术标书为支撑的。因此，它奠定了施工成本的基本框架

和水平。指导性计划成本和实施性计划成本，都是战略性成本计划的进一步展开和深化，是对战略性成本计划的战术安排。此外，根据项目管理的需要，实施性成本计划又可按施工成本组成、子项目组成、工程进度分别编制施工成本计划。

二、施工成本计划的编制依据

施工成本计划是施工项目成本控制的一个重要环节，是实现降低施工成本任务的指导性文件。如果针对施工项目所编制的成本计划达不到目标成本要求时，就必须组织施工项目管理班子的有关人员重新研究寻找降低成本的途径，重新进行编制。同时，编制成本计划的过程也是动员全体施工项目管理人员的过程，是挖掘降低成本潜力的过程，是检验施工技术质量管理、工期管理、物资消耗和劳动力消耗管理等是否落实的过程。

编制施工成本计划，需要广泛收集相关资料并进行整理，以作为施工成本计划编制的依据。在此基础上，根据有关设计文件、工程承包合同、施工组织设计、施工成本预测资料等，按照施工项目应投入的生产要素，结合各种因素的变化和拟采取的各种措施，估算施工项目生产费用支出的总水平，进而提出施工项目的成本计划控制指标，确定目标总成本。目标总成本确定后，应将总目标分解落实到各个机构、班组，便于进行子项目或工序的控制。最后，通过综合平衡，编制完成施工成本计划。

施工成本计划的编制依据包括：

(1) 投标报价文件。

(2) 企业定额、施工预算。

(3) 施工组织设计或施工方案。

(4) 人工、材料、机械台班的市场价。

(5) 企业颁布的材料指导价、企业内部机械台班价格、劳动力内部挂牌价格。

(6) 周转设备内部租赁价格、摊销损耗标准。

(7) 已签订的工程合同、分包合同（或估价书）。

(8) 结构件外加工计划和合同。

(9) 有关财务成本核算制度和财务历史资料。

(10) 施工成本预测资料。

(11) 拟采取的降低施工成本的措施。

(12) 其他相关资料。

三、按施工成本组成编制施工成本计划的方法

施工成本计划的编制以成本预测为基础，关键是确定目标成本。计划的制定，需结合施工组织设计的编制过程，通过不断地优化施工技术方案和合理配置生产要素，进行工、料、机消耗的分析，制定一系列节约成本和挖潜措施，确定施工成本计划。一般情况下，施工成本计划总额应控制在目标成本的范围内，并使成本计划建立在切实可行的基础上。

施工总成本目标确定之后，还需通过编制详细的实施性施工成本计划把目标成本层层分解，落实到施工过程的每个环节，有效地进行成本控制。施工成本计划的编制方式有：

(1) 按施工成本组成编制施工成本计划。

(2) 按项目组成编制施工成本计划。

(3) 按工程进度编制施工成本计划。

按《建设工程工程量清单计价规范》(GB 50500—2008) 规定，建筑安装工程费用项目组成（工程造价）由分部分项工程费、措施项目费、其他项目费、规费和税金组成，如图 4-1 所示。

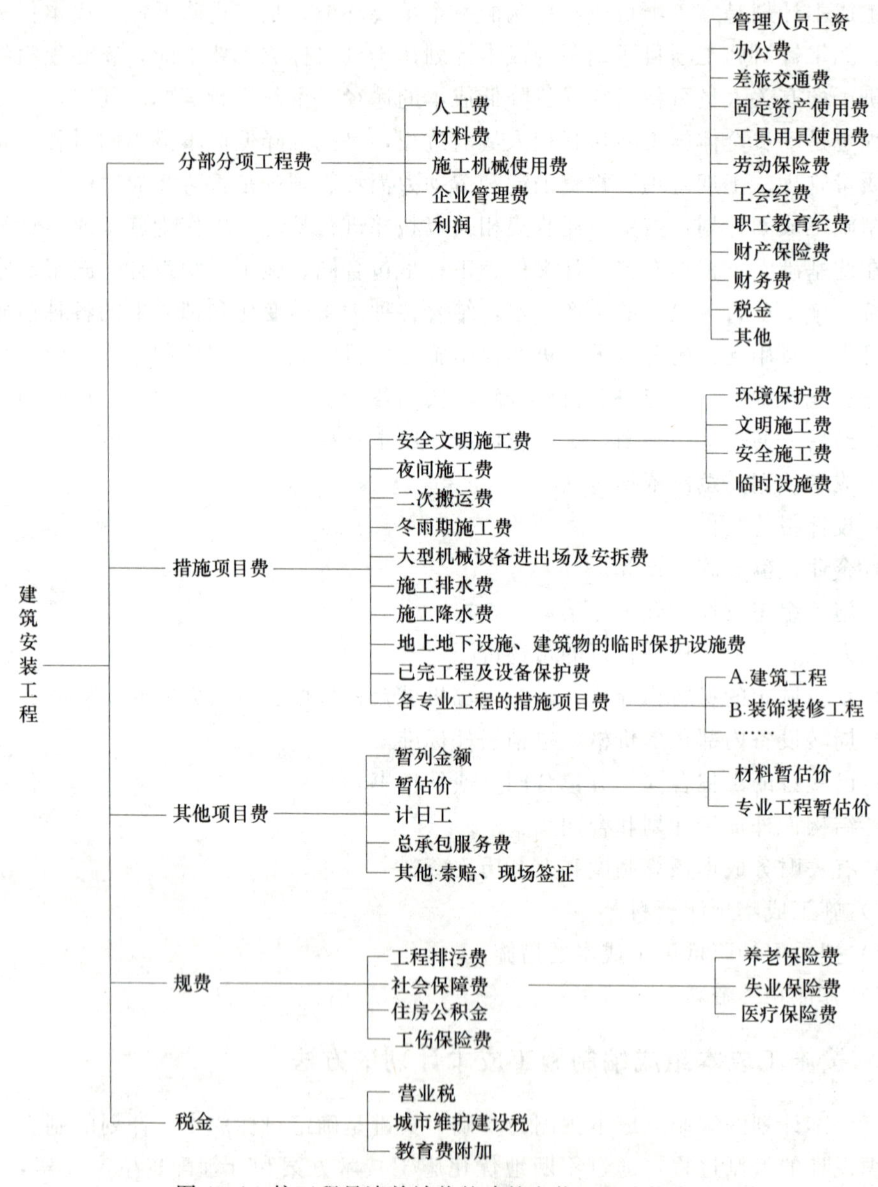

图 4-1 按工程量清单计价的建筑安装工程造价组成

施工成本可以按成本构成分解为人工费、材料费、施工机械使用费、措施项目费和企业管理费等（图 4-2)，编制按施工成本组成分解的施工成本计划。

在完成施工项目成本目标分解之后，接下来就要具体地分配成本，编制分项工程的成本支出计划，从而得到详细的成本计划表，如表 4-2 所示。

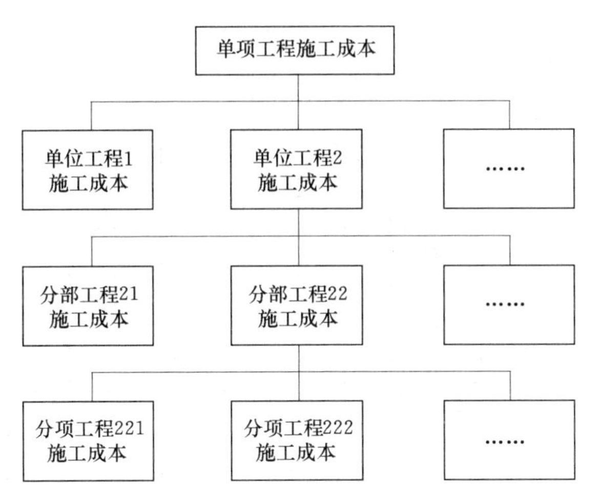

图 4－2　按项目组成分解

表 4－2　　分项工程成本计划表

分项工程编码	工程内容	计量单位	工程数量	计划成本	本分项总计
(1)	(2)	(3)	(4)		

在编制成本支出计划时，要在项目总的方面考虑总的预备费，也要在主要的分项工程中安排适当的不可预见费，避免在具体编制成本计划时，可能发现个别单位工程或工程量表中某项内容的工程量计算有较大出入，使原来的成本预算失实，并在项目实施过程中对其尽可能地采取一些措施。

四、按施工进度编制施工成本计划的方法

编制按施工进度的施工成本计划，通常可利用控制项目进度的网络图进一步扩充而得。即在建立网络图时，一方面确定完成各项工作所需花费的时间；另一方面确定完成这一工作的合适的施工成本支出计划。在实践中，将工程项目分解为既能方便地表示时间，又能方便地表示施工成本支出计划的工作是不容易的。通常如果项目分解程度对时间控制合适的话，则对施工成本支出计划可能分解过细，以至于不可能对每项工作确定其施工成本支出计划；反之亦然。因此在编制网络计划时，应在充分考虑进度控制对项目划分要求的同时，还要考虑确定施工成本支出计划对项目划分的要求，做到二者兼顾。

通过对施工成本目标按时间进行分解，在网络计划基础上，可获得项目进度计划的横道图，并在此基础上编制成本计划。其表示方式有两种：一种是在时标网络图上按月编制的成本计划，如图 4－3 所示；另一种是利用时间—成本累积曲线（S 形曲线）表示，如图 4－4 所示。

时间—成本累积曲线的绘制步骤如下。

（1）确定工程项目进度计划，编制进度计划的横道图。

（2）根据每单位时间内完成的实物工程量或投入的人力、物力和财力，计算单位时间（月或旬）的成本，在时标网络图上按时间编制成本支出计划（图 4－3）。

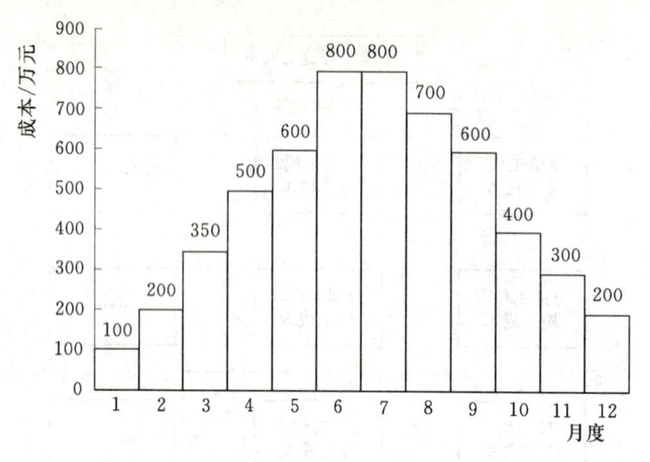

图 4-3　时标网络图上按月编制的成本计划

（3）计算规定时间 t 计划累计支出的成本额，其计算方法为：各单位时间计划完成的成本额累加求和，可按式（4-1）计算：

$$Q_t = \sum_{n=1}^{t} q_n \tag{4-1}$$

式中　Q_t——某时间 t 内计划累计支出成本额；

q_n——单位时间 n 的计划支出成本额；

t——某规定计划时刻。

（4）按各规定时间的 Q_t 值，绘制 S 形曲线，如图 4-4 所示。

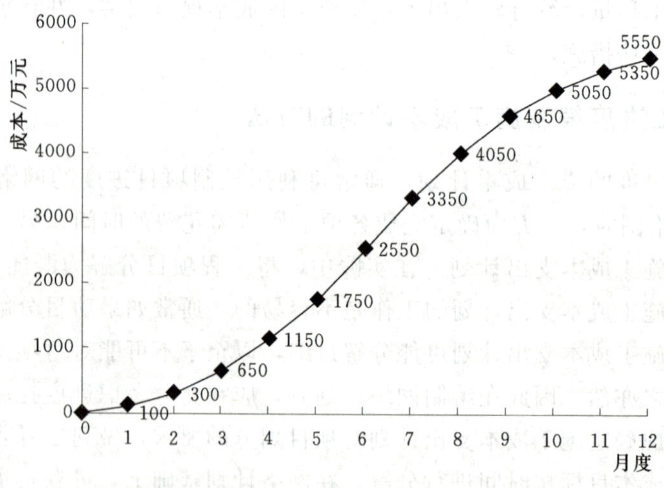

图 4-4　时间—成本累积曲线（S 形曲线）

每一条 S 形曲线都对应某一特定的工程进度计划。因为在进度计划的非关键线路中存在许多有时差的工序或工作，因而 S 形曲线（成本计划值曲线）必然包络在由全部工作都按最早开始时间开始和全部工作都按最迟必须开始时间开始的曲线所组成的“香蕉图”内。项目经理可根据编制的成本支出计划来合理安排资金，同时项目经理也可以根据筹措的资金来调整 S 形曲线，即通过调整非关键线路上的工序项目的最早或最迟开工时间，力争将实际的成本支出控制在计划的范围内。

一般而言，所有工作都按最迟开始时间开始，对节约资金贷款利息是有利的；但同时，也降低了项目按期竣工的保证率，因此项目经理必须合理地确定成本支出计划，达到既节约成本支出，又能控制项目工期的目的。

以上编制施工成本计划的方式并不是相互独立的。在实践中，往往是将这几种方式结合起来使用，从而可以取得扬长避短的效果。例如，将按项目分解总施工成本与按施工成本构成分解总施工成本两种方式相结合，横向按施工成本构成分解，纵向按项目分解，或相反。这种分解方式有助于检查各分部分项工程施工成本构成是否完整，有无重复计算或漏算；同时还有助于检查各项具体的施工成本支出的对象是否明确或落实，并且可以从数字上校核分解的结果有无错误。或者还可将按子项目分解总施工成本计划与按时间分解总施工成本计划结合起来，一般纵向按项目分解，横向按时间分解。

【例 4－1】　已知某施工项目的数据资料见表，绘制该项目的时间一成本累积曲线。

编码	项目名称	最早开始时间/月份	工期/月	成本强度/(万元/月)
11	场地平整	1	1	20
12	基础施工	2	3	15
13	主体工程施工	4	5	30
14	砌筑工程施工	8	3	20
15	屋面工程施工	10	2	30
16	楼地面施工	11	2	20
17	室内设施安装	11	1	30
18	室内装饰	12	1	20
19	室外装饰	12	1	10
20	其他工程		1	10

【解】

(1) 确定施工项目进度计划，编制进度计划的横道图，如图 4－5 所示。

编码	项目名称	时间/月	费用强度/(万元/月)	工程进度/月度											
				1	2	3	4	5	6	7	8	9	10	11	12
11	场地平整	1	20												
12	基础施工	3	15												
13	主体工程施工	5	30												
14	砌筑工程施工	3	20												
15	屋面工程施工	2	30												
16	楼地面施工	2	20												
17	室内设施安装	1	30												
18	室内装饰	1	20												
19	室外装饰	1	10												
20	其他工程	1	10												…

图 4－5　进度计划横道图

(2) 在横道图上按时间编制成本计划，如图 4-6 所示。

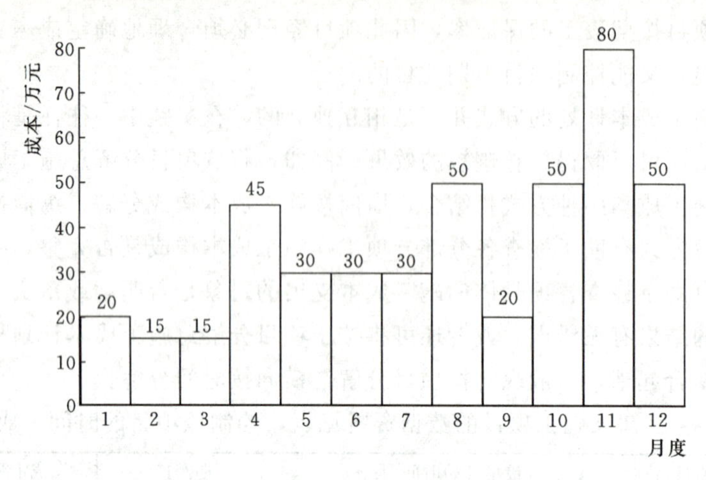

图 4-6 横道图上按月编制的成本计划

(3) 计算规定时间 t 计划累计支出的成本额。

根据公式，可得下列结果：

$Q_1=20$，$Q_2=35$，$Q_3=50$，…，$Q_{10}=305$，$Q_{11}=385$，$Q_{12}=435$。

(4) 绘制 S 形曲线，如图 4-7 所示。

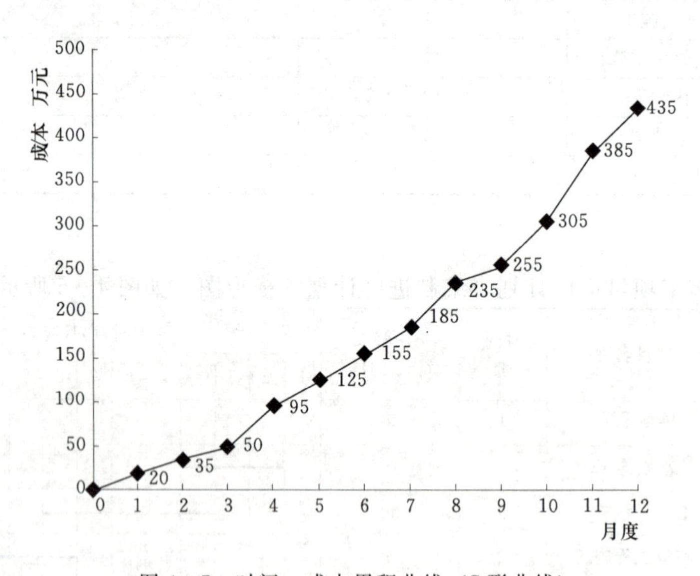

图 4-7 时间—成本累积曲线（S 形曲线）

任务三 施工成本控制

一、施工成本控制的依据

施工成本控制的依据包括下列内容。

1. 工程承包合同

施工成本控制要以工程承包合同为依据，围绕降低工程成本这个目标，从预算收入和实际成本两方面，努力挖掘增收节支潜力，以求获得最大的经济效益。

2. 施工成本计划

施工成本计划是根据施工项目的具体情况制定的施工成本控制方案，既包括预定的具体成本控制目标，又包括实现控制目标的措施和规划，是施工成本控制的指导文件。

3. 进度报告

进度报告提供了每一时刻工程实际完成量，工程施工成本实际支付情况等重要信息。施工成本控制工作正是通过实际情况与施工成本计划相比较，找出二者之间的差别，分析偏差产生的原因，从而采取措施改进以后的工作。此外，进度报告还有助于管理者及时发现工程实施中存在的隐患，并在可能造成重大损失之前采取有效措施，尽量避免损失。

4. 工程变更

在项目的实施过程中，由于各方面的原因，工程变更是很难避免的。工程变更一般包括设计变更、进度计划变更、施工条件变更、技术规范与标准变更、施工次序变更、工程量变更等。一旦出现变更，工程量、工期、成本都必将发生变化，从而使得施工成本控制工作变得更加复杂和困难。因此，施工成本管理人员就应当通过对变更要求当中各类数据的计算、分析，及时掌握变更情况，包括已发生工程量、将要发生工程量、工期是否拖延、支付情况等重要信息，判断变更以及变更可能带来的索赔额度等。

除了上述几种施工成本控制工作的主要依据以外，有关施工组织设计、分包合同等也都是施工成本控制的依据。

二、施工成本控制的步骤

在确定了施工成本计划之后，必须定期地进行施工成本计划值与实际值的比较，当实际值偏离计划值时，分析产生偏差的原因，采取适当的纠偏措施，以确保施工成本控制目标的实现。

（1）比较。按照某种确定的方式将施工成本计划值与实际值逐项进行比较，以发现施工成本是否已超支。

（2）分析。在比较的基础上，对比较的结果进行分析，以确定偏差的严重性及偏差产生的原因。这一步是施工成本控制工作的核心，其主要目的在于找出产生偏差的原因，从而采取有针对性的措施，减少或避免相同原因的再次发生或减少由此造成的损失。

（3）预测。按照完成情况估计完成项目所需的总费用。

（4）纠偏。当工程项目的实际施工成本出现了偏差，应当根据工程的具体情况、偏差分析和预测的结果，采取适当的措施，以期达到使施工成本偏差尽可能小的目的。纠偏是施工成本控制中最具实质性的一步。只有通过纠偏，才能最终达到有效控制施工成本的目的。

对偏差原因进行分析的目的是为了有针对性地采取纠偏措施，从而实现成本的动态控制和主动控制。纠偏首先要确定纠偏的主要对象，偏差原因有些是无法避免和控制的，如客观原因，充其量只能对其中少数原因做到防患于未然，力求减少该原因所产生的经济损失。在确定了纠偏的主要对象之后，就需要采取有针对性的纠偏措施。纠偏可采用组织措施、经济措施、技术措施和合同措施等。

（5）检查。是指对工程的进展进行跟踪和检查，及时了解工程进展状况以及纠偏措施的执行情况和效果，为今后的工作积累经验。

三、施工成本控制的方法

（一）施工成本的过程控制方法

施工阶段是控制建筑工程项目成本发生的主要阶段，它通过确定成本目标并按计划成本进行施工、资源配置，对施工现场发生的各种成本费用进行有效控制，具体有下列控制方法。

1. 人工费的控制

人工费的控制实行“量价分离”的方法，将作业用工及零星用工按定额工日的一定比例综合确定用工数量与单价，通过劳务合同进行控制。

（1）人工费的影响因素。

1）社会平均工资水平。建筑安装工人人工单价必须和社会平均工资水平趋同。社会平均工资水平取决于经济发展水平。由于我国改革开放以来经济迅速增长，社会平均工资也有大幅增长，从而导致人工单价的大幅提高。

2）生产消费指数。生产消费指数的提高会导致人工单价的提高，以减少生活水平的下降，或维持原来的生活水平。生活消费指数的变动取决于物价的变动，尤其取决于生活消费品物价的变动。

3）劳动力市场供需变化。劳动力市场如果供不应求，人工单价就会提高；供过于求，人工单价就会下降。

4）政府推行的社会保障和福利政策也会影响人工单价的变动。

5）经会审的施工图、施工定额、施工组织设计等决定人工的消耗量。

（2）控制人工费的方法。加强劳动定额管理，提高劳动生产率，降低工程耗用人工工日，是控制人工费支出的主要手段。

1）制定先进合理的企业内部劳动定额，严格执行劳动定额，并将安全生产、文明施工及零星用工下达到作业队进行控制。全面推行全额计件的劳动管理办法和单项工程集体承包的经济管理办法，以不突破施工图预算人工费指标为控制目标，对各班组实行工资包干制度。认真执行按劳分配的原则，使职工个人所得与劳动贡献相一致，充分调动广大职工的劳动积极性，从根本上杜绝出工不出力的现象。把工程项目的进度、安全、质量等指标与定额管理结合起来，提高劳动者的综合能力，实行奖励制度。

2）提高生产工人的技术水平和作业队的组织管理水平，根据施工进度、技术要求，合理搭配各工种工人的数量，减少和避免无效劳动。不断地改善劳动组织，创造良好的工作环境，改善工人的劳动条件，提高劳动效率。合理调节各工序人数松紧情况，安排劳动力时，尽量做到技术工不做普通工的工作，高级工不做低级工的工作，避免技术上的浪费，既要加快工程进度，又要节约人工费用。

3）加强职工的技术培训和多种施工作业技能的培训，不断提高职工的业务技术水平

和熟练操作程度，培养一专多能的技术工人，提高作业工效。提倡技术革新和推广新技术，提高技术装备水平和工厂化生产水平，提高企业的劳动生产率。

4）实行弹性需求的劳务管理制度。对施工生产各环节上的业务骨干和基本的施工力量，要保持相对稳定。对短期需要的施工力量，要做好预测、计划管理，通过企业内部的劳务市场及外部协作队伍进行调剂。严格做到项目部的定员随工程进度要求波动，进行弹性管理。要打破行业、工种界限，提倡一专多能，提高劳动力的利用效率。

2. 材料费的控制

材料费控制同样按照“量价分离”原则，控制材料用量和材料价格。

（1）材料用量的控制。在保证符合设计要求和质量标准的前提下，合理使用材料，通过定额管理、计量管理等手段有效控制材料物资的消耗，具体有下列方法：

1）定额控制。对于有消耗定额的材料，以消耗定额为依据，实行限额发料制度。在规定限额内分期分批领用，超过限额领用的材料，必须先查明原因，经过一定审批手续方可领料。

2）指标控制。对于没有消耗定额的材料，则实行计划管理和按指标控制的办法。根据以往项目的实际耗用情况，结合具体施工项目的内容和要求，制定领用材料指标，据以控制发料。超过指标的材料，必须经过一定的审批手续方可领用。

3）计量控制。准确做好材料物资的收发计量检查和投料计量检查。

4）包干控制。在材料使用过程中，对部分小型及零星材料（如钢钉、钢丝等）根据工程量计算出所需材料量，将其折算成费用，由作业者包干控制。

（2）材料价格的控制。材料价格主要由材料采购部门控制。由于材料价格是由买价、运杂费、运输中的合理损耗等所组成，因此控制材料价格，主要是通过掌握市场信息，应用招标和询价等方式控制材料、设备的采购价格。

施工项目的材料物资，包括构成工程实体的主要材料和结构件，以及有助于工程实体形成的周转使用材料和低值易耗品。从价值角度看，材料物资的价值，约占建筑安装工程造价的60%，甚至达到70%以上，其重要程度自然是不言而喻。由于材料物资的供应渠道和管理方式各不相同，所以控制的内容和所采取的控制方法也将有所不同。

3. 施工机械使用费的控制

合理选择施工机械设备，合理使用施工机械设备对成本控制具有十分重要的意义，尤其是高层建筑施工。据某些工程实例统计，高层建筑地面以上部分的总费用中，垂直运输机械费用约占6%～10%。由于不同的起重运输机械各有不同的用途和特点，因此在选择起重运输机械时，首先应根据工程特点和施工条件确定采取何种不同起重运输机械的组合方式。在确定采用何种组合方式时，首先应满足施工需要，同时还要考虑到费用的高低和综合经济效益。

施工机械使用费主要由台班数量和台班单价两方面决定，为有效控制施工机械使用费支出，主要从下列几个方面进行控制。

（1）控制台班数量。

1）根据施工方案和现场实际，选择适合项目施工特点的施工机械，制定设备需求计划，合理安排施工生产，充分利用现有机械设备，加强内部调配提高机械设备的利用率。

2）保证施工机械设备的作业时间，安排好生产工序的衔接，尽量避免停工窝工，尽量减少施工中所消耗的机械台班数量。

3）核定设备台班定额产量，实行超产奖励办法，加快施工生产进度，提高机械设备单位时间的生产效率和利用率。

4）加强设备租赁计划管理，减少不必要的设备闲置和浪费，充分利用社会闲置机械资源。

（2）控制台班单价。

1）加强现场设备的维修、保养工作，降低大修、经常性修理等各项费用的开支，提高机械设备的完好率，最大限度地提高机械设备的利用率。避免因不当使用造成机械设备的停置。

2）加强机械操作人员的培训工作，不断提高操作技能，提高施工机械台班的生产效率。

3）加强配件的管理，建立健全配件领发料制度，严格按油料消耗定额控制油料消耗，达到修理有记录，消耗有定额，统计有报表，损耗有分析。通过经常分析总结，提高修理质量，降低配件消耗，减少修理费用的支出。

4）降低材料成本，严把施工机械配件和工程材料采购关，尽量做到工程项目所进材料质优价廉。

5）成立设备管理领导小组，负责设备调度、检查、维修、评估等具体事宜。对主要部件及其保养情况建立档案，分清责任，便于尽早发现问题，找到解决问题的办法。

4. 施工分包费用的控制

分包工程价格的高低，必然对项目经理部的施工项目成本产生一定的影响。因此，施工项目成本控制的重要工作之一是对分包价格的控制。项目经理部应在确定施工方案的初期就要确定需要分包的工程范围。决定分包范围的因素主要是施工项目的专业性和项目规模。对分包费用的控制，主要是要做好分包工程的询价、订立平等互利的分包合同、建立稳定的分包关系网络、加强施工验收和分包结算等工作。

（二）赢得值（挣值）法

赢得值法（Earned Value Management，EVM）作为一项先进的项目管理技术，最初是美国国防部于1967年首次确立的。到目前为止国际上先进的工程公司已普遍采用赢得值法进行工程项目的费用、进度综合分析控制。用赢得值法进行费用、进度综合分析控制，基本参数有3项，即已完工作预算费用、计划工作预算费用和已完工作实际费用。

1. 赢得值法的3个基本参数

（1）已完工作预算费用。已完工作预算费用为*BCWP*（Budgeted Cost for Work Performed），是指在某一时间已经完成的工作（或部分工作），以批准认可的预算为标准所需要的资金总额，由于业主正是根据这个值为承包人完成的工作量支付相应的费用，也就是承包人获得（挣得）的金额，故称赢得值或挣值。

$$\text{已完工作预算费用}(BCWP)=\text{已完成工作量}\times\text{预算单价} \tag{4-2}$$

（2）计划工作预算费用。计划工作预算费用，*BCWS*（Budgeted Cost for Work Scheduled），即根据进度计划，在某一时刻应当完成的工作（或部分工作），以预算为标

准所需要的资金总额，一般来说，除非合同有变更，*BCWS* 在工程实施过程中应保持不变。

计划工作预算费用（*BCWS*）＝计划工作量×预算单价　　(4-3)

(3) 已完工作实际费用。已完工作实际费用，*ACWP*（Actual Cost for Work Performed），即到某一时刻为止，已完成的工作（或部分工作）所实际花费的总金额。

已完工作实际费用（*ACWP*）＝已完成工作量×实际单价　　(4-4)

2. 赢得值法的 4 个评价指标

在 3 个基本参数的基础上，可以确定赢得值法的 4 个评价指标，它们都是时间的函数。

(1) 费用偏差 *CV*（Cost Variance）。

费用偏差（*CV*）＝已完工作预算费用（*BCWP*）－已完工作实际费用（*ACWP*）　　(4-5)

当费用偏差 *CV* 为负值时，即表示项目运行超出预算费用；当费用偏差 *CV* 为正值时，表示项目运行节支，实际费用没有超出预算费用。

(2) 进度偏差 *SV*（Schedule Variance）。

进度偏差（*SV*）＝已完工作预算费用（*BCWP*）－计划工作预算费用（*BCWS*）　　(4-6)

当进度偏差 *SV* 为负值时，表示进度延误，即实际进度落后于计划进度；当进度偏差 *SV* 为正值时，表示进度提前，即实际进度快于计划进度。

(3) 费用绩效指数 *CPI*（Cost Performance Index）。

费用绩效指数（*CPI*）＝已完工作预算费用（*BCWP*）/已完工作实际费用（*ACWP*）　　(4-7)

当费用绩效指数（*CPI*）＜1 时，表示超支，即实际费用高于预算费用；当费用绩效指数（*CPI*）＞1 时，表示节支，即实际费用低于预算费用。

(4) 进度绩效指数 *SPI*（Schedule Performance Index）。

进度绩效指数（*SPI*）＝已完工作预算费用（*BCWP*）/计划工作预算费用（*BCWS*）

当进度绩效指数（*SPI*）＜1 时，表示进度延误，即实际进度比计划进度拖后；当进度绩效指数（*SPI*）＞1 时，表示进度提前，即实际进度比计划进度快。

费用（进度）偏差反映的是绝对偏差，结果很直观，有助于费用管理人员了解项目费用出现偏差的绝对数额，并依此采取一定措施，制定或调整费用支出计划和资金筹措计划。但是，绝对偏差有其不容忽视的局限性。如同样是 10 万元的费用偏差，对于总费用 1000 万元的项目和总费用 1 亿元的项目而言，其严重性显然是不同的。因此，费用（进度）偏差仅适合于对同一项目作偏差分析。费用（进度）绩效指数反映的是相对偏差，它不受项目层次的限制，也不受项目实施时间的限制，因而在同一项目和不同项目比较中均可采用。

在项目的费用、进度综合控制中引入赢得值法，可以克服过去进度、费用分开控制的缺点，即当发现费用超支时，很难立即知道是由于费用超出预算，还是由于进度提前。相反，当发现费用低于预算时，也很难立即知道是由于费用节省，还是由于进度拖延。而引入赢得值法即可定量地判断进度、费用的执行效果。

（三）偏差分析的表达方法

偏差分析可以采用不同的表达方法，常用的有横道图法、表格法和曲线法。

1. 横道图法

用横道图法进行费用偏差分析，是用不同的横道标识已完工作预算费用（*BCWP*）、计划工作预算费用（*BCWS*）和已完工作实际费用（*ACWP*），横道的长度与其金额成正比。见图4-8。

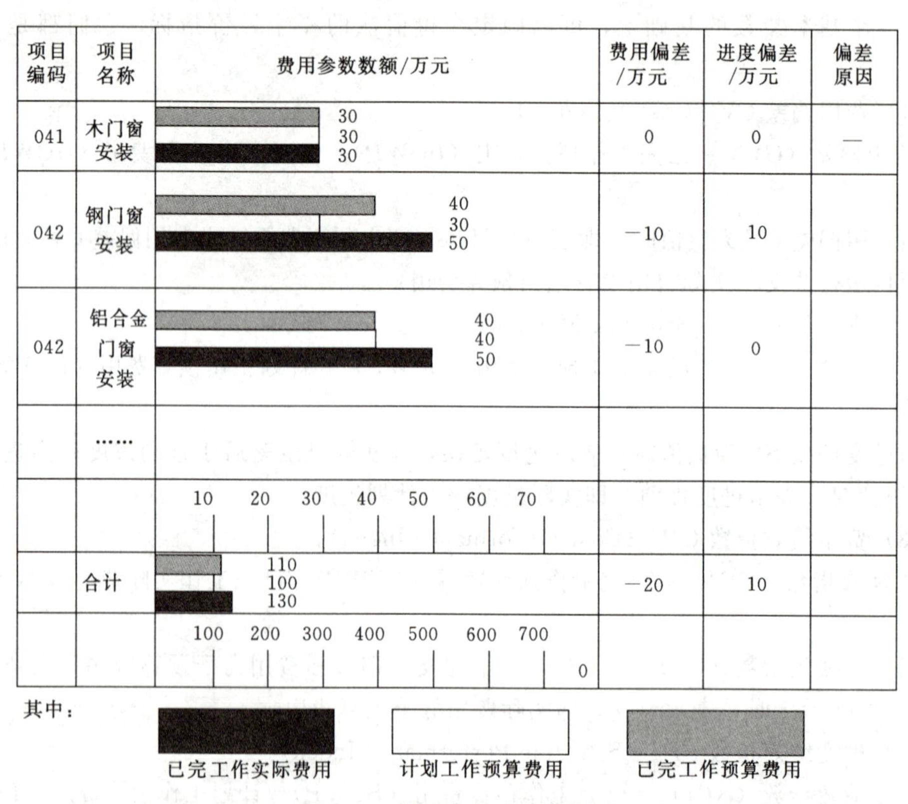

图4-8　费用偏差分析横道图

横道图法具有形象、直观、一目了然等优点，它能够准确表达出费用的绝对偏差，而且能一眼感受到偏差的严重性。但这种方法反映的信息量少，一般在项目的较高管理层应用。

2. 表格法

表格法是进行偏差分析最常用的一种方法。它将项目编号、名称、各费用参数以及费用偏差数综合归纳入一张表格中，并且直接在表格中进行比较。由于各偏差参数都在表中列出，使得费用管理者能够综合地了解并处理这些数据。

用表格法进行偏差分析具有下列优点：

(1) 灵活、适用性强。可根据实际需要设计表格，进行增减项。

(2) 信息量大。可以反映偏差分析所需的资料，从而有利于费用控制人员及时采取针对性措施，加强控制。

（3）表格处理可借助于计算机，从而节约大量数据处理所需的人力，并大大提高速度。表4－3是用表格法进行偏差分析的例子。

表4－3 **费用偏差分析表**

项目编码 （1）	项目名称 （2）	单位 （3）	预算（计划）单价 （4）	计划工作量 （5）	计划工作预算费用（*BCWS*） （6）＝（5）×（4）	已完成工作量 （7）
041	木门窗安装				30	
042	钢门窗安装				30	
043	铝合金门窗安装				40	

3．曲线法

在项目实施过程中，以上三个参数可以形成三条曲线，即计划工作预算费用（*BCWS*）、已完工作预算费用（*BCWP*）、已完工作实际费用（*ACWP*）曲线，如图4－9所示。

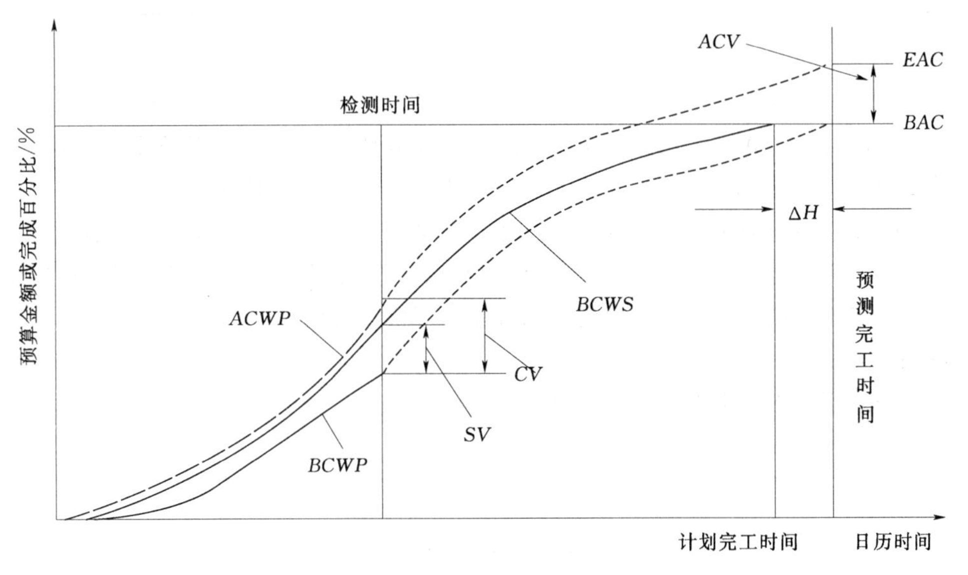

图4－9 赢得值法评价曲线

图4－9中：$CV=BCWP-ACWP$，由于两项参数均以已完工作为计算基准，所以两项参数之差反映项目进展的费用偏差。

$SV=BCWP-BCWS$，由于两项参数均以预算值（计划值）作为计算基准，所以两者之差反映项目进展的进度偏差。

采用赢得值法进行费用、进度综合控制，还可以根据当前的进度、费用偏差情况，通过原因分析，对趋势进行预测，预测项目结束时的进度、费用情况。图4－9中：*BAC*（Budget at Completion）即项目完工预算，指编计划时预计的项目完工费用；*EAC*（Estimate at Completion）即预测的项目完工估算，指计划执行过程中根据当前的进度、费用偏差情况预测的项目完工总费用；*ACV*（at Completion Variance）即预测项目完工时的费用偏差，

$$ACV=BAC-EAC \tag{4-8}$$

【例 4－2】 某工程项目有 2000m² 缸砖面层地面施工任务，交由某分包商承担，计划于 6 个月内完成，计划的各工作项目单价和计划完成的工作量如表 4－4 所示，该工程进行了三个月以后，发现某些工作项目实际已完成的工作量及实际单价与原计划有偏差，其数值见表 4－4。

表 4－4

工作项目名称	平整场地	室内夯填土	垫层	缸砖面砂浆结合	踢脚
单位	$100m^2$	$100m^2$	$10m^2$	$100m^2$	$100m^2$
计划工作量(3 个月)	150	20	60	100	13.55
计划单价/元	16	46	450	1520	1620
已完成工作量(3 个月)	150	18	48	70	9.5
实际单价/元	16	46	450	1800	1650

问题：

1. 试计算出并用表格法列出至第三个月末时各工作的计划工作预算费用（*BCWS*）、已完工作预算费用（*BCWP*）、已完工作实际费用（*ACWP*），并分析费用局部偏差值、费用绩效指数 *CPI*、进度局部偏差值、进度绩效指数 *SPI*，以及费用累计偏差和进度累计偏差。

2. 用横道图法表明各项工作的进展以及偏差情况，分析并在图上标明其偏差情况。

3. 用曲线法表明该项施工任务总的计划和实际进展情况，标明其费用及进度偏差情况（说明：各工作项目在三个月内均是以等速、等值进行的）。

【解】

1. 用表格法分析费用偏差，如表 4－5 所示。

表 4－5

(1)项目编码		001	002	003	004	005	总计
(2)项目名称	计算方法	平整场地	室内夯填土	垫层	缸砖面结合	踢脚	
(3)单位		$100m^2$	$100m^2$	$10m^2$	$100m^2$	$100m^2$	
(4)计划工作量(3 个月)	(4)	150	20	60	100	13.55	
(5)计划单价/元	(5)	16	46	450	1520	1620	
(6)计划工作预算费用(*BCWS*)	(6)＝(4)×(5)	2400	920	27000	152000	21951	204271
(7)已完成工作量(3 个月)	(7)	150	18	48	70	9.5	
(8)已完工作预算费用(*BCWP*)	(8)＝(7)×(5)	2400	828	21600	106400	15390	146618
(9)实际单价/元	(9)	16	46	450	1800	1650	
(10)已完工作实际费用(*ACWP*)	(10)＝(7)×(9)	2400	828	216000	126000	15675	166503
(11)费用局部偏差	(11)＝(8)－(10)	0	0	0	－19600	－285	
(12)费用绩效指数 *CPI*	(12)＝(8)÷(10)	1.0	1.0	1.0	0.847	0.98	

续表

(13)费用累计偏差	(13)=∑(11)	−19885					
(14)进度局部偏差	(14)=(8)−(6)	0	−92	−5400	−45600	−6561	
(15)进度绩效指数 *SPI*	(15)=(8)÷(6)	1.0	0.90	0.8	0.70	0.70	
(16)进度累计偏差	(16)=∑(14)	−57653					

2. 横道图费用偏差分析，见表 4-6，其中各横道形式表示为：计划工作预算费用（*BCWS*）；已完工作预算费用（*BCWP*）；已完工作实际费用（*ACWP*）。

表 4-6　　　　横道图费用偏差

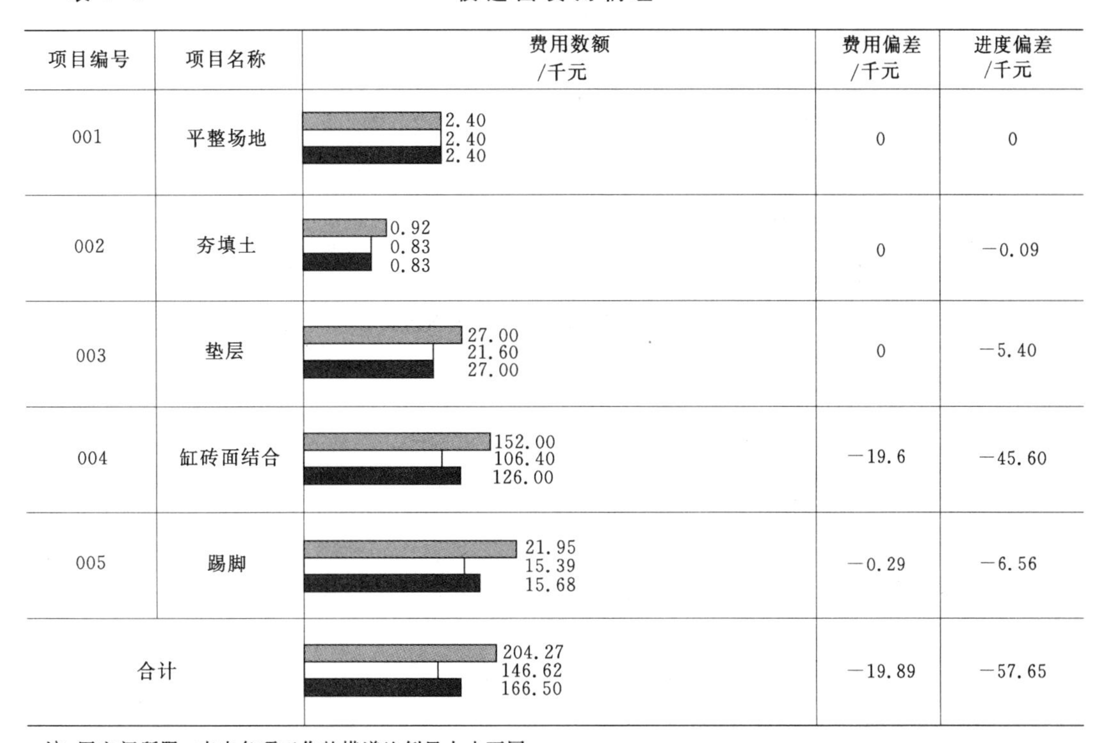

项目编号	项目名称	费用数额/千元	费用偏差/千元	进度偏差/千元
001	平整场地	2.40 2.40 2.40	0	0
002	夯填土	0.92 0.83 0.83	0	−0.09
003	垫层	27.00 21.60 27.00	0	−5.40
004	缸砖面结合	152.00 106.40 126.00	−19.6	−45.60
005	踢脚	21.95 15.39 15.68	−0.29	−6.56
合计		204.27 146.62 166.50	−19.89	−57.65

注　因空间所限，表中各项工作的横道比例尺大小不同。

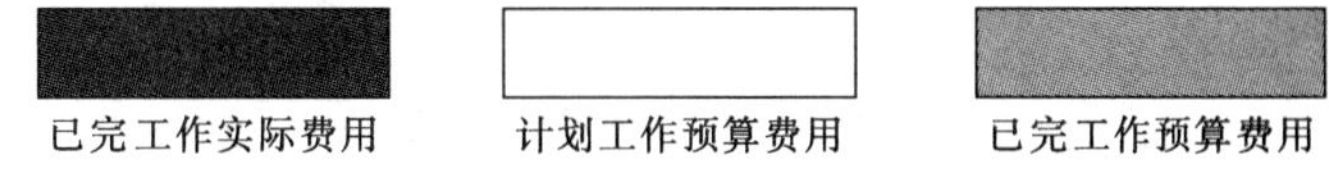

3. 用曲线法表明该项施工任务在第三个月末时，其费用及进度的偏差情况如图 4-10 所示。由于假定各项工作均是等速进行，故所绘曲线呈直线形。

【例 4-3】　某工程项目施工合同于 2008 年 12 月签订，约定的合同工期为 20 个月，2009 年 1 月开始正式施工，施工单位按合同工期要求编制了混凝土结构工程施工进度时标网络计划（图 4-11），并经专业监理工程师审核批准。

该项目的各项工作均按最早开始时间安排，且各工作每月所完成的工程量相等。各工作的计划工程量和实际工程量如表 4-7 所示。工作 D、E、F 的实际工作持续时间与计划工作持续时间相同。

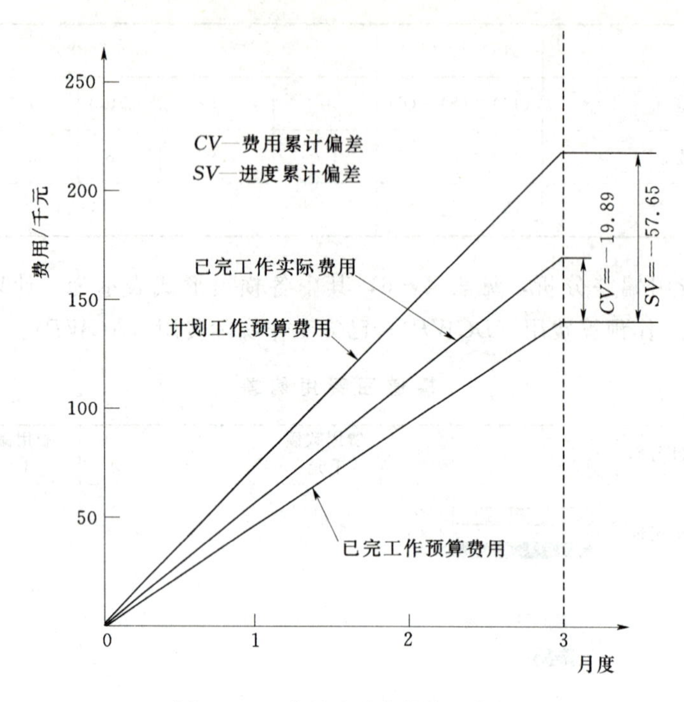

图 4-10　费用及进度的偏差情况

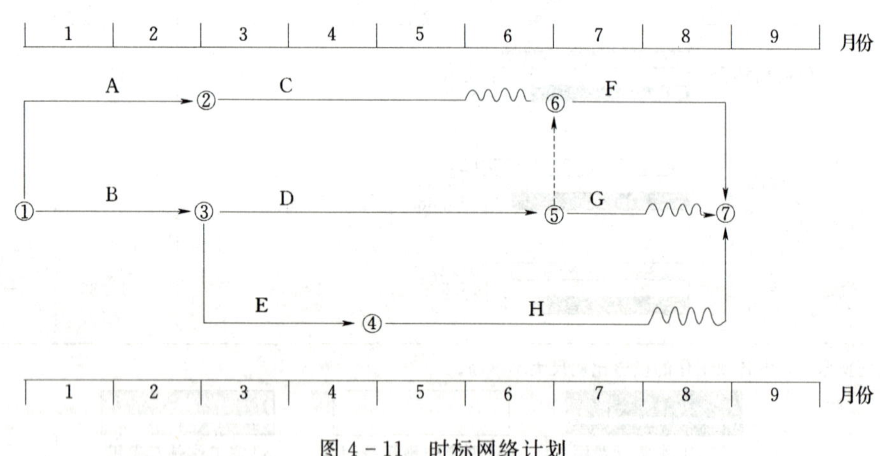

图 4-11　时标网络计划

表 4-7　　计划工程量和实际工程量表

工作	A	B	C	D	E	F	G	H
计划工程量/m³	8600	9000	5400	10000	5200	6200	1000	3600
实际工程量/m³	8600	9000	5400	9200	5000	5800	1000	5000

合同约定，混凝土结构工程综合单价为 1000 元/m³，按月结算。结算价按项目所在地混凝土结构工程价格指数进行调整，项目实施期间各月的混凝土结构工程价格指数如表 4-8所示。

表 4-8　　**工程价格指数表**

日　期	2008年12月	2009年1月	2009年2月	2009年3月	2009年4月	2009年5月	2009年6月	2009年7月	2009年8月	2009年9月
混凝土结构工程价格指数/%	100	115	105	110	115	110	110	120	110	110

施工期间，由于建设单位原因使工作 H 的开始时间比计划的开始时间推迟 1 个月，并由于工作 H 工程量的增加使该工作的工作持续时间延长了 1 个月。

问题：

1. 请按施工进度计划编制资金使用计划（即计算每月和累计计划工作预算费用），并简要写出其步骤。计算结果填入表 4-9 中。

2. 计算工作 H 各月的已完工作预算费用和已完工作实际费用。

3. 计算混凝土结构工程已完工作预算费用和已完工作实际费用，计算结果填入表 4-9 中。

4. 列式计算 8 月末的费用偏差 CV 和进度偏差 SV。

【解】

1. 将各工作计划工程量与单价相乘后，除以该工作持续时间，得到各工作每月计划工作预算费用；再将时标网络计划中各工作分别按月纵向汇总得到每月计划工作预算费用；然后逐月累加得到各月累计计划工作预算费用。

2. H 工作 6—9 月每月完成工程量为：5000÷4＝1250；

H 工作 6—9 月已完工作预算费用均为：1250×1000＝125（万元）；

H 工作已完工作实际费用：

6 月：125×110%＝137.5（万元）；

7 月：125×120%＝150.0（万元）；

8 月：125×110% ＝137.5（万元）；

9 月：125×110%＝137.5（万元）。

3. 计算结果见表 4-9。

表 4-9　　**计　算　结　果**

项　目	投资数据								
	(1)	(2)	(3)	(4)	(5)	(6)	(7)	(8)	(9)
每月计划工作预算费用/万元	880	880	690	690	550	370	530	310	
累计计划工作预算费用/万元	880	1760	2450	3140	3690	4060	4590	4900	
每月已完工作预算费用/万元	880	880	660	660	410	355	515	415	125
累计已完工作预算费用/万元	880	1760	2420	3080	3490	3845	4360	4775	4900
每月已完工作实际费用/万元	1012	924	726	759	451	390.5	618	456.5	137.5
累计已完工作实际费用/万元	1012	1936	2662	3421	3872	4262.5	4880.5	5337	5474.5

4. 费用偏差 CV=已完工作预算费用－已完工作实际费用=4775－5337=－ 562（万元），超支 562 万元。

进度偏差 SV=已完工作预算费用－计划工作预算费用=4775－4900=－125（万元），进度拖后 125 万元。

（四）偏差原因分析与纠偏措施

1. 偏差原因分析

在实际执行过程中，最理想的状态是已完工作实际费用（ACWP）、计划工作预算费用（BCWS）、已完工作预算费用（BCWP）三条曲线靠得很近、平稳上升，表示项目按预定计划目标进行。如果三条曲线离散度不断增加，则预示可能发生关系到项目成败的重大问题。

偏差分析的一个重要目的就是要找出引起偏差的原因，从而有可能采取有针对性的措施，减少或避免相同问题的再次发生。在进行偏差原因分析时，首先应当将已经导致和可能导致偏差的各种原因逐一列举出来。导致不同工程项目产生费用偏差的原因具有一定共性，因而可以通过对已建项目的费用偏差原因进行归纳、总结，为该项目采用预防措施提供依据。

一般来说，产生费用偏差的原因有下列几种，如图 4－12 所示。

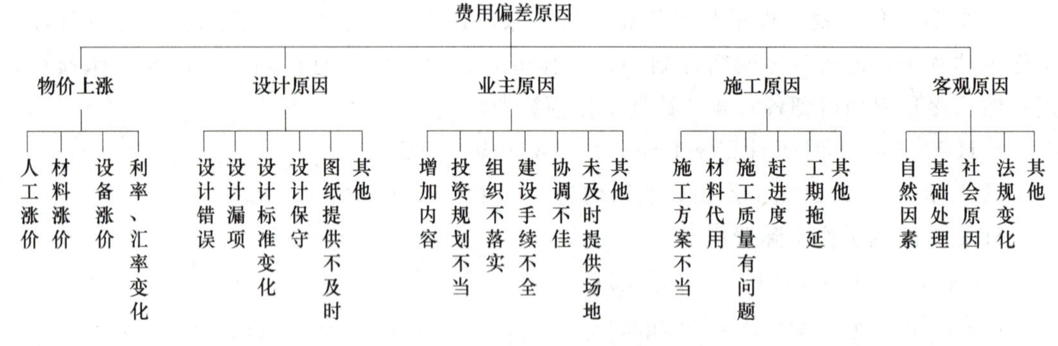

图 4－12 费用偏差原因

2. 纠偏措施

通常要压缩已经超支的费用，而不损害其他目标是十分困难的，一般只有当给出的措施比原计划已选定的措施更为有利，或使工程范围减少，或生产效率提高，成本才能降低，例如：①寻找新的、更好更省的、效率更高的设计方案；②购买部分产品，而不是采用完全由自己生产的产品；③重新选择供应商，但会产生供应风险，选择需要时间；④改变实施过程；⑤变更工程范围；⑥索赔，例如向业主、承（分）包商、供应商索赔以弥补费用超支。

表 4－10 为赢得值法参数分析与对应措施表。

表 4－10　　赢得值法参数分析与对应措施表

序号	图形	三参数关系	分析	措施
1	ACWP BCWS BCWP	$ACWP>BCWS>BCWP$ $SV<0$；$CV<0$	效率低 进度较慢 投入延后	用工作效率高的人员更换一批工作效率低的人员

续表

序号	图形	三参数关系	分析	措施
2	BCWP BCWS ACWP	$BCWP>BCWS>ACSP$ $SV>0$；$CV>0$	效率高 进度较快 投入超前	若偏离不大，维持现状
3	BCWP ACWP BCWS	$BCWP>ACWP>BCWS$ $SV>0$；$CV>0$	效率较高 进度快 投入超前	抽出部分人员，放慢进度
4	ACWP BCWP BCWS	$ACWP>BCWP>BCWS$ $SV>0$；$CV<0$	效率较低 进度较快 投入超前	抽出部分人员，增加少量骨干人员
5	BCWS ACWP BCWP	$BCWS>ACWP>BCWP$ $SV<0$；$CV<0$	效率较低 进度慢 投入延后	增加高效人员投入
6	BCWS BCWP ACWP	$BCWS>ACWP>ACWP$ $SV<0$；$CV<0$	效率较高 进度较慢 投入延后	迅速增加人员投入

任务四　施工成本分析

一、施工成本分析的依据

施工成本分析，就是根据会计核算、业务核算和统计核算提供的资料，对施工成本的形成过程和影响成本升降的因素进行分析，以寻求进一步降低成本的途径；另一方面，通过成本分析，可从账簿、报表反映的成本现象中看清成本的实质，从而增强项目成本的透明度和可控性，为加强成本控制、实现项目成本目标创造条件。

1. 会计核算

会计核算主要是价值核算。会计是对一定单位的经济业务进行计量、记录、分析和检查，作出预测，参与决策，实行监督，旨在实现最优经济效益的一种管理活动。它通过设置账户、复式记账、填制和审核凭证、登记账簿、成本计算、财产清查和编制会计报表等一系列有组织有系统的方法，来记录企业的一切生产经营活动，然后据以提出一些用货币来反映的有关各种综合性经济指标的数据。资产、负债、所有者权益、收入、费用和利润等会计六要素指标，主要是通过会计来核算。由于会计记录具有连续性、系统性、综合性等特点，所以它是施工成本分析的重要依据。

2. 业务核算

业务核算是各业务部门根据业务工作的需要而建立的核算制度，它包括原始记录和计算登记表，如单位工程及分部分项工程进度登记，质量登记，工效、定额计算登记，物资消耗定额记录，测试记录等。业务核算的范围比会计、统计核算要广，会计和统计核算一般是对已经发生的经济活动进行核算，而业务核算，不但可以对已经发生的，而且还可以对尚未发生或正在发生的经济活动进行核算，看是否可以做，是否有经济效果。它的特点是对个别的经济业务进行单项核算，例如各种技术措施、新工艺等项目，可以核算已经完成的项目是否达到原定的目的、取得预期的效果，也可以对准备采取措施的项目进行核算和审查，看是否有效果，值不值得采纳，随时都可以进行。业务核算的目的，在于迅速取得资料，在经济活动中及时采取措施进行调整。

3. 统计核算

统计核算是利用会计核算资料和业务核算资料，把企业生产经营活动客观现状的大量数据，按统计方法加以系统整理，表明其规律性。它的计量尺度比会计宽，可以用货币计算，也可以用实物或劳动量计量。它通过全面调查和抽样调查等特有的方法，不仅能提供绝对数指标，还能提供相对数和平均数指标，可以计算当前的实际水平，确定变动速度，预测发展的趋势。

二、施工成本分析的方法

（一）施工成本分析的基本方法

施工成本分析的基本方法包括比较法、因素分析法、差额计算法、比率法等。

1. 比较法

比较法，又称“指标对比分析法”，就是通过技术经济指标的对比，检查目标的完成情况，分析产生差异的原因，进而挖掘内部潜力的方法。这种方法，具有通俗易懂、简单易行、便于掌握的特点，因而得到了广泛的应用，但在应用时必须注意各技术经济指标的可比性。比较法的应用，通常有下列形式。

（1）将实际指标与目标指标对比。以此检查目标完成情况，分析影响目标完成的积极因素和消极因素，以便及时采取措施，保证成本目标的实现。在进行实际指标与目标指标对比时，还应注意目标本身有无问题。如果目标本身出现问题，则应调整目标，重新正确评价实际工作的成绩。

（2）本期实际指标与上期实际指标对比。通过本期实际指标与上期实际指标对比，可以看出各项技术经济指标的变动情况，反映施工管理水平的提高程度。

（3）与本行业平均水平、先进水平对比。通过这种对比，可以反映本项目的技术管理和经济管理与行业平均水平和先进水平的差距，进而采取措施提高本项目水平。

2. 因素分析法

因素分析法又称连环置换法。这种方法可用来分析各种因素对成本的影响程度。在进行分析时，首先要假定众多因素中的一个因素发生了变化，而其他因素则不变，然后逐个

替换，分别比较其计算结果，以确定各个因素的变化对成本的影响程度。因素分析法的计算步骤如下。

（1）确定分析对象，并计算出实际与目标数的差异。

（2）确定该指标是由哪几个因素组成的，并按其相互关系进行排序（排序规则是：先实物量，后价值量；先绝对值，后相对值）。

（3）以目标数为基础，将各因素的目标数相乘，作为分析替代的基数。

（4）将各个因素的实际数按照上面的排列顺序进行替换计算，并将替换后的实际数保留下来。

（5）将每次替换计算所得的结果，与前一次的计算结果相比较，两者的差异即为该因素对成本的影响程度。

（6）各个因素的影响程度之和，应与分析对象的总差异相等。

【例 4－4】 商品混凝土目标成本为 443040 元，实际成本为 473697 元，比目标成本增加 30657 元，资料如表 4－11 所示。分析成本增加的原因。

表 4－11　　商品混凝土目标成本与实际成本对比表

项　目	单　位	目标成本	实际成本	差　额
产量	m^3	600	630	+30
单价	元	710	730	+20
损耗率	%	4	3	−1
成本	元	443040	473697	+30657

【解】

（1）分析对象是商品混凝土的成本，实际成本与目标成本的差额为 30657 元，指标是由产量、单价、损耗率三个因素组成的，其排序见表 4－11。

（2）以目标数 443040 元（＝600×710×1.04）为分析替代的基础。第一次替代产量因素，以 630 替代 600：630×710×1.04＝465192（元）；第二次替代单价因素，以 730 替代 710 并保留上次替代后的值：630×730×1.04＝478296（元）；第三次替代损耗率因素，以 1.03 替代 1.04，并保留上两次替代后的值：630×730×1.03 ＝473697（元）。

（3）计算差额：第一次替代与目标数的差额＝465192－443040＝22152（元）；第二次替代与第一次替代的差额＝478296－465192＝13104（元）；第三次替代与第二次替代的差额＝473697－478296＝－4599（元）。

（4）产量增加使成本增加了 22152 元，单价提高使成本增加了 13104 元，而损耗率下降使成本减少了 4599 元。

（5）各因素的影响程度之和＝22152＋13104－4599＝30657（元），与实际成本与目标成本的总差额相等。

为了使用方便，企业也可以通过运用因素分析表来求出各因素变动对实际成本的影响程度，其具体形式如表 4－12 所示。

表4-12　　商品混凝土成本变动因素分析表

顺序	连环替代计算	差异/元	因素分析
目标数	600×710×1.04		
第一次替代	630×710×1.04	22152	由于产量增加 $30m^3$，成本增加22152元
第二次替代	630×730×1.04	13104	由于单价提高20元，成本增加13104元
第三次替代	630×730×1.03	－4599	由于损耗率下降1%，成本减少4599元
合计	22152＋13104－4599＝30657		

3. 差额计算法

差额计算法是因素分析法的一种简化形式，它利用各个因素的目标值与实际值的差额来计算其对成本的影响程度。

4. 比率法

比率法是指用两个以上的指标的比例进行分析的方法。它的基本特点是先把对比分析的数值变成相对数，再观察其相互之间的关系。常用的比率法有下列几种：

（1）相关比率法。

由于项目经济活动的各个方面是相互联系，相互依存，又相互影响的，因而可以将两个性质不同而又相关的指标加以对比，求出比率，并以此来考察经营成果的好坏。例如：产值和工资是两个不同的概念，但他们的关系又是投入与产出的关系。在一般情况下，都希望以最少的工资支出完成最大的产值。因此，用产值工资率指标来考核人工费的支出水平，就很能说明问题。

（2）构成比率法。

又称比重分析法或结构对比分析法。通过构成比率，可以考察成本总量的构成情况及各成本项目占成本总量的比重，同时也可看出量、本、利的比例关系（即预算成本、实际成本和降低成本的比例关系），从而为寻求降低成本的途径指明方向。

（3）动态比率法。

动态比率法，就是将同类指标不同时期的数值进行对比，求出比率，以分析该项指标的发展方向和发展速度。动态比率的计算，通带采用基期指数和环比指数两种方法。

（二）综合成本的分析方法

所谓综合成本，是指涉及多种生产要素，并受多种因素影响的成本费用，如分部分项工程成本，月（季）度成本、年度成本等。由于这些成本都是随着项目施工的进展而逐步形成的，与生产经营有着密切的关系。因此，做好上述成本的分析工作，无疑将促进项目的生产经营管理，提高项目的经济效益。

1. 分部分项工程成本分析

分部分项工程成本分析是施工项目成本分析的基础。分析对象为已完成分部分项工程。分析的方法是进行预算成本、目标成本和实际成本的“三算”对比，分别计算实际偏差和目标偏差，分析偏差产生的原因，为今后的分部分项工程成本寻求节约途径。

分部分项工程成本分析的资料来源是：预算成本来自投标报价成本，目标成本来自施工预算，实际成本来自施工任务单的实际工程量、实耗人工和限额领料单的实耗材料。

由于施工项目包括很多分部分项工程，不可能也没有必要对每一个分部分项工程都进行成本分析。特别是一些工程量小、成本费用微不足道的零星工程。但是，对于那些主要分部分项工程则必须进行成本分析，而且要做到从开工到竣工进行系统的成本分析。这是一项很有意义的工作，因为通过主要分部分项工程成本的系统分析，可以基本上了解项目成本形成的全过程，为竣工成本分析和今后的项目成本管理提供一份宝贵的参考资料。

分部分项工程成本分析表的格式如表4-13所示。

表4-13　　分部分项工程成本分析表

单位工程：

分部分项工程名称：　　　　工程量：　　　　施工班组：　　　　施工日期：

工料名称	规格	单位	单价	预算成本		目标成本		实际成本		实际与预算比较		实际与目标比较	
				数量	金额	数量	金额	数量	金额	数量	金额	数量	金额
合计													
实际与预算比较/%（预算=100）													
实际与计划比较/%（计划=100）													
节超原因说明													

编制单位：　　　　成本员：　　　　填表日期：

2. 月（季）度成本分析

月（季）度成本分析，是施工项目定期的、经常性的中间成本分析。对于具有一次性特点的施工项目来说，有着特别重要的意义。因为通过月（季）度成本分析，可以及时发现问题，以便按照成本目标指定的方向进行监督和控制，保证项目成本目标的实现。月（季）度成本分析的依据是当月（季）的成本报表。分析的方法通常有下列几个方面。

（1）通过实际成本与预算成本的对比，分析当月（季）的成本降低水平；通过累计实际成本与累计预算成本的对比，分析累计的成本降低水平，预测实现项目成本目标的前景。

（2）通过实际成本与目标成本的对比，分析目标成本的落实情况以及目标管理中的问题和不足，进而采取措施，加强成本管理，保证成本目标的落实。

（3）通过对各成本项目的成本分析，可以了解成本总量的构成比例和成本管理的薄弱环节。例如：在成本分析中，发现人工费、机械费和间接费等项目大幅度超支，就应该对这些费用的收支配比关系认真研究，并采取对应的增收节支措施，防止今后再超支。如果是属于规定的"政策性"亏损，则应从控制支出着手，把超支额压缩到最低限度。

（4）通过主要技术经济指标的实际与目标对比，分析产量、工期、质量、"三材"节约率、机械利用率等对成本的影响。

（5）通过对技术组织措施执行效果的分析，寻求更加有效的节约途径。

（6）分析其他有利条件和不利条件对成本的影响。

3. 年度成本分析

企业成本要求一年结算一次，不得将本年成本转入下一年度。而项目成本则以项目的寿命周期为结算期，要求从开工到竣工到保修期结束连续计算，最后结算出成本总量及其盈亏。由于项目的施工周期一般较长，除进行月（季）度成本核算和分析外，还要进行年度成本的核算和分析。这不仅是为了满足企业汇编年度成本报表的需要，同时也是项目成本管理的需要。因为通过年度成本的综合分析，可以总结一年来成本管理的成绩和不足，为今后的成本管理提供经验和教训，从而可对项目成本进行更有效的管理。

年度成本分析的依据是年度成本报表。年度成本分析的内容，除了月（季）度成本分析的六个方面以外，重点是针对下一年度的施工进展情况规划切实可行的成本管理措施，以保证施工项目成本目标的实现。

4. 竣工成本的综合分析

凡是有几个单位工程而且是单独进行成本核算（即成本核算对象）的施工项目，其竣工成本分析应以各单位工程竣工成本分析资料为基础，再加上项目经理部的经营效益（如资金调度、对外分包等所产生的效益）进行综合分析。如果施工项目只有一个成本核算对象（单位工程），就以该成本核算对象的竣工成本资料作为成本分析的依据。

单位工程竣工成本分析，应包括下列 3 个方面的内容：

（1）竣工成本分析。

（2）主要资源节超对比分析。

（3）主要技术节约措施及经济效果分析。

通过以上分析，可以全面了解单位工程的成本构成和降低成本的来源，对今后同类工程的成本管理很有参考价值。

小　　结

建筑工程项目施工成本管理应从工程投标报价开始，直至项目竣工结算完成为止，贯穿于项目实施的全过程。成本作为项目管理的一个关键性目标，包括责任成本目标和计划成本目标，它们的性质和作用不同，前者反映组织对施工成本目标的要求，后者是前者的具体化，把施工成本在组织管理层和项目经理部的运行有机连接起来。

根据成本运行规律，成本管理责任体系应包括组织管理层和项目经理部。组织管理层的成本管理除生产成本以外，还包括经营管理费用；项目管理层应对生产成本进行管理。组织管理层贯穿于项目投标、实施和结算过程，体现效益中心的管理职能；项目管理层则着眼于执行组织确定的施工成本管理目标，发挥现场生产成本控制中心的管理职能。

本项目任务包括施工成本管理的任务与措施，施工成本计划，工程变更价款的确定，建筑安装工程费用的结算，施工成本控制和施工成本分析等。

训　练　题

一、单项选择题

1. 施工成本分析是施工成本管理的主要任务之一，下列关于施工成本分析的表述中正确的是（　　）。

   A. 施工成本分析的实质是在施工之前对成本进行估算

   B. 施工成本分析是指科学地预测成本水平及其发展趋势

   C. 施工成本分析是指预测成本控制的薄弱环节

   D. 施工成本分析应贯穿于施工成本管理的全过程

2. 施工成本管理的目的是利用组织、经济、技术和合同等措施（　　）。

   A. 全面分析实际成本的变动状态

   B. 将实际成本控制在计划范围内

   C. 严格控制计划成本的变动范围

   D. 把计划成本控制在目标范围内

3. 施工成本预测的实质是在施工项目的施工之前（　　）。

   A. 对成本因素进行分析

   B. 分析可能的影响程度

   C. 估算计划与实际成本之间的可能差异

   D. 对成本进行估算

4. 对施工项目而言，编制施工成本计划的主要作用是（　　）。

   A. 确定成本定额水平　　B. 对实际成本估算

   C. 设立目标成本　　D. 明确资金使用安排

5. 施工成本控制的工作内容之一是计算和分析（　　）之间的差异。

   A. 预测成本与实际成本　　B. 预算成本与计划成本

   C. 计划成本与实际成本　　D. 预算成本与实际成本

6. 施工项目成本控制工作从施工项目（　　）开始直到竣工验收，贯穿于全过程。

   A. 设计阶段　　B. 投标阶段　　C. 施工准备阶段　　D. 正式开工

7. 在对施工项目进行施工成本核算时，需要按照规定的开支范围，对施工项目的支出费用进行（　　）。

   A. 控制　　B. 分析　　C. 考核　　D. 归集

8. 施工成本受多种因素影响而发生变动，作为项目经理应将成本分析的重点放在（　　）的因素上。

   A. 外部市场经济　　B. 业主项目管理

   C. 项目自身特殊　　D. 内部经营管理

9. 某施工项目完成后，拟考核各责任者的业绩，则需要对施工项目（　　）进行评定。

   A. 成本计划的落实情况　　B. 成本计划的完成情况

   C. 实际成本的发生情况　　D. 实际成本的控制情况

10. 建筑工程项目施工成本管理的组织措施之一是（　　）。

A. 编制施工成本控制工作流程图

B. 制定施工方案并对其进行分析论证

C. 进行工程风险分析并制定防范性对策

D. 防止和处理施工索赔

二、多项选择题

1. 某施工项目，拟对施工成本进行预测，预测得到的成本估算可以用作该施工项目（　　）的依据。

A. 成本决策　B. 成本计划　C. 控制成本　D. 核算成本

E. 成本考核

2. 施工成本计划是确定和编制施工项目在计划期内的（　　）等的书面方案。

A. 生产费用　B. 预算成本　C. 固定成本　D. 成本水平

E. 可变成本

3. 施工成本控制可分为（　　）等控制内容和工作。

A. 程序控制　B. 事先控制　C. 过程控制　D. 事后控制

E. 全员控制

4. 施工成本分析的基本方法包括（　　）等。

A. 比较法　B. 因素分析法　C. 判断法　D. 偏差分析法

E. 比率法

项目五　建筑工程项目合同管理

【专业能力】 了解合同法及其相关法律的基本理论，建筑工程项目合同管理组织的设置，熟悉建筑工程项目合同的特点及作用，建筑工程项目合同变更管理的基本要求。掌握建筑工程项目合同实施管理的方法。

【方法能力】 能够对合同进行评价分析，并以合同分析的成果为基准，对整个合同实施过程进行全面监督、检查、对比和纠正，使合同能符合日常工程管理的需要。掌握索赔管理工作的基本思路、能够在索赔工作中提取索赔的依据与证据。

【社会能力】 能灵活处理建筑工程施工过程中出现的各种问题，具备协调能力和良好的职业道德修养，能遵守职业道德规范。

背景资料：

某工程项目业主与某施工单位签订了施工承包合同，并与某监理单位签订了委托监理合同。合同签订后，三方均根据需要建立了相应的组织机构。在工程实施过程中遇到了下列一些情况，对于这些问题应该如何对待和处理。

问题：

1. 在施工合同专用条款中约定的开工日之前4天，施工单位派人口头通知监理工程师，以施工机械因故未能到场为由申请延期开工。监理工程师以其口头通知无效为由不予理睬。试问承包方与监理方的做法是否恰当，工期是否应予以延长？

2. 在投标期间承包方未在标书中提出分包要求。中标后，在合同约定开工日之前10天承包方以地质条件复杂为由，书面申请将基础工程施工分包给某专业基础工程施工公司，并提交了分包方资质材料，此外，还以工期紧张为理由，书面要求将主体工程的一部分分包给某个一级工程承包公司。试问对此问题应如何处理？有关法规对分包有何规定？

3. 如果在招标阶段，业主在招标文件中指定要求将基础工程分包给业主推荐的某基础承包企业。施工单位中标后，与业主推荐的基础承包企业签订了分包合同。在施工中，由于分包单位的失误，质量不符合要求，因返工而延误了工期并造成一定的损失，总承包单位以分包单位是业主指定的为由，为此总承包单位不承担责任，而应由业主方承担责任。试问，总承包单位的做法是否正确？

4. 如果在基础施工前，业主未能按期提供相应的图纸，使施工延误了一周。承包方为此提出了延长工期一周及补偿相应经济损失的要求，监理工程师对此是否应予以同意？

任务一　建筑工程项目合同管理概述

任务介绍：

案例一：

××商场为了扩大营业范围，购得××集团公司地皮一块，准备兴建××商场分店。××商场通过招标投标的形式与××建筑工程公司签订了建筑工程承包合同。之后，承包人将各种设备、材料运抵工地开始施工。施工过程中，城市规划管理局的工作人员来到施工现场，指出该工程不符合城市建设规划，未领取施工规划许可证，必须立即停止施工。最后，城市规划管理局对发包人作出了行政处罚，处以罚款2万元，勒令停止施工，拆除已修建部分。承包人因此而蒙受损失，向法院提起诉讼，要求发包人给予赔偿。

问题：

1. 合同是什么，案例中的合同是否有效？

2. 合同有什么特点，法院的判决依据是什么？

案例二：

某承包人和某发包人签订了物流货物堆放场地平整工程合同，合同里规定工程按市工程造价管理部门颁布的《综合价格》进行结算。在履行合同过程中，因发包人未解决好征地问题，使承包人7台推土机无法进入场地，窝工200天，致使承包人没有按期交工。经发包人和承包人口头交涉，在征得承包人同意的基础上按承包人实际完成的工程量变更合同，并商定按“冶金部广东省某厂估价标准机械化施工标准”结算。工程完工结算时因为窝工问题和结算依据发生争议。承包人起诉，要求发包人承担全部窝工责任并坚持按第一次合同规定的计价依据和标准办理结算，而发包人在答辩中则要求承包人承担延期交工责任。法院经审理判决第一个合同有效，第二个口头交涉的合同无效，工程结算的依据应当依双方第一次签订的合同为准。

问题：为什么第二个合同为无效合同？

任务要求：

了解建筑工程项目合同的概念、特点和作用，了解工程项目合同管理组织的工作流程。

一、建筑工程项目合同的概念

1. 合同的概念

合同又称契约，是指具有平等民事主体资格的当事人（包括自然人和法人），为了达到一定目的，经过自愿、平等协商一致设立、变更或终止民事权利义务关系而达成的协议。从合同的定义来看，合同具有下列法律特征：

（1）合同是一种法律行为。合同的订立必须是合同双方当事人意思的表示，只有双方的意思表示一致时，合同方能成立。任何一方不履行或者不完全履行合同，都要承担经济

上或者法律上的责任。

（2）双方当事人在合同中具有平等的地位。双方当事人都应以平等的民事主体地位来协商制订合同，任何一方不得把自己的意志强加于另一方，任何单位机构不得非法干预，这是当事人自由表达意志的前提，也是合同双方权利、义务相互对等的基础。

（3）合同关系是一种法律关系。这种法律关系不是一般的道德关系，合同制度是一项重要的民事法律制度，它具有强制的性质，不履行合同要受到国家法律的制裁。

综上所述，合同是双方当事人依照法律的规定而达成的协议。依法成立的合同对当事人具有法律约束力。在合同双方当事人之间产生权利和义务的法律关系，也正是通过这种权利和义务的约束，促使签订合同的双方当事人认真全面地履行合同。

2. 建筑工程项目合同

建筑工程项目合同是指项目业主与承包商为了完成建筑工程项目建设任务而明确双方权利义务的协议，合同订立生效后双方应当严格履行。建筑工程项目合同也是一种双务合同、有偿合同，当事人双方在合同中都有各自的权利和义务，在享有权利的同时必须履行义务。

3. 建筑工程项目合同管理

建筑工程项目合同管理，是指对建筑工程项目建设有关的各类合同，从合同条件的拟定、协商、订立、履行和合同纠纷处理情况的检查及分析等环节的科学管理工作，以期通过合同管理实现建筑工程项目的目标，维护合同对当事人双方的合法权益。建筑工程项目合同管理是随着建筑工程项目管理的实施而实施的，是一个全过程的动态管理。

二、建筑工程项目合同的特点

建筑工程项目合同除了具有一般合同的特征外，自身尚有下列特点：

（1）严格的法规性。基本建设是国民经济的重要组成部分，在工程项目合同的签订和履行过程中要符合国家有关法规的要求，严格遵守国家的法律法规。

（2）工程项目的特殊性。建筑工程项目合同标的物是建筑工程项目。建筑工程具有固定性的特点，由此决定了生产的流动性；建筑工程项目大多结构复杂，建筑产品形体庞大，消耗资源多，投资大；建筑产品具有单件性，同时受自然条件的影响大，不确定因素多。这决定了建筑工程项目合同标的物有别于其他经济合同的标的物。

（3）合同主体的特殊性。对于建筑工程项目合同的承包方，除了特殊工程外，都要实行招标、投标，择优选择承建单位与承包单位，谁的工期短、造价低、信誉好，谁就能中标，由承包方和发包方签订合同，共同合作完成工程项目的建设任务。

（4）国家严格的监督。双方当事人签订工程项目合同，必须以国家建设计划为前提并经过有关机关批准，在合同执行过程中，要接受国家有关部门的监督，国家行业主管部门应直接参加竣工验收检查。

三、建筑工程项目合同的作用

合同作为建筑工程项目运作的基础和工具，在工程项目的实施过程中具有重要作用。合同管理不仅对承包商，而且对业主及其他相关方都是十分重要的。

（1）合同分配着工程任务，项目目标和计划的落实是通过合同来实现的。它详细、具体地描述着工程任务相关的各种问题。例如：①责任人，即由谁来完成任务并对最终成果负责；②工程任务的规模、范围、质量、工作量及各种功能要求；③工期，即时间的要求；④价格，包括工程总价格、各分项工程的单价和合价及付款方式等；⑤完不成合同任务的责任等。

（2）合同确定了项目的组织关系。它规定项目参加者各方面的经济责任权利关系和工作的分配情况，确定工程项目的各种管理职能和程序，所以它直接影响着项目组织和管理系统的形态和运作。

（3）合同作为工程项目任务委托和承接的法律依据，是工程建设过程中双方的最高行为准则。工程实施过程中的一切活动都是为了履行合同，都必须依法办事，双方的行为主要靠合同来约束。所以合同是工程项目各参加者之间经济关系的调节手段。

（4）合同将工程所涉及的生产、材料和设备的供应及运输、各专业设计和施工的分工协作关系联系起来，协调并同意工程各参加者的行为。所以合同和它的法律约束力是工程施工和管理的要求和保证，同时它又是强有力的项目控制手段。

（5）合同是工程建设过程中双方争执解决的依据。合同对争执的解决有两个决定性作用：①争执的判定以合同作为法律依据，即以合同条文判定争执的性质，谁对争执负责，应负什么样的责任等；②争执的解决办法和解决程序由合同规定。

四、建筑工程项目合同管理的重要性及要求

建筑工程项目合同管理是指对合同的签订、履行、变更和解除进行监督检查，对合同履行过程中发生的争议或纠纷进行处理，以确保合同依法订立和全面履行。建筑工程项目合同管理贯穿于合同签订、履行直至归档的全过程。

1. 建筑工程项目合同管理的重要性

建筑工程项目合同管理的目标是通过合同的签订、合同的实施控制等工作，全面完成合同责任，保证建筑工程项目目标和企业目标的实现。在现代建筑工程项目管理中合同管理具有十分重要的地位，已成为与进度管理、质量管理、成本管理、安全管理、信息管理等并列的一大管理职能。

在现代工程项目中合同已越来越复杂。具体表现在：①在工程中相关的合同有几十份、几百份，甚至几千份，它们之间有着复杂的关系；②合同，特别是承包合同的构成文件较多，包括合同条件、协议书、投标书、图纸、规范、工程量表等；③合同条款越来越复杂；④合同生命期长，实施过程复杂，受外部影响的因素比较多；⑤合同过程中争执多，索赔多。

由于合同将工期、成本、质量目标统一起来，划分各方面的责任和权利，所以在项目管理中合同管理居于核心地位。没有合同管理，则项目管理目标不明，形成不了系统。

严格的合同管理是国际工程管理惯例。主要体现在：符合国际惯例的招标投标制度、建设工程监理制度、国际通用的 FIDIC 合同条件等，这些都与合同管理有关。

2. 建筑工程项目合同管理的要求

（1）任何工程项目都有一个完整的合同体系。承包商的合同管理工作应包括对与发包

人签订的承包合同，以及对为完成承包合同所签订的分包合同、材料和设备采购合同、劳务供应合同、加工合同等的管理。

（2）合同管理是建筑工程项目管理的核心，是综合性的、全面的、高层次的、高度准确、严密、精细的管理工作。合同管理程序应贯穿于建筑工程项目管理的全过程，与范围管理、工程招标投标、质量管理、进度管理、成本管理、信息管理、沟通管理、风险管理紧密相连。

（3）在投标报价、合同谈判、合同控制和处理索赔问题时，合同管理要处理好与业主、承包商、分包商以及其他相关各方的经济关系，应服从项目的实施战略和企业的经营战略。

五、建筑工程合同管理组织

合同管理任务必须由一定的组织机构和人员来完成。要提高合同管理水平，必须使合同管理工作实现专门化和专业化，业主和承包商应设立专门机构或人员负责合同管理工作。对不同的组织和工程项目组织形式，合同管理在组织的形式不一样。通常有下列几种情况：

（1）工程承包企业或相关的组织设置合同管理部门（科室），专门负责企业所有工程合同的总体管理工作。

（2）对于大型的工程项目，设立项目的合同管理小组，专门负责与该项目有关的合同管理工作。

（3）对于一般的项目，较小的工程，可设合同管理员。他在项目经理领导下进行施工现场的合同管理工作。

（4）面对处于分包地位且承担的工作量不大、工程不复杂的承包商，工地上可不设专门的合同管理人员，而将合同管理任务分解下达给各职能人员，由项目经理作总体协调。

六、建筑工程项目合同管理工作过程

建筑工程项目合同管理的目标是通过合同的策划与评审、签订、合同的实施控制等工作，全面完成合同责任，保证建筑工程项目目标和企业目标的实现。合同管理过程主要包括5个步骤。

1. 合同策划和合同评审

在工程项目的招标投标阶段的初期，业主的主要工作是合同策划；而承包商的主要合同管理工作是合同评审。

（1）合同策划。在项目批准立项后，业主的合同管理工作主要是合同策划，其目的就是通过合同运作项目，保证项目目标的实现，主要内容有：工程项目的合同体系策划、合同种类的选择、招标方式的选择、合同条件的选择、合同风险策划、重要的合同条款的确定等。

（2）合同评审。对承包商来说合同评审的目的主要是确定合同是否符合国家法律法规的规定，双方对合同规定的内容理解是否一致，确认自己在技术、质量、价格等方面的履约能力是否满足顾客的要求并对合同的合法性以及完备性等相关内容进行确认。

2. 合同签订

合同一旦签订就意味着双方权利和义务关系在法律上得到认定。在合同签订时可根据需要对合同条款进行二次审查。

3. 合同实施计划

合同签订后，承包商就必须对合同履行做出具体安排，制订合同实施计划。其突出内容有：合同实施的总体策略、合同实施总体安排、工程分包策划、合同实施保证体系。

4. 合同实施控制

在项目实施过程中通过合同控制确保承包商的工作满足合同要求，包括对各种合同的执行进行监督、跟踪、诊断、工程的变更管理和索赔管理等。

5. 合同后评价

项目结束阶段后对采购和合同管理工作进行总结和评价，以提高以后新项目的采购和合同管理水平。

案例一评析：本案双方当事人之间所订合同属于典型的建设工程合同，归属于施工合同的类别，所以评判双方当事人的权责应依据有关建设工程合同的规定。本案中引起当事人争议并导致损失产生的原因是工程开工前未办理规划许可证，从而导致工程为非法工程，当事人基于此而订立的合同无合法基础，应视为无效合同。《中华人民共和国建筑法》规定，规划许可证应由建设人，即发包人办理，所以，本案中的过错在于发包方，发包方应当赔偿给承包人造成的先期投入、设备、材料运送费用以及耗用的人工费用等项损失。

案例二评析：本案的关键在于如何确定工程结算计价的依据，即当事人所订立的两份合同哪个有效。依《中华人民共和国合同法》“第二百七十条　建设工程合同应当采用书面形式”有关规定，建设工程合同的有效要件之一是书面形式，而且合同的签订、变更或解除，都必须采取书面形式。本案中的第一个合同是有效的书面合同，而第二个合同是口头交涉而产生的口头合同，并未经书面固定，属无效合同。所以，法院判决第一个合同为有效合同。

任务二　建筑工程项目合同实施管理

任务介绍：

某商住楼工程项目，合同价为4100万元，工期为1.5年。业主通过招标选择了某施工单位进行该项目的施工。在正式签订工程施工承包合同前，发包人和承包人草拟了一份《建设工程施工合同（示范文本）》，供双方再斟酌，其中主要条款如下：

（1）合同文件的组成与解释顺序：①合同协议书；②招标文件；③投标书及其附件；④中标通知书；⑤施工合同通用条款；⑥施工合同专用条款；⑦图纸；⑧工程量清单；⑨标准、规范与有关技术文件；⑩工程报价单或预算书、合同履行过程中的洽商、变更等书面协议或文件。

（2）承包人必须按工程师批准的进度计划组织施工，接受工程师对进度的检查、监督。工程实际进度与计划进度不符合时，承包人应按工程师提出的要求提出改进措施，经

工程师确认后执行。承包人有权就改进措施提出追认合同价款。

(3) 工程师应对承包人提交的施工组织设计进行审批或提出修改意见。

(4) 发包人向承包人提供施工场地的工程地质和地下主要管网线路资料，供承包人参考使用。

(5) 承包人不能将工程转包，但允许分包，也允许分包单位将分包的工程再次分包给其他施工单位。

(6) 无论工程师是否进行验收，当其要求对已经隐蔽的工程进行重新检验时，承包人应按要求进行剥离或开孔，并在检查后重新覆盖或修复。检查合格，发包人承担由此发生的全部追加合同价款，赔偿承包人损失，并相应顺延工期。检验不合格，承包人承担发生的全部费用，工期予以顺延。

(7) 承包人按协议条款约定的时间向工程师提交实际完成工程量的报告。工程师在接到报告 3 天内按承包人提供的实际完成的工程量报告核实工程量（计量），并在计量 24 小时前通知承包人。

(8) 工程未经竣工验收或竣工验收未通过的，发包人不得使用。发包人强行使用时，发生的质量问题及其他问题，由发包人承担责任。

(9) 因不可抗力事件导致的费用及延误的工期由双方共同承担。

问题：

请逐条指出上述合同条款中不妥当之处，并提出如何改正。

任务要求：

了解建筑工程项目合同的概念、特点和作用，了解工程项目合同管理组织的工作流程。

一、合同交底工作

在合同实施前，必须对项目管理人员和各工作小组负责人进行“合同交底”，把合同责任具体落实到各负责人和合同实施的具体工作上。合同交底的主要内容有：

(1) 合同的主要内容。主要介绍承包商的主要合同责任、工程范围和权利；业主的主要责任和权利；合同价格、计价方法、补偿条件；工期要求和补偿条件；工程中一些问题的处理方法和过程，如工程变更、补偿程序、工程的验收方法、工程的质量控制程序等；争执的解决；双方的违约责任等。

(2) 在投标和合同签订过程中的情况。

(3) 合同履行时应注意的问题、可能的风险和建议等。

(4) 合同要求与相关方期望、法律规定、社会责任等的相关注意事项。

二、合同实施监督

承包商合同实施监督的目的是保证按照合同完成自己的合同责任。其主要的工作有：

(1) 合同管理人员与项目的其他职能人员一起落实合同实施计划，为各工程小组、分包商的工作提供必要的保证。如施工现场的安排、人工、材料、机械等计划的落实，工序间搭接关系的安排和其他一些必要的准备工作。

（2）在合同范围内协调业主、工程师、项目管理各职能人员、所属的各工程小组和分包商之间的工作关系，解决合同实施中出现的问题，如合同责任界面之间的争执，工程活动之间在时间上和空间上的不协调等。

合同责任界面争执是工程实施中很常见的，承包商与业主、与业主的其他承包商、与材料和设备供应商、与分包商，以及承包商的分包商之间，工程小组与分包商之间常常互相推卸合同中未明确划定的工程活动的责任。这会引起内部和外部的争执，对此合同管理人员必须做判定和调解工作。

（3）对各工作小组和分包商进行工作指导，作经常性的合同解释，使各工作小组都有全局观念，对工程中发现的问题提出意见、建议或警告。

（4）会同项目管理的有关职能人员检查、监督各工程小组和分包商的合同实施情况，保证自己全面履行合同责任。在工程施工过程中，承包商有责任自我监督，发现问题，及时自我改正缺陷，其工作内容如下：

1）审查、监督完全按照合同所确定的工程范围施工，不漏项，也不多余。无论对单价合同，还是总价合同，没有工程师的指令，漏项和超过合同范围完成工作都得不到相应的付款。

2）承包商及时开工，并以应有的进度施工，保证工程进度符合合同和工程师批准的详细的进度计划的要求。通常，承包商不仅对竣工时间承担责任，而且应该及时开工，以正常的进度开展工作。

3）按照合同要求，采购材料和设备。承包商的工程如果超过合同规定的质量要求是白费的，只能得到合同所规定的付款。承包商对工程质量的义务，不仅要按照合同要求使用材料、设备和工艺，而且要保证它们适合业主所要求的工程使用目的。

承包商应会同业主及工程师对工程所用材料和设备开箱检查或验收，看是否符合图纸和技术规范等的质量要求；进行隐蔽工程和已完工程的检查验收，负责验收文件的起草和验收的组织工作。承包商有责任采用可靠、技术良好、符合专业要求、安全稳定的方法完成工程施工。

4）在按照合同规定由工程师检查前，应首先自我检查核对，对未完成的工程，或有缺陷的工程限期采取补救措施：

a. 承包商对业主提供的设计文件、材料、设备、指令进行监督和检查。

承包商对业主提供的设计文件（图纸、规范）的准确性和充分性不承担责任，但如果业主提供的规范和图纸中有明显的错误，或是不可用的，承包商有告知的义务，应作出事前的警告。只有当这些错误是专业性的，不易被发现的，或时间太紧，承包商没有机会提出警告，或者曾经提出过警告，业主没有理睬，承包商才能免责。

b. 对于因业主的变更指令而作出的调整工程实施措施，如可能引起工程成本、进度、使用功能等方面的问题或缺陷。承包商同样有预警责任。

c. 应监督业主按照合同规定的时间、数量、质量要求及时提供材料和设备。如果业主不按时提供，承包商有责任事先提出需求通知。如果业主提供的材料和设备质量，数量存在问题，应及时向业主提出申诉。

5）会同造价工程师，对向业主提出的工程款账单和分包商提交来的收款账单进行审查和确认。

6）合同管理工作一经进入现场后，合同的任何变更，都应由合同管理人员负责提出。对向分包商的任何指令，向业主的任何文字答复、请示，都须经合同管理人员审查并记录在案。承包商与业主、与总（分）包商的任何争议的协商和解决都必须有合同管理人员的参与，并对解决结果进行合同和法律方面的审查、分析和评价。这样不仅能保证工程施工一直处于严格的合同控制中，并且使承包商的各项工作更有预见性，能够及早地预计行为的法律后果。

由于工程实施中的许多文件（如业主和工程师的指令、会谈纪要、备忘录、修正案、附加协议等）也应完备，没有缺陷、错误、矛盾和二义性，它们也应接受合同审查。在实际工程中这方面问题也特别多。

7）承包商对环境的监控责任。对施工现场遇到的异常情况必须作记录，如在施工中发现影响施工的地下障碍物，如发现古墓、古建筑遗址、钱币等文物及化石或其他有考古、地质研究等价值的物品时，承包商应立即保护好现场并及时以书面形式通知工程师。

承包商对后期可能出现的影响工程施工、造成合同价格上升、工期延长的环境情况进行预警，并及时通知业主。业主应及时对此进行评估，并将决定反馈给承包商。

三、合同跟踪

1. 合同跟踪的作用

在工程实施过程中，由于实际情况千变万化，导致合同实施与预定目标（计划和设计）偏离。如果不采取措施，这种偏差常常由小到大，逐渐积累。合同跟踪可以不断地找出偏离，不断地调整合同实施，使之与总目标一致。这是合同控制的主要手段。合同跟踪的作用有：

（1）通过合同实施情况分析，找出偏离，以便及时采取措施，调整合同实施过程，达到合同总目标，所以合同跟踪是调整决策的前导工作。

（2）在整个工程过程中，能使项目管理人员清楚地了解合同实施情况，对合同实施现状、趋向和结果有一个清醒的认识，这是非常重要的。有些管理混乱、管理水平低的工程常常只有到工程结束时才能发现实际损失，可这时已无法挽回。

2. 合同跟踪的依据

（1）合同和合同分析的结果，如各种计划、方案、合同变更文件等，它们是比较的基础，是合同实施的目标和依据。

（2）各种实际的工程文件，如原始记录、各种工程报表、报告、验收结果等。

（3）工程管理人员每天对现场情况的直观了解，如通过施工现场的巡视、谈话、召集小组会议、检查工程质量等。这是最直观的感性认识，通常可以比通过报表、报告更快地发现问题，更能透彻地了解问题，有助于迅速采取措施，减少损失。

这就要求合同管理人员在工程实施过程中一直立足于现场，对合同可能的风险应及时予以监控。

3. 合同跟踪的对象

合同跟踪的对象，通常有下列几个层次：

(1) 对具体的合同实施工作进行跟踪，对照合同实施工作表的具体内容，分析该工作的实际完成情况。具体有：①工作质量是否符合合同要求，如工作的精度，材料质量是否符合合同要求，工作过程中是否有无其他问题；②工程范围是否符合要求，有无合同规定以外的工作；③是否在预定期限内完成工作，工期有无延长，延长的原因是什么；④成本与计划相比有无增加或减少。

经过上面的分析可以得到偏离的原因和责任，同时从这里可以发现索赔机会。

(2) 对工程小组或分包商的工程和工作进行跟踪。一个工程小组或分包商可能承担许多专业相同、工艺相近的分项工程或许多合同实施工作，所以必须对它们实施的情况进行检查分析。在实际工程中常常因为某一工程小组或分包商的工作质量不高或进度拖延而影响整个工程施工，合同管理人员在这方面应向他们提供帮助，例如协调他们之间的工作；对工程缺陷提出意见、建议或警告；责成他们在一定时间内提高质量、加快工程进度等。作为分包合同的发包商，总承包商必须对分包合同的实施进行有效的控制，这是总承包商合同管理的重要任务之一。

(3) 对业主和工程师的工作进行跟踪。业主和工程师是承包商的主要合同伙伴，对他们的工作进行监督和跟踪是十分重要的。

(4) 对工程总体进行跟踪。对工程总体的实施状况进行跟踪，把握工程整体实施情况。

四、合同实施诊断

在合同跟踪的基础上可以进行合同诊断。合同诊断是对合同执行情况的评价、判断和趋向分析、预测，包括下列内容：

(1) 合同实施差异的原因分析。通过对不同监督和跟踪对象的计划和实际的对比分析，不仅可以得到差异，而且可以探索引起这个差异的原因。原因分析可以采用鱼刺图，因果关系分析图（表），成本量差、价差分析等方法定性，或定量地进行。例如，引起计划和实际成本偏离的原因可能有：①整个工程加速或延缓；②工程施工次序被打乱；③工程费用支出增加，如材料费、人工费上升；④增加新的附加工程，以及工程量增加；⑤工作效率低下，资源消耗增加等。

进一步分析，还可以发现更具体的原因，如引起工作效率低下的原因可能有：①内部干扰，如施工组织不周全，夜间加班或人员调遣频繁；机械效率低，操作人员不熟悉新技术，违反操作规程，缺少培训；经济责任不落实，工人劳动积极性不高等。②外部干扰，如图纸出错；设计修改频繁；气候条件差；场地狭窄，现场混乱，水、电、道路等施工条件受到影响。

在分析引起计划和实际成本偏差的原因的基础上，进一步可以分析出各个原因的影响量大小。

(2) 合同差异责任分析。分析引起这些差异的原因，由谁引起，该由谁承担责任（这常常是索赔的理由）。一般只要原因分析详细，有理有据，则责任分析自然清楚。责任分

析必须以合同为依据，按合同规定落实双方的责任。

（3）合同实施趋向预测。分别考虑不采取调控措施和采取调控措施，以及采取不同的调控措施情况下，合同的最终执行结果。承包商有义务对工程可能的风险、问题和缺陷提出预警，主要包括：①最终的工程状况，包括总工期的延误，总成本的超支，质量标准，所能达到的生产能力（或功能要求）等；②承包商将承担什么样的后果，如被罚款、被清算，甚至被起诉，对承包商资质信誉、企业形象、经营战略的影响等；③最终的工程经济效益水平。

综合上述各方面，即可以对合同执行情况作出综合评价和判断。合同诊断人员最好由合同管理人员组织，有关专业人员参加。在合同实施的各关键过程中予以运作，项目经理应直接领导这种工作，并尽快采取需要的改进措施。

五、调整措施的选择

广义地说，对合同实施过程中出现的问题可以采取下列4类措施进行处理。

（1）技术措施，如变更技术方案，采用新的、更高效率的施工方案。

（2）组织和管理措施，如增加人员投入、重新进行计划或调整计划、派遣得力的管理人员、暂停施工、按照合同指令加速。在施工中经常修订进度计划对承包商来说是有利的。

（3）经济措施，如改变投资计划、增加投入、对工作人员进行经济奖励等。

（4）合同措施，例如按照合同进行惩罚、进行合同变更、签订新的附加协议、备忘录、进行索赔等。这一措施是承包商的首选措施，该措施主要由承包商的合同管理机构来实施。

案例评析：

第1条不妥，排序不对，应按合同发生的先后顺序排。招标文件不属于合同条件，“合同履行工程的洽商、变更等书面协议或文件”应看成是合同协议书的组成部分，排第一位。故应改为：①合同履行过程中的洽商、变更等书面协议书或文件；②合同协议书；③中标通知书；④投标书及其附件；⑤施工合同专用条款；⑥施工合同通用条款；⑦标准、规范与有关技术文件；⑧图纸；⑨工程量清单；⑩工程报价单或预算书。

第2条中“承包人有权就改进措施提出追加合同价款”不妥，应改为：“因承包人的原因导致实际进度与计划进度不符，承包人无权就改进措施提出追加合同价款。”

第3条不妥，工程师对施工组织设计是确认或提出修改意见，不是“审批”，因为按惯例只要不违反国家的强制性条文或规定，承包人可以按照其认为是最佳的方式组织施工。应改为：“承包人应按约定日期将施工组织设计提交给工程师，工程师按约定时间予以确认或提出修改意见，逾期不确认也不提出书面意见的，则视为同意。”

第4条中“供承包人参考使用”不妥，应改为：“对资料的真实准确性负责。”

第5条中，“也允许分包单位将分包的工程再次分包给其他施工单位”不妥，应改为：“不允许分包单位将分包的工程再次分包给其他施工单位。”

第6条中，“检验不合格，……工期予以顺延。”不妥，应改为：“检验不合格，工期不予以顺延。”

第7条中，“工程师接到报告3天内按承包人提供的实际完成的工程量报告核实工程量（计量），并在计量24小时通知承包人”不妥。根据《建设工程价款结算管理办法》的规定，应改为：“工程师接到报告后7天内按设计图纸核实已完工程量（计量），并在计量前24小时通知承包人。”

第8条中，“工程未经竣工验收或竣工验收未通过的，发包人不得使用。发包人强行使用时，发生的质量问题及其他问题由发包人承担责任。”应改为“发包人强行使用时，由此发生的质量问题及其他问题，由发包人承担责任，但是，不能免除承包人应承担的保修责任。”

第9条不妥，应改为；因不可抗力事件导致的费用及延误的工期由双方按下列方法分别承担：①工程本身的损害、因工程损害导致第三方人员伤亡和财产损失以及运至施工现场用于施工的材料和待安装的设备的损害，由发包人承担；②承发包双方人员的伤亡损失，分别由各自承担；③承包人机械设备损坏及停工损失，由承包人承担；④停工期间，承包人应工程师要求留在施工场地的必要的管理人员及保卫人员的费用由发包人承担；⑤工程所需清理、修复费用，由发包人承担；⑥延误的工期相应顺延。

任务三　建筑工程项目合同变更与索赔管理

任务介绍：

某高速公路项目利用世行贷款修建，施工合同采用FIDIC合同条件，业主委托监理单位进行施工阶段监理。该工程在施工过程中，陆续发生了如下索赔事件（索赔工期和费用数据均符合实际）：

（1）施工期间，承包方发现施工图纸有误，需设计单位修改，由于图纸修改造成停工20天。承包方提出工期延期20天与费用补偿2万元的要求。

（2）施工期间，因下雨，为保证路基工程填筑质量，总监理工程师下达了暂时停工令，共停工10天，其中连续4天出现低于工程所在地雨季平均降雨量的雨天气候和连续6天出现50年一遇特大暴雨。承包方提出工期延期10天与费用补偿2万元的要求。

（3）施工过程中，现场周围居民称承包方施工噪声对他们造成干扰，阻止承包方的混凝土浇筑工作。承包方提出工期延期5天与费用补偿1万元的要求。

问题：

针对承包方提出的上述索赔要求，监理工程师应如何签署意见？

任务要求：

了解建筑工程项目合同的概念、特点和作用，了解工程项目合同管理组织的工作流程。

一、建筑工程项目合同变更管理

1.合同变更范围

合同变更是合同实施调整措施的综合体现。合同变更的范围很广，一般在合同签订后

所有的工程范围、进度，工程质量要求，合同条款内容，合同双方责权利关系的变化等都可以看作为合同变更。

（1）涉及合同条款的变更，合同条件和合同协议书所定义的双方责权利关系，或一些重大问题的变更。这是狭义的合同变更，以前人们定义合同变更即为这一类。

（2）工程变更，指在工程施工过程中，工程师或业主代表在合同约定范围内对工程范围、质量、数量、性质、施工次序和实施方案等作出变更，这是最常见和最多的合同变更。

（3）合同主体的变更，如由于特殊原因造成合同责任和利益的转让，或合同主体的变化。

2. 合同变更的处理要求

（1）尽可能快地作出变更指令。在实际工作中，变更决策时间过长和变更程序太慢会造成很大的损失，例如：①施工停止，承包商等待变更指令或变更会议决议，等待变更为业主责任，通常可提出索赔；②变更指令不能迅速作出，而现场继续施工，造成更大的返工损失。因此，对管理人员而言不仅要求提前发现变更需求，而且要求变更程序简单和快捷。

（2）迅速、全面、系统地落实变更指令。变更指令作出后，承包商应迅速、全面、系统地落实变更指令；全面修改相关的各种文件，例如图纸、规范、施工计划、采购计划等，使它们一直反映和包括最新的变更。在相关的各工程小组和分包商的工作中落实变更指令并提出相应的措施，对新出现的问题作出解释并提出对策，同时又要协调好各方面工作。

（3）保存原始设计图纸、设计变更资料、业主书面指令、变更后发生的采购合同、发票以及实物或现场照片。

（4）对合同变更的影响做进一步分析。合同变更更是索赔机会，应在合同规定的索赔有效期内完成对它的索赔处理。在合同变更过程中就应记录、收集、整理所涉及的各种文件，如图纸、各种计划、技术说明、规范和业主的变更指令，以作为进一步分析的依据和索赔的证据。在实际工作中，合同变更必须与提出索赔同步进行。甚至对重大的变更，应先进行索赔谈判，待达成一致后，再实施变更。在这里，赔偿协议是关于合同变更的处理结果，也作为合同的一部分。

（5）合同变更的评审。在对合同变更的相关因素和条件进行分析后，应该及时进行变更内容的评审，评审包括合理性、合法性、可能出现的问题及措施等。

由于合同变更对工程施工过程影响大，会造成工期的拖延和费用的增加，容易引起双方的争执，所以合同双方都应十分慎重地对待合同变更问题。按照国际工程统计，工程变更是索赔的主要起因。

3. 合同变更程序和申请

合同变更应有一个正规的程序，应有一整套申请、审查、批准手续。

（1）对重大的合同变更，由双方签署变更协议确定。合同双方经过会谈，对变更所涉及的问题，如变更措施、变更的工作安排、变更所涉及的工期和费用索赔的处理等达成一致，然后双方签署备忘录、修正案等变更协议。

在合同实施过程中，工程参与各方参加定期会议（一般每周一次），商讨研究新出现的问题，讨论对新问题的解决办法。例如业主希望工程提前竣工，要求承包商采取加速措施，则可以对加速所采取的措施和费用补偿等进行具体的评审、协商和安排，在合同双方达成一致后签署赶工协议。

有时对于重大问题，需多次会议协商，通常在最一次会议上签署变更协议。双方签署的合同变更协议与合同一样有法律约束力，而且法律效力优先于合同文本，所以对待合同变更协议也应与对待合同一样，进行认真研究，审查分析，及时答复。

(2) 业主或工程师行使合同赋予的权力，发出工程变更指令。在实际工程中，这种变更在数量上极多。工程合同通常要明确规定工程变更的程序。

在合同分析中常常须作出工程变更程序图。对承包商来说最理想的变更程序是，在变更执行前，合同双方已就工程变更中涉及的费用增加和工期延误的补偿协商达成一致。

但按该程序实施变更，时间太长，合同双方对于费用和工期补偿谈判常常会有反复和争执，这会影响变更的实施和整个工程施工进度。所以在一般工程中，特别是国际工程中较少采用这种程序。

在国际工程中，承包合同通常都赋予业主（或工程师）以直接指令变更工程的权力。承包商在接到指令后必须执行，而合同价格和工期的调整由工程师和承包商在与业主协商后确定。

(3) 工程变更申请。在工程项目管理中，工程变更通常要经过一定的手续，如申请、审查、批准、通知（指令）等。工程变更申请表的格式和内容可以按具体工程需要设计。

二、建筑工程项目索赔与反索赔

（一）索赔的概念

索赔指在合同的实施过程中，合同一方因对方不履行或未能正确履行合同所规定的义务而受到损失，向对方提出赔偿要求。

但在承包工程中，对承包商来说，索赔的范围更为广泛。一般只要不是承包商自身责任，而由于外界干扰造成工期延长和成本增加，都有可能提出索赔。通常包括两种情况：

(1) 业主违约，未履行合同责任。如未按合同规定及时交付设计图纸造成工程拖延，未及时支付工程款，承包商可提出赔偿要求。

(2) 业主未违反合同，而由于其他原因，如业主行使合同赋予的权力指令变更工程；工程环境出现事先未能预料的情况或变化，如恶劣的气候条件，与勘探报告不同的地质情况，国家法令的修改，物价上涨，汇率变化等。由此造成的损失，承包商可提出补偿要求。

这两者在用词上有些差别，但处理过程和处理方法相同。所以，从管理的角度可以将他们同归于索赔。在实际工程中，索赔是双向的。业主向承包商也可能有索赔要求，一般称之为反索赔。但通常业主索赔数量较小，而且处理方便。业主可通过冲账、扣拨工程款、没收履约保函、扣保留金等实现对承包商的索赔。而最常见、最有代表性、处理比较困难的是承包商向业主的索赔，所以人们通常将它作为索赔管理的重点和主要对象。

（二）索赔要求

在承包工程中，索赔要求通常有两个：

(1) 合同工期的延长。承包合同中都有工期（开始期和持续时间）和工程拖延的罚款条款。如果工程拖期是由承包商管理不善造成的，则他必须承担责任，接受合同规定的处罚。而对外界干扰引起的工期拖延，承包商可以通过索赔，取得业主对合同工期延长的认可，则在这个范围内可免去他的合同处罚。

(2) 费用补偿。由于非承包商自身责任造成工程成本增加，使承包商增加额外费用，蒙受经济损失，他可以根据合同规定提出费用索赔要求。如果该要求得到业主的认可，业主应向他追加支付这笔费用以补偿损失。这样，实质上承包商通过索赔提高了合同价格，常常不仅可以弥补损失，而且能增加工程利润。

（三）索赔的起因

与其他行业相比，建筑业是一个索赔多发的行业。这是由建筑产品、建筑生产过程、建筑产品市场经营方式决定的。合同确定的工期和价格是相对于投标时的合同条件、过程环境和实施方案，即“合同状态”，造成工期延长和额外费用的增加，由于这些增量没有包括在原合同工期和价格中，或承包商不能通过合同价格获得补偿，则产生索赔要求。在现代承包工程中，特别在国际承包工程中，索赔经常发生，而且索赔数额很大。这主要是由下列几方面原因造成的。

(1) 现代承包工程的特点是工程量大、投资多、结构复杂、技术和质量要求高、工期长。工程本身和工程的环境有很多不确定性，他们在工程实施中会有很大变化，最常见的有：地质条件的变化，建筑市场和建材市场的变化，货币的贬值，城建和环保部门对工程新的建议、要求或干涉，自然条件的变化等。它们形成对工程实施的内外部干扰，直接影响工程设计和计划，进而影响工期和成本。

(2) 承包合同在工程开始前签订，是基于对未来情况预测的基础上。对如此复杂的工程和环境，合同不可能对所有的问题作出预见和规定、对所有的工程作出准确的说明。工程承包合同条件越来越复杂，合同中难免有考虑不周的条款、缺陷和不足之处，如措辞不当、说明不清楚、有二义性，技术设计也可能有许多错误。这会导致在合同实施中双方对责任、义务和权利的争执，而这一切往往都与工期、成本、价格相联系。

(3) 业主要求的变化导致大量的工程变更。如建筑的功能、形式、质量标准、实施方式和过程、工程量、工程质量的变化，业主管理的疏忽、未履行或未正确履行他的合同责任。而合同工期和价格是以业主招标文件确定的要求为依据，同时以业主不干扰承包商实施过程、业主圆满履行他的合同责任为前提的。

(4) 工程参加单位多，各方面技术和经济关系错综复杂，互相联系又互相影响。各方面技术和经济责任的界面常常很难明确分清。在实际工作中。管理上的失误是不可避免的。但一方失误不仅会造成自己的损失、而且会殃及其他合作者，影响整个工程的实施。当然，在总体上，应按照合同原则平等对待各方利益，坚持“谁过失，谁赔偿”。索赔是受损失者的正当权利。

(5) 合同双方对合同理解的差异造成工程实施中行为的失调，造成工程管理失误。由于合同文件十分复杂、数量多、分析困难，再加上双方的立场、角度不同，会造成对合同权利和义务的范围、界限的划定理解不一致，造成合同争执。

在国际承包工程中，由于合同双方来自不同的国度，使用不同的语言，适应不同的法律参照系，有不同的工程习惯。双方对合同责任理解的差异是引起索赔的主要原因之一。

（四）索赔管理

索赔管理作为工程项目管理的一部分，是工程项目管理水平的综合体现。它与项目管理的其他职能有密切的联系，要做好索赔工作必须明确下列几方面内容。

1. 索赔意识

在市场经济环境中承包商必须重视索赔问题，必须有索赔意识。索赔意识主要体现在下列3个方面：

（1）法律意识。索赔是法律赋予承包商的正当权利，是保护自己正当权益的手段。强化索赔意识，实质上强化了承包商的法律意识。这不仅可以加强承包商的自我保护意识，提高自我保护能力，而且还能提高承包商履约的自觉性，自觉地防止自己侵害他人利益。这样合作双方有一个好的合作气氛、有利于合同总目标的实现。

（2）市场经济意识。在市场经济环境中，承包企业以追求经济效益为目标，索赔是在合同规定的范围内，合理合法地追求经济效益的手段。通过索赔可提高合同价格，减少损失。不讲索赔，放弃索赔机会，是不讲经济效益的表现。

（3）工程管理意识。索赔工作涉及工程项目管理的各个方面，要取得索赔的成功，必须提高整个工程项目的管理水平，进一步健全和完善管理机制。在工程管理中，必须有专人负责索赔管理工作，将索赔管理贯穿于工程项目全过程、工程实施的各个环节和各个阶段。所以搞好索赔能带动施工企业管理和工程项目管理整体水平的提高。

承包商有索赔意识，才能重视索赔，敢于索赔，善于索赔。在现代工程中，索赔的作用不仅仅是争取经济上的补偿以弥补损失，还包括：

1）防止损失的发生。即通过有效的索赔管理避免干扰事件的发生，避免自己的违约行为。

2）加深对合同的理解。索赔和合同管理有直接的联系，整个索赔处理的过程是执行合同的过程。项目开工后，一旦出现合同规定以外的情况，或合同实施受到干扰，就要分析是否就此提出索赔。这就需要合同管理人员对合同条款有足够的理解。

3）有助于提高整个项目管理水平和企业素质。索赔管理是项目管理中高层次的管理工作，重视索赔管理会带动整个项目管理水平和企业素质的提高。

2. 索赔管理的任务

在承包工程项目管理中，索赔管理的任务是索赔和反索赔。索赔和反索赔是矛和盾的关系，进攻和防守的关系。有索赔，必有反索赔。在业主和承包商、总包和分包、联营成员之间都可能有索赔和反索赔。在工程项目管理中它们又有不同的任务。

（1）索赔的任务。索赔的作用是对自己已经受到的损失进行追索，其任务有：

1）预测索赔机会。虽然干扰事件产生于工程施工中，但它的根由却在招标文件、合同、设计、计划中，所以，在招标文件分析、合同谈判（包括在工程实施中双方召开变更会议、签署补充协议等）中，承包商应对干扰事件有充分的考虑和防范，并预测索赔的可能。预测索赔机会又是合同风险分析和对策的内容之一。对于一个具体地承包合同，具体

的工程和工程环境，干扰事件的发生有一定的规律性。承包商对它必须有充分的估计和准备，在报价、合同谈判、作实施方案和计划中考虑它的影响。

2）在合同实施中寻找和发现索赔机会。在任何一个工程中，干扰事件是不可避免的，问题是承包商能否及时发现并抓住索赔机会。承包商应对索赔机会有敏锐的感觉，可以通过对合同实施过程进行监督、跟踪、分析和诊断，以寻找和发现索赔机会。

3）处理索赔事件，解决索赔争执。一经发现索赔机会，则应迅速作出反应，进入索赔处理过程。在这个过程中有大量的、具体的、细致的索赔管理工作和业务，包括：向工程师和业主提出索赔意向；事态调查、寻找索赔理由和证据、分析干扰事件的影响、计算索赔值、起草索赔报告；向业主提出索赔报告，通过谈判、调解、或仲裁最终解决索赔争执，使自己的损失得到合理补偿。

（2）反索赔的任务。

1）反驳对方不合理的索赔要求。对对方（业主、总包或分包）已提出的索赔要求进行反驳，规避自己对已产生的干扰事件的合同责任，否定或部分否定对方的索赔要求，使自己不受或少受损失。

2）防止对方提出索赔。通过有效的合同管理，使自己完全按合同办事，处于不被索赔的地位，即着眼于避免损失和争执的发生。

在工程实施过程中，合同双方都在进行合同管理，都在寻求索赔机会。所以，如果承包商不能进行有效的索赔管理，不仅容易丧失索赔机会，使自己的损失得不到补偿，而且可能反被对方索赔，蒙受更大的损失，这样的教训是很多的。

3. 索赔与合同管理的关系

合同是索赔的依据，索赔就是针对不符合或违反合同的事件，并以合同条文作为最终判定的标准。索赔是合同管理的继续，是解决双方合同争执的独特办法。所以，人们常常将索赔称为合同索赔。

（1）签订一个有力的合同是索赔成功的前提。索赔并以合同条文作为理由和依据，所以索赔的成败、索赔额的大小及解决结果常常取决于合同的完善程度和表达方式。

合同有利，则承包商在工程中处于有利地位，无论进行索赔或反索赔都能得心应手，有理有据。

合同不利，如责权利不平衡条款，单方面约束性条款太多，风险大，合同中没有索赔条款，或索赔权受到严格的限制，使承包商常常处于不利地位，往往只能被动“挨打”，对损失防不胜防。这里的损失已产生于合同签订过程中，而合同执行过程中利用索赔（反索赔）进行补救的余地已经很小。对此，常常连一些索赔专家和法律专家也无能为力。所以为了签订一个有利的合同而做出各种努力是最有力的索赔管理。

在工程项目的投标、议价和合同签订过程中，承包商应仔细研究工程所在国家（地区）的法律、政策、规定及合同条件，特别是关于合同工程范围、义务、付款、价格调整、工地变更、违约责任、业主风险、索赔时限和争端解决等条款，必须在合同中明确当事人各方的权利和义务，以便为将来可能的索赔提供合法的依据和基础。

（2）在合同分析、合同监督和跟踪中发现索赔机会。在合同签订前和合同实施前，通过对合同的审查和分析可以预测和发现潜在的索赔机会。其中，应对合同变更、价格补偿，工期索赔的条件、可能性、程序等条款予以特别注意和研究。

在合约实施过程中，合同管理人员进行合同监督和跟踪，首先保证承包商全面执行合同、不违约。并且监督和跟踪对方合同完成情况，将每日的工程实施情况与合同分析的结果相对照，一经发现两者之间不符合，或在合同实施中出现有争议的问题，就应作进一步的分析，进行索赔处理。这些索赔机会是索赔的起点。所以索赔的依据在于日常工作的积累，在于对合同执行的全面控制。

(3) 合同变更直接作为索赔事件。对于因业主的变更指令、合同双方对新的特殊问题的协议、会议纪要、修正案而引起合同变更，合同管理者不仅要落实这些变更，调整合同实施计划，修改原合同规定的责权利关系，而且要进一步分析合同变更造成的影响。合同变更如果引起工期拖延和费用增加可能导致索赔。

(4) 合同管理提供索赔所需要的证据。在合同管理中要处理大量的合同资料和工程资料，它们又可作为索赔的证据。

(5) 处理索赔事件。日常单项索赔事件由合同管理人员负责处理。由他们进行干扰事件分析、影响分析，收集证据，准备索赔报告，参加索赔谈判。对重大的一揽子索赔必须成立专门的索赔小组负责具体工作，合同管理人员在小组中起着主导中作用。

在国际工程中，索赔已被看作是意向正常的合同管理业务。索赔实质上又是对合同双方责权利关系的重新分配和定义的要求，它的解决结果也作为合同的一部分。

应用案例：

某工程项目业主与施工单位已签订施工合同。在合同履行中陆续遇到一些问题需要进行处理，若你作为一名监理工程师，对遇到的下列问题应提出怎样的处理意见？

1. 在施工招标文件中，按工期定额计算，工期为550天。但在施工合同中，开工日期为2007年12月15日，竣工日期为2009年7月20日，日历天数为581天。请问该项目的工期目标应为多少天，为什么？

2. 施工合同规定，业主给施工单位供应图纸7套，施工单位在施工中要求业主再提供3套图纸，增加的施工图纸的费用应由谁来支付？

3. 在基槽开挖土方完成后，施工单位未对基槽四周进行围栏防护，业主代表进入施工现场不慎掉入基坑摔伤，由此发生的医疗费用应由谁来支付，为什么？

4. 在结构施工中，施工单位需要在夜间浇筑混凝土，经业主同意并办理了有关手续。按地方政府有关规定，在晚上11时以后一般不得施工，如有特殊情况，需要给附近居民补贴，此项费用由谁来承担？

5. 在结构施工中，由于业主供电线路事故原因，造成施工现场连续停电3天，定点后施工单位为了减少损失，经过调剂，工人尽量安排其他生产工作。但现场一台塔式起重机、两台混凝土搅拌机停止工作，施工单位按规定时间就停工情况和经济损失提出索赔报告，要求索赔工期和费用，监理工程师该如何批复？

案例解析：

1. 按照合同文件的解释顺序，协议条款与招标文件在内容上有矛盾时，应以协议条款为准。故该项目的工期目标应为581天。

2. 合同规定业主供应图纸7套，施工单位再要3套图纸，超出合同规定，故增加的图

纸费用由施工单位支付。

3. 在基槽开挖土方后，在四周设置围栏，按合同文件规定是施工单位的责任。未设围栏而发生人员摔伤事故，所发生的医疗费用应由施工单位来支付。

4. 夜间施工经业主同意，并办理了有关手续，应由业主承担有关费用。

5. 由于施工单位以外的原因造成的停电，在一周内超过8个小时，施工单位又按规定提出索赔。监理工程师应批复工期顺延。由于工人已安排进行其他生产工作的，监理工程师应批复因改换工作引起的生产效率降低的费用。造成施工机械停止工作，监理工程师视情况可批复机械设备租赁费或折旧费的补偿。

案例评析：

事件1：这是非承包方原因造成的，故监理工程师应批准工期补偿和费用补偿。

事件2：由于异常恶劣气候造成的6天停工是承包方不可预见的，应签证给予工期补偿6天，而不应给费用补偿；对于低于雨季正常雨量造成的4天停工，是承包方应该预见的，故不应该签证给予工期补偿和费用补偿。

事件3：这是承包方自身原因造成的，故不应给予费用补偿和工期补偿。

小　结

本项目介绍了建筑工程合同管理的相关基础知识、合同实施管理、合同变更、索赔管理等内容。通过对本项目的学习，应对合同的概念、类型、订立、履行、变更等内容有所了解，应重点掌握合同实施管理的内容。

合同是当事人双方设立、变更和终止民事权利和义务关系的协议，作为一种法律手段在具体问题中对签订合同的双方实行必要的约束。合同作为工程项目运作的基础和工具，在工程项目的实施过程中具有重要作用。合同管理是建筑工程项目管理的核心，是综合性的、全面的、高层次的、高度准确、严密、精细的管理工作。其目标是通过合同的签订、合同实施控制等工作，全面完成合同责任，保证建筑工程项目目标和企业目标的实现。在现代工程项目管理中合同管理具有十分重要的地位，已成为与进度管理、质量管理、成本（投资）管理、安全管理、信息管理等并列的一大管理职能。合同管理程序应贯穿于建筑工程项目管理的全过程，与工程招标投标、质量管理、进度管理、成本管理、信息管理、沟通管理、风险管理紧密相连。学生在学习过程中，应注意理论联系实际，结合案例，初步掌握理论知识，再通过工程实践完成合同管理的相关内容，提高实践动手能力。

训　练　题

一、单项选择题

1. 建筑工程合同实施控制的作用是（　　）。

　A. 通过合同实施情况分析，找出偏离，以便及时采取措施，调整合同实施过程，达到合同总目标

　B. 分析合同执行差异的原因

　C. 分析合同差异的责任

D. 问题的处理

2. 下列不属于合同诊断的内容是（　　）。

A. 技术措施　　B. 问题的处理

C. 分析合同差异责任　　D. 分析合同执行差异的责任

3. 常见的建设工程索赔中因合同文件引起的索赔不包含（　　）。

A. 有关合同文件的组成问题引起的索赔

B. 关于合同文件的内容不明，或不详问题引起的索赔

C. 关于合同文件有效性引起的索赔

D. 因图纸或工程量表中的错误而引起的索赔

4. 建筑工程项目管理的核心是（　　）。

A. 质量控制　　B. 合同管理　　C. 信息管理　　D. 投资控制

5. 在工程项目招投标阶段的初期，业主在合同管理方面的主要任务是（　　）。

A. 合同策划　　B. 合同评审

C. 建立合同管理组织　　D. 制订合同实施计划

6. 施工中遇到有价值的地下文物后，承包商应立即停止施工并采取有效保护措施，对打乱施工计划的后果责任是（　　）。

A. 承包商承担保护费用，工期不予顺延

B. 承包商承担保护费用，工期予以顺延

C. 业主承担保护措施费用，工期不予拖延

D. 业主承担保护措施费用，工期予以拖延

7. 施工合同示范文本中，“工期”指的是（　　）。

A. 合同条件依据的“定额工期”　　B. 协议条款约定的“合同工期”

C. 施工合同履行的“施工工期”　　D. 招标文件中的“计划工期”

8. 对于承包商而言，合同诊断工作应由（　　）直接领导。

A. 企业法人　　B. 技术负责人　　C. 项目经理　　D. 合同管理人员

9. 承包商签订合同后，将合同的一部分分包给第三方承担时，（　　）。

A. 应征得业主同意　　B. 可不经过业主同意

C. 自行决定后通知业主　　D. 自行决定后通知监理工程师

10. 在工程实施过程中，按实际完成的工程量和原填单计价的合同是（　　）。

A. 固定总价合同　　B. 工程量清单合同

C. 单价一览表合同　　D. 可调价格合同

11. 对于有分包的工程项目，（　　）应该对分包合同的实施进行有效监控。

A. 业主　　B. 总承包商　　C. 监理工程师　　D. 分包商

12. 下列原因不能引起承包商索赔的有（　　）。

A. 承包商因等待变更指令而暂时停工

B. 业主对工程要求变动，导致大量变更

C. 其他项目参与者的失误，影响自身工程进展

D. 因降雨致使基坑灌坑，影响自身工程进展

13. 工程分包是针对（　　）而言。

A. 总承包　　B. 专业工程分包　C. 劳务作业分包　D. 转包

14. 下列不属于工程问题的调整措施是（　　）。

A. 问题的处理　　B. 技术措施　　C. 经济措施　　D. 合同措施

15. 以下关于索赔的说法不正确的是（　　）。

A. 索赔是相互的　　B. 索赔是双向的

C. 发包人不可以向承包人索赔　　D. 承包人可以向发包人索赔

二、多项选择题

1. 进行合同分析是基于（　　）原因。

A. 合同条文繁杂，内涵意义深刻，法律语言不容易理解

B. 同在一个工程中，往往几份、十几份甚至几十份合同交织在一起，有十分复杂的关系

C. 工程小组、项目管理职能人员等涉及的活动和问题不是合同文件的全部，而仅为合同的部分内容，如何理解合同对于和合同的实施将会产生重大影响

D. 合同中存在问题和风险，包括合同审查时已经发现的风险和还可能隐藏的尚未发现的风险

E. 合同分析在不同的时期，为了不同的目的，有不同的内容

2. 合同控制依据的内容包括（　　）。

A. 合同和合同分析的结果，如各种计划、方案、洽商变更文件等，它们是比较的基础，是合同实施的目标和依据

B. 各种实际的工程文件，如原始记录、各种工作报表、报告、验收结果、计量结果等

C. 对于合同执行差异的原因，对合同实施控制

D. 工程管理人员每天对现场情况的书面记录

3. 下列可引起固定总价合同价款变动的是（　　）。

A. 工程量变化　　B. 自然灾害　　C. 材料价格波动　　D. 设计有重大修改

E. 劳务工资上涨

4. 合同在工程项目中的作用包括（　　）。

A. 分配工程任务　　B. 确定组织关系

C. 形成法律依据　　D. 协调参与者的行为

E. 为解决争议提供依据

5. 建筑工程施工分包合同的当事人是（　　）。

A. 发包人　　B. 监理单位　　C. 承包人　　D. 工程师

E. 分包单位

6. 承包商提出施工索赔时，应提供的依据包括（　　）。

A. 所引用的合同条款内容

B. 政府公告资料

C. 施工进度计划和批准的财务报告

D. 时间发生的现场周期记录资料

E. 承包商受到损害的照片

7. 下列对索赔的理解，正确的是（　　）。

A. 合同双方均有权索赔

B. 是客观存在的

C. 是单方行为

D. 前提是经济损失或权利损害

E. 必须经对方确认

8. 在工程实施过程中，（　　）可以行使合同赋予的权利，发出工程变更指令。

A. 业主　　B. 工程师　　C. 设计人员　　D. 监理工程师代表

E. 项目经理

9. 属于合同中书面形式的是（　　）。

A. 合同书　　B. 补充协议　　C. 信件　　D. 数据电文

E. 合同变更协议

10. 工程项目合同管理工作的过程包括（　　）。

A. 合同策划和评审　　B. 合同签订

C. 合同实施计划　　D. 合同实施控制

E. 合同后评价

三、思考题

1. 建筑工程项目合同管理的重要性体现在哪些方面?

2. 合同在工程项目中的作用是什么?

3. 合同实施监督的主要工作有哪些?

4. 引起索赔的原因有哪些?

5. 索赔管理的任务是什么?

四、实训题

[目的] 通过实训，进一步加深对本模块知识的理解程度，加强理论联系实际的能力。

[资料] 一个日处理15万t水的水处理厂项目，由世界银行提供贷款，合同金额为200万美元，工期为29个月，合同条件以FIDIC第4版为蓝本。合同要求在河岸边修建一个泵站，承包商在进行泵站的基础开挖时，遇到了业主的勘测资料并未指明的流砂和风化岩层，为此业主以书面形式通知施工单位停工10天，并同意合同工期顺延10天。为确保继续施工，要求工人、施工机械等不要撤离施工现场，但在通知中未涉及由此造成施工单位停工损失如何处理。施工单位认为其损失过大，提出索赔。

[要求] 试根据所学知识独立解决下列问题：

1. 施工单位的索赔能否成立，索赔依据是什么?

2. 由此引起的损失费用项目有哪些?

3. 如果提出索赔要求，应向业主提供哪些索赔文件?

项目六　建筑工程项目信息管理

【专业能力】 建筑工程项目信息管理的基本内容、程序和方法，建筑工程项目管理软件的应用。

【方法能力】 掌握制作各种工程报告、建立各种资料的索引系统并熟悉工程项目管理信息系统运行过程；快速掌握工程项目管理软件的使用。

【社会能力】 具有结合实际运用建筑工程信息管理的相关知识分析问题解决问题的能力。

背景资料：

当今时代，信息处理已逐步向电子化和数字化的方向发展。我国工程项目管理信息系统主要是按照工程项目的规划、设计、施工、运营等几个阶段进行开发的，但大部分软件系统主要应用在施工阶段。这样的状况造成了项目各阶段的信息和项目各管理流程信息之间无法实现数据交换和共享，致使建筑业和基本建设领域的信息化水平已明显落后于许多其他行业，建筑工程项目信息处理基本上还沿用传统的方法和模式。且由于参与方之间都无法实现信息交换与共享，我国建筑工程项目信息化水平基本处于西方20世纪80年代的水平。

思考与拓展：

1. 建筑工程项目管理者应采取怎样的应对措施来提高建筑工程项目管理现代化水平？

2. 建筑工程项目信息管理的任务、原则、特征和要求分别是什么？

3. 建筑工程项目信息管理主要过程是什么，建筑工程项目管理者怎样获取施工项目信息？

4. 在网络信息快速发展的今天，建筑工程项目管理者应具备哪些计算机的基本技能以赶上信息化的步伐？

任务一　建筑工程项目信息管理基础知识

一、施工项目信息管理的概念

信息指的是用口头、书面或电子传输的方式（传达、传递）的知识、情报等。信息是知识的载体，来源于物质与物质的运动，它反映事物的规律、特征及变化，体现对事物的认识与理解程度。人通过获得、识别自然界和社会的不同信息来区别不同事物，得以认识和改造世界。建筑工程项目的实施需要人力资源和物质资源，信息为使用者提供决策和管理所需要的依据，是项目实施的重要资源之一。

建筑工程项目的信息是能够反映项目决策过程、实施过程（设计准备、设计、施工和物资采购过程等）和运行过程中各项业务产生的信息，它包括项目的组织类信息、管理类信息、经济类信息、技术类信息和法规类信息。为充分发挥信息资源的作用和提高信息管理的水平，为项目建设增值，施工单位和其项目管理部门都应设置专门的工作部门（或专门的人员）负责信息管理。

二、施工项目信息的主要分类

由于建筑工程项目管理中的信息面大，为了便于管理和应用，可将信息进行基本的分类：

（1）公共信息。包括法规和部门规章制度、市场信息、自然条件信息等。

（2）单位工程信息。包括工程概况信息、施工记录信息、施工技术资料信息、工程协调信息、过程进度计划及资源计划信息、成本信息、商务信息、质量检查信息、安全文明施工及行政管理信息、交工验收信息等。

为满足项目管理工作的要求，往往需要对建筑工程项目信息进行综合分类，即按多维进行分类，如：第一维，按项目的分解结构；第二维，按项目实施的工作过程；第三维，按项目管理工作的任务。

项目信息有不同的分类方法，如表 6－1 所示。

表 6－1　建筑项目信息

分类方法	信息类型	分类方法	信息类型
组织类信息	编码信息	经济类信息	投资控制信息
	单位组织信息		工作量控制信息
	项目组织信息	技术类信息	前期技术信息
	项目管理组织信息		质量控制信息
管理类信息	进度控制信息		设计技术信息
	合同管理信息		施工技术信息
	风险管理信息		竣工验收技术信息
	安全管理信息		材料设备技术信息

三、施工项目信息的表现形式

可以从不同的表现形式对建筑工程项目的信息进行分类。

（1）按书面的形式，即：

1）设计图纸、说明书、任务书、施工组织设计、合同文本、概预算书、会计、统计等各类报表、工作条例、规章、制度等。

2）会议纪要、谈判记录、技术交底记录、工作研讨记录等。

3）个别谈话记录，如监理工程师口头提出、电话提出的工程变更要求，在事后应及时追补的工程变更文件记录、电话记录等。

（2）按技术形式，如设计准备、设计、招投标和施工过程等进行信息分类。

（3）按电子形式，如电子邮件、Web 网页进行信息分类。

四、施工项目信息管理内容

1. 信息管理手册

业主方和项目参与各方都有各自的信息管理任务各方都应编制各自的信息管理任务，以规范信息管理工作。信息管理手册描述和定义信息管理谁做、什么时候做、做什么和其工作成果是什么等，主要包括下列内容：

（1）信息管理的任务（信息管理任务目录）。

（2）信息管理的任务分工表和管理职能分工表。

（3）信息的分类。

（4）信息的编码体系和编码。

（5）信息输入输出模型。

（6）各项信息管理工作的工作流程图。

（7）信息流程图。

（8）信息处理的工作平台及其使用规定。

（9）各种报表和报告的格式，以及报告周期。

（10）项目进展的月度报告、季度报告、年度报告和工程总报告的内容及其编制。

（11）工程档案管理制度。

（12）信息管理的保密制度等，充分利用和发挥信息资源的价值。

2. 施工项目信息管理

施工项目信息主要包括下列内容：

（1）法规和部门规章信息。

（2）市场信息。市场信息包括材料价格表，材料供应商表，机械设备供应商表，机械设备价格表，新材料、新技术、新工艺、新管理方法信息表。

（3）自然条件信息。应建立自然条件信息表。表中至少应包括：地区、场地土的类别、年平均气温、年最高气温、年最低气温、雨季施工（×—×月）、风季施工（×—×月）、冬季施工（×—×月）、年最大风力、地下水位、交通运输条件（优、良、中、差）、环保要求等。

（4）工程概况信息。应建立工程概况信息表，表中至少应包括工程编号、工程名称、工程地点、建筑面积、地下层数、地上层数、结构形式、计划工期、实际工期、开工日期、竣工日期、合同质量等级、建设单位、设计单位、施工单位、监理单位等。

（5）施工记录信息。施工记录信息包括施工日志、质量检查记录表、材料设备进场记录表等信息。

（6）施工技术资料信息。施工技术资料信息包括：

1）技术资料汇总目录表，至少应包括序号、案卷题名、文字册数、文字页数、图样册数、图样页数、其他册数、其他页数、保管人、备注等；

2）技术资料分目录表，至少应包括序号、单位工程名称、分目录名称、资料编号、资料日期、案卷题名、主题词、内容摘要、文字册数、文字页数、图样册数、图样页数、其他册数、其他页数、备注等。

(7) 月施工计划表、工程统计表、材料消耗表和现金台账等。

(8) 进度控制信息。包括工作进度计划表、资源计划表、资源表、完成工作分析表、WBS 作业表和 WBS 界面文件表。

(9) 成本信息。包括承包成本表、责任目标成本表、实际成本表、降低成本计划和成本分析等管理成本信息。

(10) 资源需要量计划信息。包括劳动力需要计划表、主要材料需要计划表、构件和半成品需要量计划表、施工机械需要量计划表、设备需要量计划表、资金需要量计划表。

(11) 商务信息。包括施工预算（工程量清单及其单价）、中标的投标书、合同、工程款、索赔。

(12) 安全文明施工及行政管理信息。主要内容有安全交底、安全设施验收、安全教育、安全措施、安全处罚、安全事故、安全检查、复查整改记录、会议通知、会议记录。

(13) 交工验收信息。主要内容有施工项目质量合格证书、单位工程质量核定表、交工验收证明、施工技术资料移交表、施工项目结算、回访与保修等。

五、施工项目信息的流动形式

项目管理者做决策、各种计划及协调各项目参加者的工作，都是以信息为基础，同时又靠信息来实施的。在项目的实施过程中，不仅包括项目的工作流、物资流、资金流，还有项目信息流。信息流伴随着工作流和物资流按一定的规律生产、转换、变化和被使用，最终被送往必需的部门。这 4 种流动中信息流起着特殊的作用，它反映、使用、控制、指挥着工作流、物资流和资金流。

在项目实施过程中，各种工程文件、报告、报表反映了工程项目的实施情况，反映了工程实行进度、费用、工期状态，各种指令、计划、协调方案又控制和指挥着项目的实施。管理者借此了解项目实施情况，发布各种指令、计划并协调各方面的工作。所以信息流是项目的“神经系统”。只有信息流通畅、有效率，才会有通畅的工作流、物资流和资金流，才会有顺利的、有效率的项目实施过程。

项目单位作为一个系统，信息流动过程主要包括下列两个方面：

(1) 项目与外界的信息交换。项目作为一个开放系统，它与外界有大量的信息交换，包括：①由外界输入的信息，例如环境信息、物价变动的信息、市场状况信息，以及外部系统（如企业、政府机关）给项目的指令、对项目的干预等；②项目向外界输出的信息，如项目状况的报告、请示、要求等。

(2) 项目内部的信息交换，即项目实施过程中项目组织者因进行沟通而产生的大量信息。

六、施工项目信息管理的基本要求

(一) 信息管理

信息管理指的是信息传输的合理的组织和控制。施工项目信息管理以项目管理为目标，通过施工项目中的各种系统、各项工作和各种数据为管理对象，所进行的有计划地获

取、处理、储存、传递、应用各类各专业信息等一系列工作的总和。

信息管理部门是公司信息化建设的主管部门，具体负责全公司信息化建设的组织、实施、协调、管理工作，其主要的工作任务有：

（1）负责编制信息管理手册，在项目实施过程中进行信息管理手册的必要的修改和补充，并检查和督促其执行。

（2）负责协调和组织项目管理班子中各个工作部门的信息处理工作。

（3）负责信息处理工作平台的建立和运行维护。

（4）与其他工作部门协同组织收集信息、处理信息和形成各种反映项目进展和项目目标控制的报表和报告。

（5）负责工程档案管理等。

（二）信息管理的特点

建筑产品形式多样、结构复杂和体积庞大等基本特征决定了建筑施工具有生产周期长、资源用量大、空间流动性高等特点。对建筑施工中人力、物力和财力进行有效组织和规划，是建筑施工项目管理的主要内容。建筑施工项目管理的特点主要体现在下列几个方面。

（1）涉及面广。建筑施工项目管理不但包括施工过程中的生产管理，还涉及技术、质量、材料、计划、安全和合同等方方面面的管理内容，是一个多部门、多专业的综合全面的管理。

（2）工作量大。一个建筑物的形成需要消耗的物资繁多，且大量的施工活动共同参与。对所有这些施工环节及其用到的资源都做到管理上的深入到位，可以想象到建筑施工项目管理工作的复杂与繁重程度，而这些仅仅是项目管理中的生产管理和材料管理两个侧面。

（3）制约性强。建筑施工项目管理不仅要符合建筑工程有关规范规定的要求，还要做到使各施工专业彼此协作、安排有序。

（4）信息流量大。任何一项管理活动，都是以信息为基础来实施的。建筑施工项目各方面的管理活动是相互依赖、相互制约的一种联系，这决定了各管理活动之间信息的交流与传递的必要性。建筑施工项目管理工作的复杂与繁重程度，直接决定了项目管理中信息流动量大的特点。

任务二　建筑工程项目信息系统

一、施工项目信息系统结构

广义的管理信息系统是指存在于任何组织内部、为管理决策服务的信息收集、加工、存储、传递、检索和输出系统。狭义的管理信息系统是指按照系统思想建立起来的以计算机为基础、为管理决策服务的信息系统。它是一个综合的人—机系统，是信息管理中现代管理科学、系统科学、计算机技术及通信技术的综合性具体应用。施工项目信息管理系统是以施工项目为目标系统，利用计算机辅助管理施工项目的信息系统。施工项目信息管理

系统通过及时地对施工项目中的数据进行收集和加工处理，向施工项目部门提供有关信息，支持项目管理人员确定项目规划，在项目实施过程中控制项目目标。项目管理信息系统结构由项目信息、项目公共信息、项目目录清单3个子系统组成，3个子系统共享数据库，相互之间有联系。项目信息管理系统结构如图6-1所示。

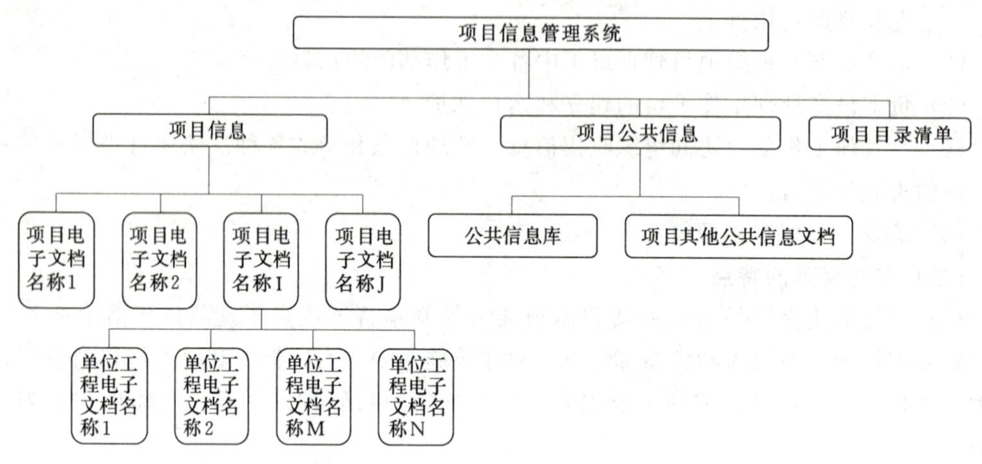

图6-1　项目信息管理系统结构

1. 项目信息

"项目电子文档名称I"一般以具有指代意义的项目名称作为项目的电子文档名称（目录名称），里面包括单位工程电子文档名称1、单位工程电子文档名称2、单位工程电子文档名称M和单位工程电子文档名称N。

"单位工程电子文档名称M"一般以具有指代意义的单位工程名称作为单位工程的电子文档名称（目录名称），其信息库应包括：工程概况信息；施工记录信息；施工技术资料信息；工程协调信息；工程进度及资源计划信息；成本信息；资源需要量计划信息；商务信息；安全文明施工及行政管理信息；竣工验收信息等。这些信息所包含的表即为"单位工程电子文档名称M"的信息库中的表；除以上数据库文档以外的反映单位工程信息的文档归为"其他"。

2. 项目公共信息

公共信息库中应包括的信息表有：法规和部门规章表；材料价格表；材料供应商表；机械设备供应商表；机械设备价格表；新技术表；自然条件表等。

"项目其他公共信息文档"是指除"公共信息库"中文档以外的项目公共文档。

3. 项目目录清单

指的是记载有关施工项目的明细单，如土石方工程、砌筑工程、装饰装修工程等工程量所需的全部费用。

二、施工项目信息系统内容

1. 建立信息代码系统

信息是工程建设三大监控目标实现的基础，是监理决策的依据，是各方单位之间关系的纽带，是监理工程师做好协调组织工作的重要媒介。将各类信息按信息管理的要求分门

别类，并赋予能反映其主要特征的代码，代码应符合唯一化、规范化、系统化、标准化的要求，方便施工信息的存储、检索和使用，以便利用计算机进行管理。代码体系结构应易于理解和掌握，科学合理、结构清晰、层次分明、易于扩充，能满足施工项目管理需要。

2. 明确施工项目管理中的信息流程

根据施工项目管理工作的要求和对项目组织结构、业务功能及流程的分析，建立各单位及人员之间、上下级之间、内外之间的信息连接，并要保持纵横内外信息流动的渠道畅通有序，否则施工项目管理人员无法及时得到必要的信息，就会失去控制的基础、决策的依据和协调的媒介，将影响施工项目管理工作顺利进行。

3. 建立施工项目管理中的信息收集制度

项目信息管理应适应项目管理的需要，为预测未来和正确决策提供依据，提高管理水平。相关工作部门应负责收集、整理、管理项目范围内的信息，并将信息准确、完整地传递给使用单位和人员。实行总分包的项目，项目分包人应负责分包范围的信息收集整理，承包人负责汇总、整理各分包人的全部信息。经签字确认的项目信息应及时存入计算机。项目信息管理系统必须目录完整、层次清晰、结构严密、表格自动生成。

4. 建立施工项目管理中的信息处理

信息处理的过程主要包括信息的获取、储存、加工、发布和表示。

三、施工项目信息系统结构的基本要求

（1）进行项目信息管理体系的设计时，应同时考虑项目组织和项目启动的需要，包括信息的准备、收集、编目、分类、整理和归档等。信息应包括事件发生时的条件，搜集内容应包括必要的录像、摄影、音响等信息资料，重要部分刻盘保存，以便使用前核查其有效性、真实性、可靠性、准确性和完整性。

（2）项目信息管理系统应目录完整、层次清晰、结构严密、表格自动生成。

（3）项目信息管理系统应方便项目信息输入、整理与存储，并利于用户随时提取信息，调整数据、表格与文档，能灵活补充、修改与删除数据。

（4）项目信息管理系统应能使各种施工项目信息有良好的接口，系统内含信息种类与数量满足项目管理的全部需要。

（5）项目信息管理系统应能连接项目经理部内部各职能部门之间以及项目经理部与各职能部门、作业层、企业各职能部门、企业法定代表人、发包人和分包人、监理机构等，通过建立企业内部的信息库和网络平台，各项目监理机构之间通过网络平台确保信息畅通，资源共享。

人力、资金、物资、信息、生产、供应、销售及综合分析决策等，是企业管理工作不能缺少的职能，按照这些管理职能划分管理部门，建立管理机构，是传统企业组织设计的基本原则，管理信息系统也多是按照这些职能划分由相互关联的子系统组成。科学技术的快速发展、顾客需求的日趋多样和多变、产品生命周期的日趋缩短，使市场竞争日趋激烈，一个产品从概念提出到提供给顾客的品质和周期成为企业竞争力的主要标志。然而，管理过程的职能分割可能导致产品生产过程的分割，造成各环节之间信息交流和协调的困难，致使企业对市场环境的适应能力和应变能力变差。多功能、小跨度的项目管理因此正

在被越来越多的企业采用。项目管理承担一项产品全过程的工作，打破了企业内部的职能分割，集多种管理功能为一体，能以最小的管理跨度按最佳效率和最佳效益的要求重新组织一体化的业务流程，可增强各管理职能部门之间横向联系和沟通协调的能力。自然，这种综合性、快节奏、高强度的管理工作离不开高效能的管理信息系统的支持。多目标、多业务、多功能、一体化、多层次的综合性管理信息系统，为企业业务流程中各个环节之间的协调和控制提供了现代化的管理方法和手段。

信息是工程建设三大监控目标实现的基础，是监理决策的依据，是各方单位之间关系的纽带、是监理工程师做好协调组织工作的重要媒介。信息管理是工程建设监理中的重要组成部分，是确保质量、进度、投资控制有效进行的有力手段。建筑工程既涉及众多的土建承包商、众多的材料供货单位、业主、管理单位，也涉及政府各个相关部门，相互之间的联系、函件、报表、文件的数量是惊人的。因此必须建立有效的信息管理组织、程序和方法，及时把握有关项目的相关信息，确保信息资料收集的真实性，信息传递途径畅顺、查阅简便、资料齐备等，使业主在整个项目进行过程中能够及时得到各种管理信息，对项目执行情况全面、细致、准确地掌握与控制，才能有效地提高各方的工作效率，减轻工作强度，提高工作质量。

任务三　计算机在建筑工程项目管理中的运用

一、建筑工程项目管理软件应用简介

以计算机为基础的现代信息处理技术在项目管理中的应用，为大型项目信息管理系统的规划、设计和实施提供了全新的信息管理理念、技术支撑平台和全面解决方案。计算辅助建设项目管理是投资者、开发商、承包商和工程咨询方等进行建设项目管理的手段。运用项目管理信息系统是为了及时、准确、完整地收集、存储、处理项目的投资、进度、质量的规划和实际的信息，以迅速采取措施，尽可能好地实现项目的目标。

（一）工程建设行业项目管理软件（Primavera Project Planner for Construction）

随着我国项目管理水平的不断提高，越来越多的项目管理公司希望有一个强大的工具来提升项目管理的水平，于是于20世纪90年代引进了P3项目管理软件。P3软件在国内大型项目实施过程中，越来越受到项目管理人员的推崇，在应用过程中也积累了较丰富的应用经验，目前已升级换代为P3E/C软件。P3E/C系列软件是美国Primavera公司在P3的基础上发展起来的新一代企业级项目管理软件，它集中了P3软件20多年的项目管理模式精髓和经验，是一个综合的、多项目计划和控制软件。通过采用最新的IT技术，在大型关系数据库上构架企业级的、包涵现代项目管理知识体系的、具有高度灵活性的、以计划—协同—跟踪—管理—控制—积累为主线的企业级项目管理软件，是现代项目管理理论变为实用技术的作品。

（二）项目管理软件（Microsoft Project 2007）

项目管理软件（Microsoft Project）是Microsoft公司推出的项目管理软件，可用于项目计划、实施、监督和调整等方面的工作，在输入项目的基本信息之后，进行项目的任务

规划，给任务分配资源和成本，完成并公布计划，管理和跟踪项目等。在项目实施阶段，Microsoft Project 能够跟踪和分析项目进度，分析、预测和控制项目成本，以保证项目如期顺利完成，资源得到有效利用，从而提高经济效益。

根据美国项目管理协会的定义，项目的管理过程被划分成 4 个阶段（过程组），见表6－2。

表 6－2　　项目管理过程

阶段	内容
建议阶段	1. 确立项目需求和目标； 2. 定义项目的基本信息，包括工期和预算； 3. 预约人力资源和材料资源； 4. 检查项目的全景，获得干系人的批准
启动和计划阶段	1. 对所收集的资料进行筛选、校核、分组、排序、汇总、计算平均数等整理工作，建立索引或目录文件； 2. 将基础数据综合成决策信息； 3. 运用网络计划技术模型、线性规划模型、存储模型等，对数据进行统计分析和预测
控制阶段	1. 分析项目信息； 2. 沟通和报告； 3. 生成报告，展示项目进展、成本和资源的利用状况
收尾阶段	1. 总结经验教训； 2. 创建项目模板； 3. 整理与归档项目文件

（三）工程项目计划管理系统（TZ-Project 7.2）

TZ-Project 7.2 是国内公司自主研发推出的项目管理软件，在国内市场应用广泛。项目管理人员利用该软件可以快速完成计划的制定工作，并能对项目的实施实行动态控制。该软件具有网络计划编制、网络计划动态调整、资源优化、费用管理、日历管理、系统安全、分类剪裁输出功能和可扩展性等功能，确保质量、进度、投资控制能够有效进行。

（四）建筑信息模型 BIM（Building Information Modeling）

BIM 技术是一种应用于工程设计建造管理的数据化工具，通过参数模型整合各种项目的相关信息，在项目策划、运行和维护的全生命周期过程中进行共享和传递，使工程技术人员对各种建筑信息作出正确理解和高效应对，为设计团队以及包括建筑运营单位在内的各方建设主体提供协同工作的基础，在提高生产效率、节约成本和缩短工期方面发挥重要作用。它具有下列五大特点：

（1）可视化。随着近几年建筑业的建筑形式各异，复杂造型不断推出，图纸上采用线条绘制表达已远远不能满足建筑业参与人员的工作需求了，BIM 的可视化让人们将以往的线条式的构件形成一种三维的立体实物图形展示在人们的面前。建筑信息模型构件的可视结果不仅可以用来完成效果图的展示及报表的生成，更重要的是，项目设计、建造、运营过程中的沟通、讨论、决策都在可视化的状态下进行。

(2) 协调性。不管是施工单位，还是业主及设计单位，都在做着协调及相配合的工作。在设计时，往往由于各部门之间的沟通不到位，而出现各专业之间的碰撞问题。BIM的协调性服务就可通过处理这种问题，提供出协调数据。它还可以解决例如电梯井布置与其他设计布置及净空要求之协调，防火分区与其他设计布置之协调，地下排水布置与其他设计布置之协调等问题。

(3) 模拟性。模拟性并不是只能模拟设计出的建筑物模型，还可以模拟不能够在真实世界中进行操作的事物。在招投标和施工阶段可以进行4D模拟（三维模型加项目的发展时间），也就是根据施工的组织设计模拟实际施工，从而来确定合理的施工方案来指导施工。

(4) 优化性。优化受三样东西的制约：信息、复杂程度和时间。现代建筑物的复杂程度大多超过参与人员本身的能力极限，BIM及与其配套的各种优化工具提供了对复杂项目进行优化的可能。基于BIM的优化，可以通过项目方案优化及特殊项目的设计优化带来显著的工期和造价改进。

(5) 可出图性。通过对建筑物进行了可视化展示、协调、模拟、优化以后，可以出综合结构留洞图、综合管线图和建议改进方案，有效提高各方的工作效率，减轻工作强度，提高工作质量。

(五) 个人信息门户 PIP (Personal Information Portal)

PIP是一种个人信息管理的软件，可以管理个人的各种信息，包括文档、文件、数据表格、网页，既可以存储，也可以查询。它主要是以Internet为通信工具，以现代计算机技术、大型服务器和数据库技术为数据处理和储存技术支撑，形成以项目为中心的网络虚拟环境，将项目各参与方、各阶段和管理要素都集成起来，以网站的形式展现出来 。

该阶段的软件系统的主要功能不仅能满足项目管理职能（三大控制、合同、信息管理）的要求，而且为项目参与方提供一个个性化项目信息的单一入口，可以满足项目多方进行信息交流、协同工作、实时传送和共享数据信息等功能，最终形成一个高效率信息交流和共同工作的信息平台和网络虚拟环境。PIP项目信息管理流程如图6-2所示。

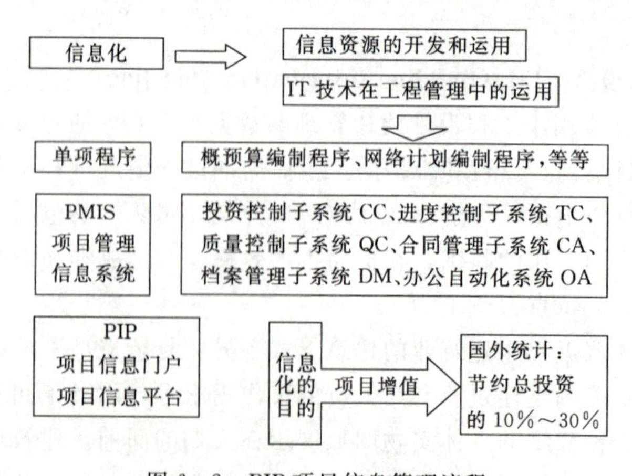

图6-2 PIP项目信息管理流程

（六）工程项目管理系统 PKPM

工程项目管理系统 PKPM 是以工程数据库为核心，以施工管理为目标，针对施工企业的特点而开发的。

（1）标书制作及管理软件：提供标书全套文档编辑、管理、打印功能，根据投标所需内容选取相关内容，导入其他模块生成的各种资源图表和施工网络计划图以及施工平面图。

（2）施工平面图设计及绘制软件：生成图文并茂的计算书，供施工组织设计使用，还可提供自主版权的通用图形平台，并可利用平台完成各种复杂的施工平面图。

（3）项目管理软件：是施工项目管理的核心模块，以《建设工程施工项目管理规范》（GB/T 50326—2006）为依据进行开发，软件自动读取预算数据，生成工序，确定资源、完成项目的进度、成本计划的编制，生成各类资源需求量计划、成本降低计划，施工作业计划以及质量安全责任目标，通过网络计划技术、多种优化、流水作业方案、进度报表、前锋线等手段实施进度的动态跟踪与控制，通过质量测评、预控及通病防治实施质量控制。

（七）清华斯维尔项目管理软件

清华斯维尔项目管理软件功能全面涵盖了项目的范围管理、时间管理、人力资源管理、成本管理等四大方面的内容，将网络计划及优化技术应用于建设项目的实际管理中，以国内建设行业普遍采用的横道图、双代号时标网络图作为项目进度管理与控制的主要工具。软件精心设计了内容丰富实用、功能强大的报表系统，从而使项目管理工作者可以多视角、全方位了解项目各类信息，不仅能够从宏观上控制工期、成本，还能从微观上协调人力、设备、材料的具体使用。

二、使用建筑工程项目管理软件的基本步骤

（1）输入工程项目的相关信息。通常包括输入项目的名称、项目的开始日期（有时需输入项目的必须完成日期）、排定计划的时间单位（小时、天、周、月）、项目采用的工作日历等相关内容。

（2）输入工作的基本信息和其之间逻辑关系。工作的基本信息包括工作名称、工作代码、工作的持续时间、工作上的时间限制、工作的特性等。工作之间的逻辑关系既可以通过数据表进行输入，也可以在图上借助于鼠标的拖放来指定，图上输入直观、方便、不易出错，应作为逻辑关系的主要输入方式。如果要利用项目管理软件对资源进行管理，还需要建立资源库，并输入完成工作所需的资源信息。如果还要利用项目管理软件进行成本控制，则需要在资源库中输入资源费率，并在工作上输入确定好的工作固定成本。

（3）优化计划。在执行的过程中，还要解决计划是否能满足项目管理的要求，是否可行、能否进一步优化等问题。利用项目管理软件所提供的有关图表以及排序、筛选、统计等功能，项目计划人员可查看到自己需要的有关信息，如果发现与自己的期望不一致，例如工期过长、成本超出预算范围、资源使用超出供应、资源使用不均衡等，就可以对初步工作计划进行必要的调整，使之满足要求。调整后的计划付诸实施，并应作为同实际发生情况对比的比较基准计划。

(4) 项目计划的实施与公布。通过不同的表现形式将制定好的计划予以公布并执行，并确保所有项目的参加人员都能及时获得所需信息。

(5) 项目的管理和跟踪。计划实施后，应定期对计划执行情况进行检查，收集实际的进度/成本数据，并输入到项目管理软件中，利用项目管理软件对计划进行更新。更新后通过检查项目的进度能否满足工期要求、预期成本是否在预算范围内、是否因部分工作的推迟或提前开始（或完成）而导致资源过度分配（指资源的使用超出资源的供应）来发现潜在的问题，及时调整项目计划来保证项目预期目标的实现。项目计划调整后，应及时通过书面形式或电子形式通知有关人员，使调整后的计划能够得到贯彻和落实，起到指导施工的作用。项目计划的跟踪、更新、调整和实施是一个不断进行的动态过程，直至项目结束。

小　结

(1) 信息是决策和管理的基础，决策和管理依赖于信息，从项目管理的角度，按工程项目建设的目标进行划分可分为成本控制信息、质量控制信息、进度控制信息、安全控制信息、合同管理信息。

(2) 建筑工程项目信息管理是通过对各个系统、各项工作和各种数据的管理，使建筑工程项目信息能方便有效地获取、存储、存档、处理和交流。

(3) 工程项目管理信息系统是处理项目信息的人—机系统，其核心是对项目目标的辅助控制。

(4) 在工程项目管理中常用的应用软件有 Microsoft Project、PIP、BIM、PKPM、清华斯维尔项目管理软件等。不同的企业应根据企业自身及管理人员情况，选择不同的工程项目管理软件。

训　练　题

一、单选题

1. 信息管理指的是信息（　　）的合理的组织和控制。

A. 收集　　B. 传输　　C. 加工和储存　　D. 全选

2. 以下哪项不属于数据通信网络的类型（　　）。

A. 局域网　　B. 城域网　　C. 区域网　　D. 广域网

3. 建设工程信息流由（　　）组成。

A. 建设各方的数据流　　B. 建设各方的信息流

C. 建设各方的数据流综合　　D. 建设各方各自的信息流综合

4. 四种流动中（　　）起着特殊的作用，它反映、使用、控制、指挥着其他三种流动。

A. 信息流　　B. 工作流　　C. 物资流　　D. 资金流

5. 项目管理信息系统结构由（　　）三个子系统组成。

A. 项目信息、项目工作信息、项目管理信息

B. 项目信息、项目公共信息、项目目录清单

C. 项目信息、项目工作信息、项目目录清单

D. 项目信息、项目公共信息、项目管理信息

6. 建筑工程项目管理软件有（　　）。

A. PIP、CAD、PKPM、P3E/C

B. PIP、PKPM、P3E/C、Microsoft Project 2007

C. PIP、BIM、P3E/C、Microsoft Project 2007

D. PIP、BIM、PKPM、TZ-Project 7.2

二、填空题

1. 工程建设三大监控目标实现的基础是________。

2. 信息指的是用________、________或________的方式（传达、传递）的知识、情报等。

3. 建筑工程项目的信息根据不同的表现形式可分为________、________和书面形式。

4. 信息管理指的是____。

5. 建筑施工项目管理工作的复杂与繁重程度，直接决定了________的特点。

6. 信息处理的过程主要包括信息的获取、________、________、________和表示。

7. 建筑工程项目管理软件的基本五个基本步骤分别是________、________、优化计划、________和项目的管理和跟踪。

8. 工程项目建设的目标进行划分可分为________、________、进度控制信息、安全控制信息、合同管理信息。

三、思考与拓展题

1. 如何理解建筑工程项目管理中信息的含义，它有哪些特征和要求？

2. 什么是信息管理，其工作基本原则有哪些？

3. 建筑工程项目信息管理的任务有哪些？

4. 建筑工程项目信息管理有哪些主要过程？

5. 建筑工程项目信息管理的目的是什么？

项目七　建筑工程项目职业健康安全与环境管理

【专业能力】 具有根据工程的工程特点和项目管理规范制定详细的编制项目环境管理计划的能力。

【方法能力】 熟悉施工现场安全管理、文明施工的基本内容、制度和要求，了解施工质量事故的处理方法；根据具体工程的结构特点编制出具有针对性、具体的项目环境管理计划，使它能使施工现场满足国家环境管理的相关规定。

【社会能力】 掌握施工现场文明施工和环境保护方面的相关要求和工作措施；能够做到理论联系实际，解决实际工程安全监理和环境保护问题。

背景资料：

主体工程通过验收后因招商需求，甲方提出改变B区东、西天井顶盖的设计，希望将原设计的钢化玻璃结构天井顶盖改为混凝土结构。在得到了公司办公会的同意后并委托深圳某建筑设计公司进行变更设计。在该建筑设计公司未签字盖章的情况下，设计图被天润公司取回，经审定后交给上河国际商业广场B区项目部。

2008年4月30日上午8时，在没有混凝土浇筑令的情况下，上河国际商业广场B区项目部的裙楼东天井盖现浇钢筋混凝土屋面开始施工。当日12时14分许，混凝土浇筑过程中屋面出现下沉，支模架发生变形。随后不久整个天井盖模板、混凝土随同支撑架一起坍塌。现场作业人员中，有11人随屋面及支撑架从高空坠落，其中8人死亡，3人不同程度受伤。

思考与拓展：

1. 如何做好一名安全员？一名安全员应具备哪些条件？
2. 安全事故发生后如何处理？由谁组织对事故的认定？
3. 简述监理工程师、项目经理在施工阶段的安全监理工作与安全责任。
4. 影响建筑工程安全的因素很多，试举例说明。

任务一　建筑工程职业健康安全与环境管理基础知识

一、建筑工程职业健康安全与环境管理的目的

随着人类社会进步和科技发展，职业健康安全与环境的问题越来越受到关注。为了保证劳动者在劳动生产过程中的健康安全和保护人类的生存环境，必须加强职业健康安全与环境管理。职业健康安全指的是影响工作场所内员工、临时工作人员、合同方人员、访问

者和其他人员健康安全的条件和因素。环境是指组织运行活动的外部存在，包括空气、水、土地、自然资源、动植物、人以及它们之间的相互关系。环境管理体系是对施工项目现场内的活动及空间所进行的管理。施工项目部负责人应负责施工现场文明施工的总体规划和部署，各分包单位根据各自的划分区域和施工项目部的要求进行现场环境管理并接受项目部的管理监督。

1. 职业健康安全管理的目的

通过在生产活动中开展职业健康安全生产管理活动，可对影响安全生产的具体因素进行控制。通过控制影响工作场所内所有人员健康和安全的条件和因素，最终保证生产活动中人员的健康和安全。

2. 环境管理的目的

环境管理的目的是保护生态环境，使社会的经济发展与人们的生存环境相协调，考虑能源节约、避免资源浪费，控制作业现场的各种粉尘、废水、废气、固体废物以及噪声、振动对环境的污染和危害，要做到“文明施工、安全有序、整洁卫生、不扰民、不损害公众利益”。

3. 职业健康安全与环境管理的任务

建筑生产组织（企业）为达到建筑工程职业健康安全与环境管理的目的而进行的组织、计划、控制、领导和协调的活动，包括制定、实施、实现、评审和保持职业健康安全与环境方针所需的组织结构、计划活动、职责、惯例、程序、过程和资源，并为此建立职业健康安全与环境管理体系，见表7-1。

表7-1　职业健康安全与环境管理的任务

方针	组织机构	计划活动	职责	惯例（法律法规）	程序文件	过程	资源
职业健康安全方针							
环境方针							

二、建设工程职业健康安全与环境管理的特点和要求

（一）建筑工程职业健康安全与环境管理的特点

依据建筑工程产品的特性，建设工程职业健康安全与环境管理有下列特点。

（1）复杂性。建设项目的职业健康安全和环境管理涉及大量的露天作业，受气候条件、工程地质和水文地质、地理条件和地域资源等不可控因素的影响较大。

（2）多变性。项目建设现场材料、设备和工具的流动性大，而且随着技术进步，项目不断引入新材料、新设备和新工艺，这些都加大了相应的管理难度。

（3）协调性。项目建设涉及的工种甚多，包括大量的高空作业、地下作业、用电作业、爆破作业、施工机械、起重作业等较危险的工程，并且各种作业之间经常需要交叉或平行作业。

（4）持续性。项目建设的建设周期一般较长，实施直至投产阶段诸多工序环环相扣，前一道工序的隐患，可能在后续的工序中暴露，酿成安全事故。

(5) 经济性。产品的时代性、社会性与多样性决定环境管理的经济性。

(二) 建设工程职业健康安全与环境管理的要求

1. 建筑工程项目决策阶段

建设单位应按照有关建设工程法律法规的规定和强制性标准的要求，办理相关的安全与环境保护方面的审批手续。对需要进行环境影响评价或安全预评价的建筑工程项目，应组织或委托有相应资质的单位进行建筑工程项目环境影响评价和安全预评价。

2. 工程设计阶段

设计单位应按照有关建设工程法律法规的规定和强制性标准的要求，进行环境保护设施和安全设施的设计，防止因设计考虑不周而导致生产安全事故的发生或对环境造成不良影响。在进行工程设计时，设计单位应根据施工安全和防护需要，对涉及施工安全的重点部分和环节在设计文件中应注明，并对防范生产安全事故提出指导性意见。对采用新结构、新材料、新工艺的建设工程和特殊结构的建设工程，设计单位应提出保障施工作业人员安全和预防生产安全事故的措施建议。在工程总概算中，应明确工程安全环保设施、安全施工和环境保护措施等费用。

设计单位和注册建筑师等执业人员应当对其设计负责。

3. 工程施工阶段

建设单位在申请领取施工许可证时，应当提供建设工程有关安全施工措施的资料。

对于依法批准开工报告的建设工程，建设单位应当自开工报告批准之日起 15 日内，将保证安全施工的措施报送给建设工程所在地的县级以上人民政府建设行政主管部门或者其他有关部门备案。

对于应当拆除的工程，建设单位应当在拆除工程施工 15 日前将拆除施工单位资质等级证明，拟拆除建筑物、构筑物及可能涉及毗邻建筑的说明，拆除施工组织方案，堆放、清除废弃物的措施的相关资料报送建设工程所在地的县级以上的地方人民政府主管部门或者其他相关部门备案。

施工企业在其经营生产的活动中必须对本企业的安全生产负全责。企业的代表人是安全生产的第一负责人，项目经理是施工项目生产的主要负责人。施工企业应当具备安全生产的资质条件，取得安全生产许可证的施工企业应设立安全机构，配备合格的安全人员，提供必要的资源；建立健全职业健康安全体系以及有关的安全生产责任制和各项安全生产规章制度。对工程项目要编制切合实际的安全生产计划，制定职业健康安全保障措施，实施安全教育培训制度，不断提高员工的安全意识和安全生产素质。

建设工程实行总承包的，由总承包单位对施工现场的安全生产负总责并自行完成工程主体结构的施工。分包单位应当接受总承包单位的安全生产管理，分包合同中应明确各自的安全生产方面的权利、义务。如若分包单位不服从管理导致生产安全事故的，由分包单位承担主要责任，总承包和分包单位对分包工程的安全生产承担连带责任。

4. 项目验收试运行阶段

项目竣工后，建设单位应向审批建筑工程项目环境影响报告书、环境影响报告或者环境影响登记表的环境保护行政主管部门提出申请对环保设施进行竣工验收，环保行政主管部门需在收到申请环保设施竣工验收之日起 30 日内完成验收。验收合格后，建筑才能投

入生产和使用。对于需要试生产的建筑工程项目，建设单位应当在项目投入试生产之日起3个月内向环保行政主管部门申请对其项目配套的环保设施进行竣工验收。

三、职业健康安全管理体系与环境管理体系

1. 职业健康安全管理体系

1993年，国务院在《关于加强安全生产工作的通知》中提出实行“企业负责、行业管理、国家监察、劳动者遵章守纪”的安全生产管理体制。实践证明，这条原则是适应我国市场经济体制要求的，同时也符合国际惯例。企业在其经营活动中必须对本企业的安全生产负全面责任；各级行业主管部门对用人单位的职业健康安全应充分发挥管理的作用；各级政府部门对用人单位遵守职业健康安全法律、法规的情况实施监督检查，并对用人单位违反职业健康安全管理体系法律、法规的行为实施行政处罚；工会依法对用人单位的职业健康安全工作实行监督，劳动者对违反职业健康安全法律、法规和危害生命及身体健康的行为，有权提出批评、检举和控告；全体员工素质的高低，取决于劳动者能否自觉履行好自己的安全法律责任。

职业健康安全管理体系是企业总体管理体系的一个部分，组织实施该体系的目的是辨别组织内部存在的危险源，控制其所带来的风险，从而避免或减少事故的发生。

职业健康安全管理体系是企业总体管理体系的一部分，根据《职业健康安全管理体系规范》（GB/T 28001—2011）定义，职业健康安全是指影响工作场所内的员工、临时工作人员、合同方人员、访问者和其他人员健康安全的条件和因素，作为我国推荐性标准的职业健康安全管理体系标准，目前被企业普遍采用，用以建立职业健康安全管理体系。该标准体系覆盖了国际上的OHSAS 18000体系标准，即《职业健康安全管理体系规范》（GB/T 28001—2011）以及《职业健康安全管理体系指南》（GB/T 28002—2002）。

为适应现代职业健康安全的需要，GB/T 28001—2011在确定职业健康安全管理体系模式时，强调按系统理论管理职业健康安全及其相关事务，以达到预防和减少生产事故和劳动疾病的目的。具体采用了一个动态循环并螺旋上升的系统化管理模式，即系统化的戴明模型，其体系运行模式如图7-1所示。

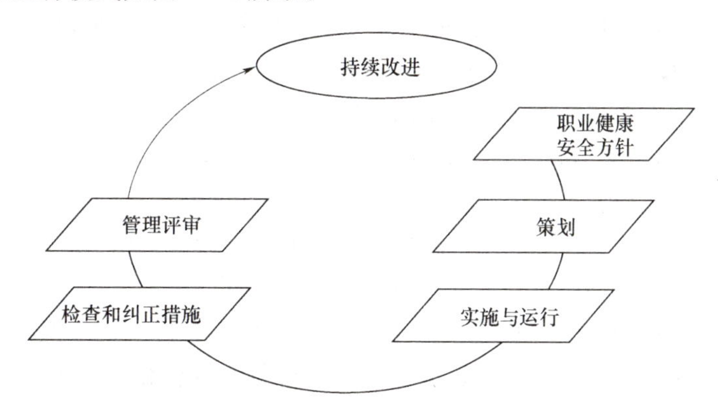

图7-1 职业健康安全管理体系运行模式

2. 环境管理体系

环境管理体系标准是一个庞大的标准系统，由环境管理体系、环境审核、环境标志、环境行为评价、生命周期评价、术语和定义、产品标准中的环境指标等系列标准构成。

20世纪80年代，联合国组建了世界环境与发展委员会，提出了“可持续发展”的科学发展观点。国际标准化制定的ISO 14000体系标准，被我国等同采用，即《环境管理体系　要求及使用指南》(GB/T 24001—2004)、《环境管理体系　原则、体系和支持技术通用指南》(GB/T 24004—2004)。GB/T 24001—2004认为环境是指“组织运行活动的外部存在，包括空气、水、土地、自然资源、植物、动物、人，以及它（他）们之间的相互关系”。这个定义是以组织运行活动为主体，其外部存在主要是指人类认识到的、直接或间接影响人类生存的各种自然因素及它（他）们之间的相互关系。环境管理体系的运行模式是由“策划、实施、检查、评审和改进”构成的动态循环过程，与戴明的PDCA循环模式是一致的。该模式为环境管理体系提供了一套系统化的方法，指导其组织合理有效地推行环境管理工作（图7-2)。

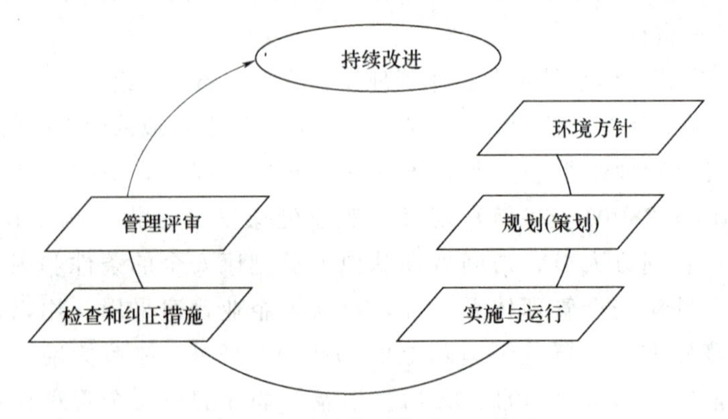

图7-2　环境管理体系运行模式

3. 职业健康安全管理体系与环境管理体系标准的比较

(1) 职业健康安全管理体系和环境管理体系有以下相同点：

1) 两者的管理目标都是从职业健康安全和环境方面改进管理绩效，增强顾客和相关方的满意程度，减小风险、降低成本和提高组织的信誉和形象的方向出发。

2) 两者均强调了预防为主，系统管理，持续改进和PDCA循环原理。

3) 两者都不规定具体的绩效标准，它们只是组织实现目标的基础、条件和组织保证。

(2) 职业健康安全和环境管理体系的不同点表现在：

1) 需要满足的对象不同。建立职业健康安全管理体系的目的是消除或减小因组织的活动而使员工和其他相关方可能面临的职业健康安全风险，主要目标是使员工和相关方对职业健康安全条件满意；建立环境管理体系的目的是针对众多相关方和社会对环境保护的不断的需要，主要目标是使公众和社会对环境保护满意。

2) 管理的侧重点有所不同。职业健康安全管理体系通过对危险源的辨识，评价风险，控制风险，改进职业健康安全绩效，满足员工和相关方的要求；环境管理体系通过对环境产生不利影响的因素的分析，进行环境管理，满足相关法律法规的要求。

任务二　建筑工程安全生产管理

一、施工项目安全管理概述

1. 建筑工程安全管理的概念

建筑工程安全管理是指为保护产品生产者和使用者的健康与安全，控制影响工作场所内员工、临时工作人员、合同方人员、访问者和其他有关部门人员健康和安全的条件和因素，考虑和避免因使用不当对使用者造成的健康和安全的危害而进行的一系列管理活动。

建筑工程安全管理的内容是建筑生产企业为达到建筑工程的职业健康安全管理的目的所进行的指挥和控制组织的协调活动，包括制定、实施、实现、评审和保持职业健康安全所需的组织机构、计划活动、职责、惯例、程序、过程和资源。

建筑产品的固定性和生产的流动性及受外部环境影响多，产品的多样性和生产的单件性决定了职业健康安全管理的多样性，产品生产过程的连续性和分工性，产品生产的阶段性决定职业健康安全管理的持续性等都决定了建筑工程安全管理具有的复杂性、多样性、协调性和持续性的特点。

职业健康安全管理体系与环境管理体系的建立如表 7－2 所示。

表 7－2　　职业健康安全管理体系与环境管理体系的建立

顺序	步　骤	详细内容
1	领导决策	最高管理者亲自决策，以便获得各方面的支持或在体系建立过程中所需的资源保证
2	成立工作组	最高管理者或授权管理者代表成立工作小组负责建立体系；工作小组的成员要覆盖组织的主要职能部门，组长最好由管理者代表担任，以保证小组对人力、资金、信息的获取
3	培训人员	培训人员的目的是使有关人员了解建立体系的重要性，了解标准的主要思想和内容
4	初始状态评审	初始状态评审是对组织过去和现在的职业健康安全与环境的信息、状态进行收集并调查分析，识别和获取现有的适用的法律法规和其他要求，进行危险源辨识和风险评价、环境因素识别和重要环境因素评价；评审的结果将作为确定职业健康安全与环境方针、制定管理方案、编制体系文件的基础
5	方针、目标、指标和管理方案制定	方针是组织对其职业健康安全与环境行为的原则和意图的声明，也是组织自觉承担其责任和义务的承诺；方针不仅为组织确定了总的指导方向和行为准则，而且是评价一切后续活动的依据，并为更加具体的目标和指标提供一个框架
6	管理体系策划与设计	管理体系策划与设计是依据制定的方针、目标和指标、管理方案确定组织机构职责和筹划各种运行程序
7	体系文件编写	体系文件包括管理手册、程序文件和作业文件 3 个层次
8	文件的审查、审批和发布	文件编写完成后应进行审查，经审查、修改、汇总后进行审批，然后发布

2. 建筑工程安全生产管理

安全生产管理是指经营管理者对安全生产工作进行的策划、组织、指挥、协调、管理和改进的一系列活动，目的是保证在生产经营活动中的人身安全、资产安全，促进生产的发展，保持社会的稳定。安全既包括人身安全，也包括财产安全。

安全生产是要保护劳动者生命安全和身体健康，维护社会安定团结，是促进国民经济稳定、持续、健康发展的基本条件，是社会文明程度的重要标志，必须贯彻执行。安全与生产并不对立，也不矛盾，两者的关系是辩证统一的。生产必须安全，安全是生产的前提条件，不安全就无法生产；反过来说，安全可以促进生产，抓好安全，为员工创造一个安全、卫生、舒适的工作环境，可以更好地调动员工的积极性，提高劳动生产率和减少因事故带来的不必要的损失和麻烦。

二、建筑工程项目安全控制

（一）安全控制的概念

安全控制是为满足生产安全，对生产过程中的危险进行控制的计划、组织、监控、调节和改进等一系列管理活动。安全控制的目标是减少和消除生产过程中的事故，保证人员健康安全和财产免受损失，具体应包括：

（1）减少或消除人的不安全行为的目标。

（2）减少或消除设备、材料的不安全状态的目标。

（3）改善生产环境和保护自然环境的目标。

（二）施工安全控制的特点

建设工程施工安全控制的特点主要有下列几个方面。

（1）控制面广。由于建设工程规模较大，生产工艺复杂、工序多，在建造过程中流动作业多，高处作业多，位置多变，涉及不确定因素过多，安全控制工作涉及范围大，致使施工安全的控制面广。

（2）控制的动态性。由于每项工程所处的条件不同，施工时所面临的危险因素和防范措施也有所不同。且施工人员因部分工作制度和安全技术措施的调整，熟悉一个新的工作环境需要一定的时间。又因为现场施工分散于施工现场的各个部位，虽然有各种规章制度和安全技术交底的环节，但是面对具体的生产环境时仍然需要自己的判断和处理。有经验的人员还必须适应不断变化的情况，克服建筑工程项目施工的分散性。

（3）控制系统交叉性。建筑工程项目是开放系统，受自然环境和社会环境影响很大，同时也会对社会和环境造成影响，安全控制需要把工程系统、环境系统及社会系统结合起来。

（4）控制的严谨性。由于建设工程施工的危害因素复杂、风险程度高、伤亡事故多，所以预防控制措施必须严谨，如有疏漏就可能发展到失控而酿成事故，造成损失和伤害。

（三）施工安全的控制程序

建设工程项目施工安全控制程序如图 7－3 所示。

（1）确定每项具体建筑工程项目的安全目标。运用“目标管理”方法对项目管理系统内进行分解，确定每个岗位的安全目标，实现全员安全控制。

（2）编制建筑工程项目安全技术措施计划。工程施工安全技术措施计划是将生产过程中的不安全因素用技术手段加以消除和控制的文件，是落实“预防为主”方针的具体体

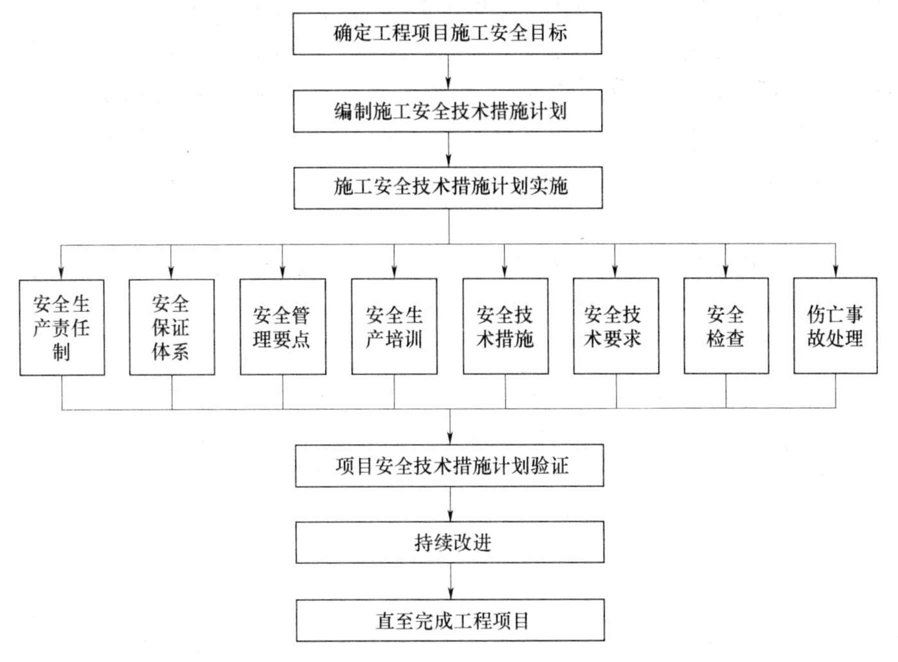

图 7－3　建筑工程项目施工安全控制程序

现，是进行工程项目安全控制的指导性文件。

(3) 安全技术措施计划的落实和实施。安全技术措施计划的落实和实施包括建立健全的安全生产责任制，设置安全生产设施，采用安全技术和应急措施，进行安全教育和培训，安全检查，事故处理、沟通和交流信息等。通过一系列安全措施的贯彻，使生产作业的安全状况处于受控状态，避免事故的发生。

(4) 安全技术措施计划的验证。通过施工过程中对安全技术措施计划实施情况的安全检查，纠正不符合安全技术措施计划的工作，保证安全技术措施的贯彻和实施。

(5) 持续改进。根据安全技术措施计划的验证结果，对不适宜安全技术措施的计划进行修改、补充和完善。

(四) 工程施工安全控制的基本要求

施工安全技术措施是施工组织设计的重要组成部分，应在工程开工前与施工组织设计一同编制。在工程图纸会审时，为保证各项安全设施的落实，应特别注意考虑安全施工的问题，并在开工前制定好安全技术措施，使得用于该工程的各种安全设施有较充分的时间进行采购、制作和维护等准备工作。

施工安全技术措施有以下一般要求：

(1) 施工安全技术措施必须在工程开工前制定。在工程开工前，施工安全技术措施应与施工组织设计一同编制。为保证各项安全设施的落实，在工程图纸会审时，就应特别注意考虑安全施工的问题，并在开工前制定好安全技术措施，使得有较充分的时间采购、制作和维护各种安全设施。

(2) 施工安全技术措施要有全面性。根据有关法律法规的要求，在编制工程施工组织设计时，应当根据其工程特点制定相应的施工安全技术措施。对于大中型工程项目、结构复杂的重点工程，除必须在施工组织设计中编制施工安全技术措施外，还应编制专项工程施工安全技术措施，详细说明有关安全方面的防护要求和措施，确保单位工程或分部分项工程的施工安全。对达到一定规模的危险性较大的分部分项工程，如基坑支护与降水工程、土方开挖工程、模板工程、起重吊装工程、脚手架工程、拆除、爆破工程及国务院建设行政主管部门或者其他有关部门规定的其他危险性较大的工程，必须编制专项安全施工技术方案。

(3) 施工安全技术措施要有针对性。施工安全技术措施是针对每项工程的特点制定的，编制安全技术措施的技术人员必须掌握工程概况、施工方法、施工环境、条件等一手资料，并熟悉安全法规、标准等，才能制定有针对性的安全技术措施。

(4) 施工安全技术措施应力求全面、具体、可靠。施工安全技术措施应把可能出现的各种不安全因素考虑周全，制定的对策措施方案应力求全面、具体、可靠，这样才能真正做到预防事故的发生。但是，全面具体不等于罗列一般的操作工艺、施工方法以及日常安全工作制度、安全纪律等，这些制度性的规定在安全技术措施中不需要再作抄录，但必须严格执行。

对大型群体工程或一些面积大、结构复杂的重点工程，除必须在施工组织总设计中编制施工安全技术总体措施外，还应编制单位工程或分部分项工程安全技术措施，详细地制定出有关安全方面的防护要求和措施，确保该单位工程或分部分项工程的安全施工。如基坑支护与降水工程、土方开挖工程、模板工程、起重吊装工程、脚手架工程、拆除工程、爆破工程等，必须编制单项的安全技术措施，并要有设计依据、计算过程、详图和文字要求。

(5) 施工安全技术措施必须包括应急预案。由于施工安全技术措施是在相应的工程施工实施之前制定的，所涉及的施工条件和危险情况大都是建立在可预测的基础上，而建设工程施工过程是开放的过程，在施工期间变化是经常发生的，还可能出现预测不到的突发事件或灾害（如地震、火灾、台风、洪水等）。所以，施工技术措施计划必须包括面对突发事件或紧急状态的各种应急设施、人员逃生和救援预案，以便在紧急情况下，能及时启动应急预案，减少损失，保护人员安全。

(6) 施工安全技术措施要有可行性和可操作性。施工安全技术措施应能够在每个施工工序之中得到贯彻实施，既要考虑保证安全要求，又要考虑现场环境条件和施工技术条件能够做得到。

(五) 施工方案中安全措施的主要内容

一般工程安全技术措施主要考虑下列内容：

(1) 对深基坑、基槽的土方开挖，应了解土壤种类，选择土方开挖方法、放坡坡度或固壁支撑的具体做法，总的要求是防坍塌。人工挖孔桩基础工程还须有测毒设备和防中毒措施。

(2) 从建筑或安装工程整体考虑施工期内对周围道路、行人及邻近居民、设施的影响，采取相应的防护措施（全封闭防护或部分封闭防护）；平面布置应考虑施工区与生活区分隔，以及施工排水、安全通道、高处作业对下部和地面人员的影响；临时用电线路的整体布置、架设方法；安装工程中的设备、构配件吊运，起重设备的选择和确定，起重半

径以外安全防护范围等，复杂的吊装工程还应考虑视角、信号、步骤等细节。

(3) 30m 以上脚手架或设置的挑架、大型混凝土模板工程，还应进行架体和模板承重强度、荷载计算，以保证施工过程中的安全；安全平网、立网的架设要求，架设层次段落，做好严密的随层安全防护；龙门、井架等垂直运输设备的拉结、固定方法及防护措施。

(4) 施工过程中的“四口”(即楼梯口、电梯口、通道口、预留洞口) 应有防护措施。如楼梯、通道口应设置 1.2m 高的防护栏杆并加装安全立网；预留孔洞应加盖；大面积孔洞，如吊装孔、设备安装孔、天井孔等应加周边栏杆并安装立网。交叉作业应采取隔离防护，如上部作业应满铺脚手板，外侧边沿应加挡板和网等防止物体下落措施。

(5)“临边”防护措施。施工中未安装栏杆的阳台（走台）周边，无外架防护的屋面（或平台）周边，框架工程楼层周边，跑道（斜道）两侧边，卸料平台外侧边等均属于临边危险地域，应采取防人员和物料下落的措施。

(6) 当外用电线路与在建工程（含脚手架具）的外侧边缘之间达到最小安全操作距离时，必须采取屏障、保护网等措施；如果小于最小安全距离时，还应设置绝缘屏障，并悬挂醒目的警示标志。根据施工总平面的布置和现场临时用电需要量，制定相应的安全用电技术措施和电气防火措施，如果临时用电设备在 5 台及 5 台以上或设备总容量在 50kW 及 50kW 以上者，应编制临时用电组织设计。

(7) 施工工程、暂设工程、井架门架等金属构筑物，凡高于周围原有避雷设备，均应有防雷设施；易燃易爆作业场所必须采取防火防爆措施。

(8) 季节性施工的安全措施。季节性施工安全技术措施，就是考虑夏季、雨季、冬季等不同季节的气候对施工生产带来的不安全因素可能造成的各种突发性事故，而从防护上、技术上、管理上采取的防护措施。一般工程可在施工组织设计或施工方案的安全技术措施中编制季节性施工安全措施，危险性大、高温期长的工程，应单独编制季节性的施工安全措施。如夏季防止中暑措施，包括降温、防热辐射、调整作息时间、疏导风源等措施，雨季施工要制定防雷防电、防坍塌措施，冬季防火、防大风等。

(六) 施工安全技术交底

安全技术交底是一项技术性很强的工作，对于贯彻设计意图、严格实施技术方案、按图施工、循规操作、保证施工质量和施工安全至关重要。安全技术交底是安全管理人员在项目安全管理工作中的重要环节，通过让一线作业人员了解和掌握该作业项目的安全技术操作规程和注意事项，可减少因违章操作而导致事故的可能，也是安全管理人员自我保护的手段。

安全技术交底主要内容包括：本工程项目的施工作业特点和危险点；针对危险点的具体预防措施；应注意的安全事项；相应的安全操作规程和标准；发生事故后应及时采取的避难和急救措施。单位工程开工前，项目经理部的技术负责人必须将工程概况、施工方法、施工工艺、施工程序、安全技术措施，向承担施工的作业队负责人、工长、班组长和相关人员进行交底；结构复杂的分部分项工程施工前，项目经理部的技术负责人应有针对性地进行全面、详细的安全技术交底；项目经理部应保存双方签字确认的安全技术交底记录。

建设项目中，分部（分项）工程在施工前，项目部应按批准的施工组织设计或专项安全技术措施方案，向有关人员进行安全技术交底。安全技术交底的要求有：

(1) 项目经理部必须实行逐级安全技术交底制度，纵向延伸到班组全体作业人员。

(2) 技术交底必须具体、明确，针对性强。

(3) 技术交底的内容应针对分部分项工程施工中给作业人员带来的潜在危险因素和存在问题。

(4) 应优先采用新的安全技术措施。

(5) 对于涉及“四新”(新工艺、新技术、新材料、新设备) 项目或技术含量高、技术难度大的单项技术设计，必须经过两阶段技术交底，即初步设计技术交底和实施性施工图技术设计交底。

(6) 应将工程概况、施工方法、施工程序、安全技术措施等向工长、班组长进行详细交底。

(7) 定期向由两个以上作业队和进行多工种交叉施工的作业队伍进行书面交底。

(8) 保持书面安全技术交底签字记录。

三、危险源的识别和风险控制

(一) 危险源

危险源是安全管理的主要对象，在实际生活和生产过程中的危险源是以多种多样的形式存在的。虽然危险源的表现形式不同，但从本质上说，能够造成危害后果的（如伤亡事故、人身健康受损害、物体受破坏和环境污染等）均可归结为能量的意外释放或约束、限制能量和危险物质措施失控的结果。

因此根据危险源在事故发生发展中的作用，把危险源分为两大类，即第一类危险源和第二类危险源。可能发生意外释放的能量的载体或危险物质称作第一类危险源；造成约束、限制能量措施失效或破坏的各种不安全因素称作第二类危险源。

事故的发生是两类危险源共同作用的结果，第一类危险源是事故发生的前提，第二类危险源的出现是第一类危险源导致事故的必要条件。在事故的发生和发展过程中，两类危险源相互依存，相辅相成。第一类危险源是事故的主体，决定事故的严重程度，第二类危险源出现的难易，决定事故发生的可能性大小。

施工过程中危险因素一般存在于下列方面：安全防护工作，关键特殊工序防护，特殊工种防护，临时用电的安全系统防护，保卫消防工作的安全系统管理。危险源是职业健康安全控制的主要对象。

危险源辨识就是识别危险源并确定其特性的过程。危险源辨识不但包括对危险源的识别，而且必须对其性质加以判断。国内外已经开发出的危险源辨识方法有几十种之多，如安全检查表、专家调查法中的头脑风暴法、德尔菲法等。

危险源辨识步骤：划分作业活动，辨识危险源。以建筑行业部分典型活动为例。

(1) 基坑支护与降水工程。基坑支护工程是指开挖深度超过 3m（含 3m）的基坑（槽）并采用支护结构施工的工程；或基坑虽未超过 5m，但地质条件和周围环境复杂、地下水位在坑底以上等工程。

(2) 土方开挖工程。土方开挖工程是指开挖深度超过 3m（含 3m）的基坑、槽的土方

开挖。

(3) 模板工程。各类工具式模板工程，包括滑模、大模板及特殊结构模板工程等。

(4) 起重吊装工程。

(5) 脚手架工程。高度超过 24～50m 的落地式钢管脚手架；悬挑式脚手架；吊篮脚手架；卸料平台等。

(6) 拆除、爆破工程。采用人工、机械拆除或爆破拆除的工程。

(7) 临时用电工程。

(8) 其他危险性较大的工程。包括：建筑幕墙的安装施工；预应力结构张拉施工；特种设备施工；网架和索膜结构施工；6m 以上的边坡施工；30m 及以上高空作业；采用新技术、新工艺、新材料，可能影响建设工程质量安全，已经行政许可，尚无技术标准的施工；对工地周边设施和居民安全可能造成影响的分部分项工程；其他专业性强、工艺复杂、危险性大、交叉等易发生重大事故的施工部位及作业活动。

(二) 风险评价方法

1. 概率法

风险评价是评估危险源所带来的风险大小及确定风险是否可容许的全过程。根据评价结果对风险进行分级，按不同级别的风险有针对性地采取风险控制措施。根据计算结果，对风险进行分级：

$$R=Pf$$

式中 R——安全风险的大小；

P——事故发生的可能性；

f——发生事故后果的严重程度。

2. 作业条件危险性评价法或 LEC 法

将可能造成安全风险的大小用事故发生的可能性 (L)、人员暴露于危险环境中的频繁程度 (E) 和事故后果 (C) 3 个自变量的乘积衡量，即：

$$S=LEC$$

式中 S——风险大小；

L——事故发生的可能性；

E——人员暴露于危险环境中的频繁程度；

C——事故后果的严重程度。

综合考虑发生概率和影响程度，可将各风险因素按表 7-3 划分为Ⅰ～Ⅴ级。

表 7-3 **风险等级评估表**

风险级别	轻度损失（轻微伤害）	中度损失（伤害）	重大损失（严重伤害）
很大	Ⅲ	Ⅳ	Ⅴ
中等	Ⅱ	Ⅲ	Ⅳ
极小	Ⅰ	Ⅱ	Ⅲ

注 Ⅰ—可忽略风险；Ⅱ—可容许风险；Ⅲ—中度风险；Ⅳ—重大风险；Ⅴ—不容许风险。

(三) 风险的控制策略

风险评价后，应分别列出所找出的所有危险源和重大危险源清单，对已经评价出的不容许的和重大风险（重大危险源）进行优先排序，由工程技术主管部门的相关人员进行风险控制策划，制定风险控制措施计划或管理方案。对于一般危险源可以通过日常管理程序来实施控制。

可以采取消除危险源、限制能量和隔离危险物质、个体防护、应急救援等方法控制第一类危险源。建设工程可能遇到不可预测的各种自然灾害引发的风险，只能采取预测、预防、应急计划和应急救援等措施，以尽量消除或减少人员伤亡和财产损失。通过提高各类设施的可靠性以消除或减少故障、增加安全系数、设置安全监控系统、改善作业环境等来控制第二类危险源。最重要的是加强员工的安全意识培训和教育，克服不良的操作习惯，严格按章办事，并帮助其在生产过程中保持良好的生理和心理状态。不同的组织、不同的工程项目需要根据不同的条件和风险量来选择适合的控制策略和管理方案。表 7－4 是针对不同风险水平的风险控制措施计划表。在实际应用中，应该根据风险评价所得出的不同风险源和风险量大小（风险水平），选择不同的控制措施。

表 7－4　　风险控制措施计划表

风　险	措　　施
可忽略风险	不采取措施且不必保留文件记录
可容许风险	不需要另外的控制措施，应考虑投资效果更佳的解决方案或不增加额外成本的改进措施，需要监视来确保控制措施得以维持
中度风险	应努力降低风险，但应仔细测定并限定预防成本，并在规定的时间期限内实施降低风险的措施。在中度风险与严重伤害后果相关的场合，必须进一步评价，以便更准确地确定伤害的可能性，进而确定是否需要改进控制措施
重大风险	直至风险降低后才能开始工作；为降低风险有时必须配给大量资源；当风险涉及正在进行中的工作时，就应采取应急措施
不容许风险	只有当风险已经降低时，才能开始或继续工作；如果无限的资源投入也不能降低风险，就必须禁止工作

任务三　建筑工程职业健康安全事故的分类和处理

一、建筑工程职业健康安全事故的分类

事故即造成死亡、疾病、伤害、损坏或其他损失的意外情况。职业健康安全事故分两大类型，即职业伤害事故与职业病。职业伤害事故是指因生产过程及工作原因或与其相关的其他原因造成的伤亡事故。

1. 按照事故发生的原因分类

按照我国《企业伤亡事故分类标准》（GB 6441—1986）规定，职业伤害事故分为 20 类，其中与建筑业有关的有下列 12 类。

（1）物体打击。指落物、滚石、锤击、碎裂、崩块、砸伤等造成的人身伤害，不包括因爆炸而引起的物体打击。

（2）车辆伤害。指被车辆挤、压、撞和车辆倾覆等造成的人身伤害。

（3）机械伤害。指被机械设备或工具绞、碾、碰、割、戳等造成的人身伤害，不包括车辆、起重设备引起的伤害。

（4）起重伤害。指从事各种起重作业时发生的机械伤害事故，不包括上下驾驶室时发生的坠落伤害、起重设备引起的触电及检修时制动失灵造成的伤害。

（5）触电。由于电流经过人体导致的生理伤害，包括雷击伤害。

（6）灼烫。由火焰引起的烧伤、高温物体引起的烫伤、强酸或强碱引起的灼伤、放射线引起的皮肤损伤，不包括电烧伤及火灾事故引起的烧伤。

（7）火灾。在火灾时造成的人体烧伤、窒息、中毒等。

（8）高处坠落。由于危险势能差引起的伤害，包括从架子、屋架上坠落以及平地坠入坑内等。

（9）坍塌。指建筑物、堆置物倒塌以及土石塌方等引起的事故伤害。

（10）火药爆炸。指在火药的生产、运输、储藏过程中发生的爆炸事故。

（11）中毒和窒息。指煤气、油气、沥青、化学、一氧化碳中毒等。

（12）其他伤害。包括扭伤、跌伤、冻伤、野兽咬伤等。

以上12类职业伤害事故中，在建设工程领域中最常见的是高处坠落、物体打击、机械伤害、触电、坍塌、中毒、火灾7类。

2. 按事故后果严重程度分类

我国《企业伤亡事故分类标准》（GB 6441—1986）规定，按事故后果严重程度分类，事故分为下列5类。

（1）轻伤事故。指造成职工肢体或某些器官功能性或器质性轻度损伤，能引起劳动能力轻度或暂时丧失的事故，一般每个受伤人员休息1个工作日以上，105个工作日以下。

（2）重伤事故。一般指受伤人员肢体残缺或视觉、听觉等器官受到严重损伤，能引起人体长期存在功能障碍或劳动能力有重大损失的伤害，或者造成每个受伤人损失105个工作日以上的失能伤害的事故。

（3）死亡事故，一次事故中死亡职工1～2人的事故。

（4）重大伤亡事故，一次事故中死亡3人以上（含3人）的事故。

（5）特大伤亡事故，一次死亡10人以上（含10人）的事故。

3. 按事故造成的人员伤亡或者直接经济损失分类

依据2007年6月1日起实施的《生产安全事故报告和调查处理条例》规定，按生产安全事故造成的人员伤亡或者直接经济损失，事故分为：

（1）特别重大事故，是指造成30人以上死亡，或者100人以上重伤（包括急性工业中毒，下同），或者1亿元以上直接经济损失的事故。

（2）重大事故，是指造成10人以上30人以下死亡，或者50人以上100人以下重伤，或者5000万元以上1亿元以下直接经济损失的事故。

（3）较大事故，是指造成3人以上10人以下死亡，或者10人以上50人以下重伤，或者1000万元以上5000万元以下直接经济损失的事故。

（4）一般事故，是指造成3人以下死亡，或者10人以下重伤，或者1000万元以下直接经济损失的事故。

目前，在建设工程领域中，判别事故等级较多采用的是《生产安全事故报告和调查处理条例》。

二、建筑工程职业健康安全事故的处理

1. 职业健康安全隐患

安全隐患，是指生产经营单位违反安全生产法律、法规、规章、标准、规程、安全生产管理制度的规定，或者其他因素在生产经营活动中存在的可能导致不安全事件或事故发生的物的不安全状态、人的不安全行为、生产环境的不良和生产工艺、管理上的缺陷。对检查和检验中发现的事故隐患，应采取必要的措施及时处理和化解，以确保不合格设施不使用、不合格过程不通过、不安全行为不放过，防止职业健康安全事故的发生。

2. 安全事故处理

随着建筑业规模的逐渐扩大，我国建筑工程施工安全生产形势更加严峻，重大安全事故频频发生。在建筑工程中，由于勘察、设计、施工、使用等某方面的失误使工程出现了一系列严重的问题，因此必须采取有效的安全事故处理措施。一旦事故发生，通过应急预案的实施，尽可能防止事态的扩大和减少事故的损失。通过事故处理程序，查明原因，制定相应的纠正和预防措施，避免类似事故的再次发生。

国家对发生事故后的“四不放过”处理原则：

(1) 事故原因未查清不放过。要求在调查处理伤亡事故时，首先要把事故原因分析清楚，找出导致事故发生的真原因，未找到真正原因决不轻易放过。搞清各因素之间的因果关系才算达到事故原因分析的目的，避免今后类似事故的发生。

(2) 事故责任人未受到处理不放过。这是安全事故责任追究制的具体体现，对事故责任者要严格按照安全事故责任追究法律法规的规定进行严肃处理；不仅要追究事故直接责任人的责任，同时要追究有关负责人的领导责任。当然，处理事故责任者必须谨慎，避免事故责任追究的扩大化。

(3) 事故责任人和周围群众没有受到教育不放过。使事故责任者和广大群众了解事故发生的原因及所造成的危害，并深刻认识到搞好安全生产的重要性，从事故中吸取教训，提高安全意识，改进安全管理工作。

(4) 事故没有制定切实可行的整改措施不放过。必须针对事故发生的原因，提出防止相同或类似事故发生的切实可行的预防措施，并督促事故发生单位加以实施。只有这样，才算达到了事故调查和处理的最终目的。

3. 建设工程安全事故处理

(1) 迅速抢救伤员并保护事故现场。事故发生后，事故现场有关人员应当立即向本单位负责人报告；单位负责人接到报告后，应当于1小时内向事故发生地县级以上人民政府安全生产监督管理部门和负有安全生产监督管理职责的有关部门报告。同时有组织、有指挥地抢救伤员、排除险情；防止人为或自然因素的破坏，便于事故原因的调查。

由于建设行政主管部门是建设安全生产的监督管理部门，对建设安全生产实行的是统一的监督管理，因此，各个行业的建设施工中出现了安全事故，都应当向建设行政主管部

门报告。对于专业工程的施工中出现生产安全事故的，由于有关的专业主管部门也承担着对建设安全生产的监督管理职能，因此，专业工程出现安全事故，还需要向有关行业主管部门报告。

安全生产监督管理部门和负有安全生产监督管理职责的有关部门依照前款规定上报事故情况，应当同时报告本级人民政府。国务院安全生产监督管理部门和负有安全生产监督管理职责的有关部门以及省级人民政府接到发生特别重大事故、重大事故的报告后，应当立即报告国务院。必要时，安全生产监督管理部门和负有安全生产监督管理职责的有关部门可以越级上报事故情况。

安全生产监督管理部门和负有安全生产监督管理职责的有关部门逐级上报事故情，每级上报的时间不得超过2小时。事故报告后出现新情况的，应当及时补报。

（2）组织调查组，开展事故调查。

1）特别重大事故由国务院或者国务院授权有关部门组织事故调查组进行调查。重大事故、较大事故、一般事故分别由事故发生地省级人民政府、设区的市级人民政府、县级人民政府负责调查。省级人民政府、设区的市级人民政府、县级人民政府可以直接组织事故调查组进行调查，也可以授权或者委托有关部门组织事故调查组进行调查。未造成人员伤亡的一般事故，县级人民政府也可以委托事故发生单位组织事故调查组进行调查。

2）事故调查组有权向有关单位和个人了解与事故有关的情况，并要求其提供相关文件、资料，有关单位和个人不得拒绝。事故发生单位的负责人和有关人员在事故调查期间不得擅离职守，并应当随时接受事故调查组的询问，如实提供有关情况。事故调查中发现涉嫌犯罪的，事故调查组应当及时将有关材料或者其复印件移交司法机关处理。

（3）现场勘查。事故发生后，调查组应迅速到现场进行及时、全面、准确和客观的勘察，包括现场笔录、现场拍照和现场绘图。

（4）分析事故原因。通过调查分析，查明事故经过，接受伤部位、受伤性质、起因物、致害物、伤害方法、不安全状态、不安全行为等，查清事故原因，包括人、物、生产管理和技术管理等方面的原因。通过直接和间接分析，确定事故的直接责任者、间接责任者和主要责任者。

（5）制定预防措施。根据事故原因分析，制定防止类似事故再次发生的预防措施，根据事故后果和事故责任者应负的责任提出处理意见。

（6）提交事故调查报告。事故调查组应当自事故发生之日起60日内提交事故调查报告；特殊情况下，经负责事故调查的人民政府批准，提交事故调查报告的期限可以适当延长，但延长的期限最长不超过60日。事故调查报告应当包括下列内容：①事故发生单位概况；②事故发生经过和事故救援情况；③事故发生的原因和事故性质；④事故责任的认定以及对事故责任者的处理建议。

（7）事故的审理和结案。重大事故、较大事故、一般事故，负责事故调查的人民政府应当自收到事故调查报告之日起15日内作出批复，特别重大事故30日内作出批复，特殊情况下，批复时间可以适当延长，但延长的时间最长不超过30日。

有关机关应当按照人民政府的批复，依照法律、行政法规规定的权限和程序，对事故发生单位和有关人员进行行政处罚，对负有事故责任的国家工作人员进行处分。事故发生单位应当按照负责事故调查的人民政府的批复，对本单位负有事故责任的人员进行处理。

负有事故责任的人员涉嫌犯罪的，依法追究刑事责任。

事故处理的情况由负责事故调查的人民政府或者其授权的有关部门、机构向社会公布，依法应当保密的除外。事故调查处理的文件记录应长期完整保存。

(8) 事故预防对策。随着社会化大生产的不断发展，劳动者在经营活动中的地位不断提高，人的生命价值也越来越受到重视。关心和维护从业人员的人身安全权利，是社会主义制度的本质要求，是实现安全生产的重要条件。如何避免施工人员违反操作规程以及施工现场设备存在安全隐患，对事故的预防提出下列对策：

1) 加强施工人员的安全培训。由于施工人员大多数都不经过专业的训练直接上岗，他们对安全防范意识极其淡薄，使得造成事故多发的原因是施工人员违反操作规程造成的。因此，对建筑施工人员的安全教育必须加强，要定期进行安全培训，提高施工人员的安全意识，遏制事故多发。

根据事故发生的原因：①针对脚手架工作人员、塔吊以及支模板人员等事故多发人群进行培训；②对基坑挖掘和土石方施工人员加强培训；③对施工人员加强洞口和临边作业的施工培训。

2) 加强施工工地的安全控制。事故发生另一大原因是由于设备的因素。应加强对建筑安全场地易发生事故的设备，如必须每天检查塔吊，施工升降机，模板的稳定性，以确保万无一失；在事故易发地设立安全警示牌，进行安全防范措施，如洞口和临边加一些警告牌；现场的钢筋都必须排放有序，保持建筑工地的整洁，以减少事故发生。

3) 加强安全管理人员的教育，确定安全奖惩制度。我国目前安全管理人员的素质普遍不高，施工现场专职安全管理人员年龄偏大，文化水平较低，且相比其他岗位工资报酬相对比较低，缺乏成就感，使得安全管理人员的积极性不高。因此，企业需加强安全管理人员的教育，确定安全奖惩制度，对安全绩效良好的工地安全管理人员进行物质以及精神上的奖励，对发生安全事故工地的管理人员进行相应的处罚，提高安全管理人员的警惕性。

4) 政府提高安全监管力度，完善监督管理体制。由于建筑业施工的离散型以及大规模性，我国政府对建筑工地安全监管力度不够大，施工企业对安全预防的重视度不够，事故频发。因此，我国政府相关部门必须加大安全监管力度，制定相关处罚措施，促使施工企业加大对安全的投入，加强对建筑工地设备的安全检查，及时排除工地安全隐患，创造一个安全健康的施工环境，减少安全事故的发生。

任务四 建筑工程环境管理

一、建筑工程施工现场文明施工

文明施工是指按照有关法规的要求，使施工现场范围和临时占地范围内的施工秩序井然。一个工地的文明施工水平是该工地乃至所在企业各项管理工作水平的综合体现。因此，文明施工也是保护环境的一项重要措施，有利于提高工程质量和工作质量，提高企业

信誉。文明施工主要包括：规范施工现场的场容，保持作业环境的整洁卫生；科学组织施工，使生产有序进行；减少施工对周围居民和环境的影响；遵守施工现场文明施工的规定和要求，保证职工的安全和身体健康，做好相应的现场材料、机械、安全、技术、保卫、消防和生活卫生等方面的管理工作。

（一）文明施工的管理组织和管理制度

1. 管理组织

施工现场应成立以项目经理为第一责任人的文明施工管理组织。分包单位应服从总包单位的文明施工管理组织的统一管理，并接受监督检查。

2. 管理制度

各项施工现场管理制度中应有文明施工的规定，包括个人岗位责任制、经济责任制、安全检查制度、持证上岗制度、奖惩制度、竞赛制度和各项专业管理制度等。

3. 文明施工的检查

依据我国相关标准，文明施工的要求主要包括现场围挡、封闭管理、施工场地、材料堆放、现场住宿、现场防火、治安综合治理、施工现场标牌、生活设施、保健急救、社区服务 11 项内容。实现文明施工，不仅要抓好现场的场容管理，而且还要做好现场材料、机械、安全、技术、保卫、消防和生活卫生等方面的工作。

4. 现场文明施工的基本要求

(1) 施工现场必须设置明显的标牌，标明工程项目名称、建设单位、设计单位、施工单位、项目经理和施工现场总代表人的姓名、开工和竣工日期、施工许可证批准文号等。施工单位负责现场标牌的保护工作。

(2) 施工现场的管理人员应佩戴证明其身份的证卡。

(3) 应当按照施工总平面布置图设置各项临时设施。现场堆放的大宗材料、成品、半成品和机具设备不得侵占场内道路及安全防护等设施。

(4) 施工现场的用电线路、用电设施的安装和使用必须符合安装规范和安全操作规程，并按照施工组织设计进行架设，严禁任意拉线接电。施工现场必须设有保证施工安全要求的夜间照明、危险潮湿场所的照明以及手持照明灯具，必须采用符合安全要求的电压。

(5) 施工机械应当按照施工总平面布置图规定的位置和线路设置，不得任意侵占场内道路。施工机械进场时须经过安全检查，经检查合格的方能使用。施工机械操作人员必须按有关规定持证上岗，禁止无证人员操作机械。

(6) 应保证施工现场道路畅通，排水系统处于良好的使用状态；保持场容场貌的整洁，随时清理建筑垃圾。在车辆、行人通行的地方施工，应当设置施工标志，并对沟井坎穴进行覆盖。

(7) 施工现场的各种安全设施和劳动保护器具必须定期检查和维护，及时消除隐患，保证其安全有效。

(8) 施工现场应当设置各类必要的职工生活设施，并符合卫生、通风、照明等要求。职工的膳食、饮水供应等应当符合卫生要求。

(9) 应当做好施工现场安全保卫工作，采取必要的防盗措施，在现场周边设立围护设施。

(10) 应当严格依照《中华人民共和国消防条例》的规定，在施工现场建立和执行防火管理制度，设置符合消防要求的消防设施，并保持完好的备用状态。在容易发生火灾的地区施工，或者储存、使用易燃易爆器材时，应当采取特殊的消防安全措施。

(11) 施工现场发生的工程建设重大事故的处理，依照《工程建设重大事故报告和调查程序规定》执行。

(二) 建设工程现场文明施工的措施

(1) 应加强现场文明施工的组织措施，确立项目经理为现场文明施工的第一责任人，以各专业工程师、施工质量、安全、材料、保卫、后勤等现场项目经理部人员为成员的施工现场文明管理组织，共同负责本工程现场文明施工工作。

(2) 健全文明施工的管理制度，如包括建立各级文明施工岗位责任制、将文明施工工作考核列入经济责任制，建立定期的检查制度，实行自检、互检、交接检制度，建立奖惩制度，开展文明施工立功竞赛，加强文明施工教育培训等。

(3) 对于建设工程文明施工，也有比较成熟的经验。在实际工作中，根据国家和各地大多制定的标准或规定，结合项目相关标准和规定，建立文明施工考核制度，推进各项文明施工措施的落实。

(4) 建立宣传教育制度，现场宣传安全生产、文明施工、国家大事、社会形势、企业精神、好人好事等；坚持以人为本，加强管理人员和班组文明建设，教育职工遵纪守法，提高企业整体管理水平和文明素质；主动与有关单位配合，积极开展共建文明活动，树立企业良好的社会形象。

二、建设工程施工现场环境保护

在任何时间、季节和条件下施工，都必须给施工人员创造良好的环境和作业场所。生产作业环境中，湿度、温度、照明、振动、噪声、粉尘、有毒有害物质等，都会影响人的工作情绪。作业环境的优劣，直接关系到企业的品牌和形象。工程建设过程中的污染主要包括对施工场界内的污染和对周围环境的污染。建设工程环境保护措施主要包括大气污染的防治、水污染的防治、噪声污染的防治、固体废物的处理以及文明施工措施等。在施工生产过程中，要及时发现、分析和消除作业环境中的各种事故隐患，努力提高施工人员的工作和生产条件，切实保障员工的安全与健康，防止安全事故的发生，不断促进生产力的发展，提高企业的品质与竞争力。

(一) 建设工程施工现场环境保护的要求

《中华人民共和国海洋环境保护法》规定：在进行海岸工程建设和海洋石油勘探开发时，必须依照法律的规定，防止对海洋环境的污染损害。根据《中华人民共和国环境保护法》和《中华人民共和国环境影响评价法》的有关规定，建筑工程项目对环境保护的基本要求如下。

(1) 涉及依法划定的自然保护区、风景名胜区、生活饮用水水源保护区及其他需要特别保护的区域时，应当符合国家有关法律法规及该区域内建筑工程项目环境管理的规定，不得建设污染环境的工业生产设施；建筑工程项目设施的污染物排放不得超过规定的排放

标准。

（2）开发利用自然资源的项目，必须采取措施，保护生态环境。

（3）建筑工程项目选址、选线、布局应当符合区域、流域规划和城市总体规划。

（4）应满足项目所在区域环境质量、相应环境功能区划和生态功能区划标准或要求。

（5）拟采取的污染防治措施应确保污染物排放达到国家和地方规定的排放标准，满足污染物总量控制要求；涉及可能产生放射性污染的，应采取有效预防和控制放射性污染措施。

（6）建筑工程应当采用节能、节水等有利于环境与资源保护的建筑设计方案、建筑材料、装修材料、建筑构配件及设备。建筑材料和装修材料必须符合国家标准。禁止生产、销售和使用有毒、有害物质超过国家标准的建筑材料和装修材料。

（7）尽量减少建筑工程施工中所产生的干扰周围生活环境的噪声。

（8）应采取生态保护措施，有效预防和控制生态破坏。

（9）对环境可能造成重大影响、应当编制环境影响报告书的建筑工程项目，可能严重影响项目所在地居民生活环境质量的建筑工程项目，以及存在重大意见分歧的建筑工程项目，环保部门可以举行听证会，听取有关单位、专家和公众的意见，并公开听证结果，说明对有关意见采纳或不采纳的理由。

（10）建筑工程项目中防治污染的设施，必须与主体工程同时设计、同时施工、同时投产使用。防治污染的设施必须经原审批环境影响报告书的环境保护行政主管部门验收合格后，该建筑工程项目方可投入生产或者使用。

（11）禁止引进不符合我国环境保护规定要求的技术设备。

（12）任何单位不得将产生严重污染的生产设备转移给没有污染防治能力的单位使用。

（二）建设工程环境保护措施

工程建设过程中的污染主要包括对施工场界内的污染和对周围环境的污染。对施工场界内的污染防治属于职业健康安全问题，而对周围环境的污染防治是环境保护的问题。建设工程环境保护措施主要包括大气污染的防治、水污染的防治、噪声污染的防治、固体废物的处理以及文明施工措施等。

1. 大气污染的防治

大气污染物的种类有数千种，已发现有危害作用的有100多种，其中大部分是有机物。大气污染物通常以气体状态和颗粒状态存在于空气中。

施工现场空气污染的防治措施包括：施工现场垃圾渣土及时清理；采用封闭式的容器或者采取其他措施处理高大建筑物施工垃圾；指定专人定期对施工现场道路洒水清扫，形成制度，防止道路扬尘；运输、储存细颗粒散体材料要注意遮盖、密封，防止和减少飞扬；车辆开出工地要做到不带泥沙；机动车要安装减少尾气排放的装置；工地茶炉应尽量采用电热水器等。

2. 水污染的防治

水污染物的三大主要来源分别是工业污染源、生活污染源和农业污染源。施工现场泥浆、水泥、油漆、各种油料、混凝土添加剂、重金属、酸碱盐、非金属无机毒物等废水和固体废物随水流流入水体部分，造成环境污染。

为了减少对环境的污染，要求施工现场禁止将有毒有害废弃物作土方回填；施工现场搅拌站废水，现制水磨石的污水，电石（碳化钙）的污水必须经沉淀池沉淀合格后再排放，最好将沉淀水用于工地洒水降尘或采取措施回收利用；现场存放油料，必须对库房地面进行防渗处理；施工现场100人以上的临时食堂，污水排放时可设置简易有效的隔油池，定期清理，防止污染；工地临时厕所、化粪池应采取防渗漏措施；妥善保管化学用品、外加剂等。

3. 噪声污染的防治

噪声按来源分为交通噪声、工业噪声、建筑施工的噪声、社会生活噪声。

根据《建筑施工场界噪声限值》（GB 12523—1990）的要求，对不同施工作业的噪声限值有所不同。在工程施工中，要特别注意不得超过国家标准的限值，尤其是夜间禁止打桩作业。噪声控制技术可从声源、传播途径、接收者防护等方面来考虑。

（1）尽量采用低噪声设备和加工工艺代替高噪声设备与加工工艺，即在通风机、鼓风机、压缩机、燃气机、内燃机及各类排气放空装置等进出风管的适当位置设置消声器。

（2）利用吸声材料、隔声结构、消声器降低机械振动，减小噪声，从传播途径上控制噪声。

（3）让处于噪声环境下的人员使用耳塞、耳罩等防护用品，减少相关人员在噪声环境中的暴露时间，以减轻噪声对人体的危害。

（4）进入施工现场后要最大限度地减少噪声扰民，且在人口稠密区进行强噪声作业时，须严格控制作业时间。

4. 固体废物的处理

建设工程施工工地上常见的固体废物有建筑渣土、废弃的散装大宗建筑材料、粪便、生活垃圾、设备、材料等的包装材料。固体废物处理的基本思想是资源化、减量化和无害化处理，对固体废物产生的全过程进行控制。

小　结

为了保证劳动者在劳动生产过程中的健康安全和保护人类的生存环境，必须加强职业健康安全与环境管理。因此，正确理解职业健康安全与环境管理的内涵，明确其基本任务、掌握建设工程职业健康安全与环境管理的特点是管理者的工作内容之一。

安全生产是树立以人为本的管理理念、保护弱势群体的重要体现。安全生产与文明施工是相辅相成的。建筑施工安全生产不但要保护职工的生命财产安全，同时要加强现场管理。

工程项目施工安全控制事关生命安全和工程成本，“安全第一，预防为主”是我国安全生产的方针，切实可行的安全技术措施计划和有效实施是安全控制的重点。明确安全事故的处理原则，掌握安全事故的处理程序，是安全事故处理的核心。明确文明施工的要求，有效实施施工现场环境保护措施是环境管理的关键所在。在施工生产过程中，要及时发现、分析和消除作业环境中的各种事故隐患，努力提高施工人员的工作和生产条件，切实保障员工的安全与健康，防止安全事故的发生，不断促进生产力的发展，提高企业的品

质与竞争力。

训 练 题

一、单项选择题

1. 施工项目现场管理的目的是（ ）。

   A. 文明施工　　B. 安全有序

   C. 整洁卫生　　D. 不扰民、不损害公众利益

2. 安全管理是指在施工中（ ）。

   A. 没有危险　　B. 不出事故

   C. 不造成人身伤亡　　D. 不造成财产损失

3. 施工项目安全管理的原则是（ ）。

   A. 安全第一，预防为主　　B. 明确安全管理的目的性

   C. 坚持全方位全过程管理　　D. 不断提高安全管理水平

4. 施工项目现场管理的意义是（ ）。

   A. 体现一个城市贯彻有关法规和城市管理法规的一个窗口

   B. 体现施工企业的面貌

   C. 施工现场是一个周转站，能否管理好直接影响施工活动

   D. 施工现场把各专业管理联系在一起

5. 一般来说，风险具备下列要素（ ）。

   A. 事件、事件发生的概率、事件后果

   B. 风险原因信息本身的滞后性，认识能力局限性

   C. 主体、客体、内容

   D. 风险意识

6. 企业法定代表人是安全生产的（ ）责任人。

   A. 第一　　B. 第二　　C. 第三　　D. 第四

7. 企业对安全生产负责的关键是要做到“三个到位”，即（ ）。

   A. 责任到位　　B. 投入到位　　C. 措施到位　　D. 管理到位

8. 承包企业要正确处理好安全与（ ）的关系。

   A. 生产效益　　B. 进度　　C. 管理　　D. 技术

9. 安全事故处理必须坚持（ ）。

   A. 事故原因不清楚不放过

   B. 事故责任者和员工没有受以教育不放过

   C. 事故责任者没有处理不放过

   D. 没有制定防范措施不放过

二、填空题

1. 建筑施工企业的三级安全教育是指公司层教育、________、作业班组教育。

2. 施工安全信息保证体系由信息工作条件、________、________、信息服务工作内容组成。

3. 施工安全技术保证体系中的四个环节安全保证技术包括________、安全限控技术、安全保（排）险技术和________。
4. 为了防止废物中的有机物质腐化分解，产生臭味或衍生成有害微生物，将此类有机物质通过有效的处理方法，不再继续分解或变化的固体废物治理方法是________。

三、思考与拓展题

1. 简述质量及工程项目质量的概念，以及工程项目质量的特点。
2. 如何做好一名安全员？一名安全员应具备哪些条件？
3. 什么是风险？风险与信息有什么关系？
4. 安全事故发生后如何处理？由谁组织对事故的认定？
5. 影响建筑工程安全的因素很多，试举例说明。
6. 简述安全生产责任制的内容和文明施工的管理措施。

参 考 文 献

[1] 银花．建筑工程项目管理［M］．北京：机械工业出版社，2012.

[2] 全国一级建造师执业资格考试用书编写委员会．建设工程项目管理［M］．北京：中国建筑工业出版社，2011.

[3] 赵铁生．项目管理案例［M］．天津：天津大学出版社，1996.

[4] 中华人民共和国建设部．GB/T 50326—2006 建设工程项目管理规范［S］．北京：中国建筑工业出版社，2006.

[5] 梁世连．工程项目管理［M］．北京：中国建材工业出版社，2004.

[6] 吴涛，丛培经．建设工程项目管理实施手册［M］．2版．北京：中国建筑工业出版社，2006.

[7] 丁士昭．建设工程项目管理［M］．北京：中国建筑工业出版社，2004.

[8] 丛培经．工程项目管理［M］．北京：中国建筑工业出版社，2005.

[9] 丛培经．实用工程项目管理手册［M］．北京：中国建筑工业出版社，2005.

[10] 桑培东．建筑工程项目管理［M］．北京：中国电力出版社，2004.

[11] 戚振强．建设工程项目质量管理［M］．北京：机械工业出版社，2004.

[12] 顾慰藉．建设项目质量监控［M］．北京：中国建筑工业出版社，2004.

[13] 王祖和．项目质量管理［M］．北京：机械工业出版社，2004.

[14] 韩福荣．现代质量管理学［M］．北京：机械工业出版社，2004.

[15] 赵涛，潘欣鹏．项目质量管理［M］．北京：中国纺织出版社，2005.

[16] 顾勇新，吴获，刘宾．施工项目质量控制［M］．北京：中国建筑工业出版社，2003.

[17] 李三民．建筑工程施工项目质量与安全管理［M］．北京：机械工业出版社，2003.

[18] 陈乃佑．建筑施工组织［M］．北京：机械工业出版社，2004.

[19] 姜华．施工项目安全控制［M］．北京：中国建筑工业出版社，2003.

[20] 任强，陈乃新．施工项目资源管理［M］．北京：中国建筑工业出版社，2003.

[21] 中国工程咨询协会．施工合同条件［M］．北京：机械工业出版社，2002.